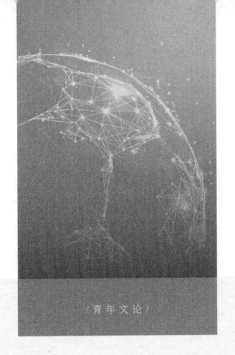

/ 青年文论 /

道德与幸福同一性的网络哲学形态

任春强　著

社 科 文 库

商務印書館
The Commercial Press

图书在版编目 (CIP) 数据

道德与幸福同一性的网络哲学形态 / 任春强著 . —北京 : 商务印书馆 , 2024
（江苏省社会科学院《社科文库》）
ISBN 978-7-100-23415-3

Ⅰ .①道…　Ⅱ .①任…　Ⅲ .①计算机网络—影响—社会生活—研究　Ⅳ .① TP393 ② C913

中国国家版本馆 CIP 数据核字（2024）第 042975 号

江苏省社会科学院《社科文库》
道德与幸福同一性的网络哲学形态
任春强　著

商 务 印 书 馆 出 版
（北京王府井大街 36 号　邮政编码 100710）
商 务 印 书 馆 发 行
江苏凤凰数码印务有限公司印刷
ISBN　978-7-100-23415-3

2024 年 3 月第 1 版　　　　开本 710×1000　1/16
2024 年 3 月第 1 次印刷　　印张 19

定价：86.00 元

总　序

习近平总书记多次强调指出,坚持和发展中国特色社会主义必须高度重视哲学社会科学,要加快构建具有继承性、民族性、原创性、时代性、系统性、专业性的中国特色哲学社会科学,加强中国特色新型智库建设。社会科学院作为哲学社会科学研究五路大军之一,肩负着重要的历史使命。地方社会科学院在构建中国特色哲学社会科学的过程中必须找准定位,才能发挥作用。

江苏省社会科学院作为地方社科院,成立于 1980 年,是江苏省人民政府直属事业单位,专门从事哲学社会科学研究和经济社会发展决策咨询服务,是江苏省委、省政府的思想库和智囊团。截至 2023 年 8 月底,我院有在职人员 226 人,其中科研系列高级职称 101 人,包括国家"万人计划"首批哲学社会科学领军人才、国家级教学名师、中宣部"四个一批"人才、"新世纪百千万人才工程"国家级人选等各类人才;内设 11 个研究所,6 个职能处室,6 个分院,2 个科辅机构,2 家省重点高端智库;有院办学术期刊《江海学刊》《学海》《现代经济探讨》《世界经济与政治论坛》《明清小说研究》《世界华文文学论坛》,其中 5 种为 CSSCI 来源期刊,4 种为中国人文社会科学核心期刊,6 种为全国中文核心期刊。

自建院以来,江苏省社会科学院名家辈出,学术成果丰硕,科研事业取得了长足进步,在理论研究、学科发展、人才建设等方面取得了一系列成绩,产生了一大批具有较高学术水平和应用价值的研究成果,为推进江苏省经济社会高质量发展做出了应有的贡献。近几年,全院在学术研究、理论阐释、决策咨询"三支笔"方面成果丰硕。发表核心期刊论文 565 篇,出版学术著作约 200 部,获省哲学社会科学优秀成果奖 26 项,2021 年、2022 年国家社科基金重大项目立项连续获得突破,目前在研的国家社科基金、省社科基金项目超过 60 项。编发上报《决策咨询专报》《江苏发展研究报告》《大运河智库》《金融研究专报》《成果专报》,近 400 项研究报告获得省部级以上领导肯定批示。全院先后在《人民日报》《求是》《红旗文稿》《光明日报》《新华日报》《群众》等主流报刊发表理论宣传文章 690 篇;组织研究编写《中国改革开放全景录·江苏卷》《制度自信》《共富:江苏的探索与经验》等一批理论著作,其中《中国改革开放全景录·江苏卷》被评为"2018 年十大好书"。

在崭新的起点上,我院将以习近平新时代中国特色社会主义思想为指导,不断学习贯彻落实党的二十大精神,深入研究全国及江苏改革发展稳定重大理论和实践问题,全面提升学术研究、理论阐释和决策咨询"三支笔"的水平,聚焦推进"两聚一高"新实践、建设"强富美高"新江苏,努力建设中国特色新型智库。为充分展现江苏省社会科学院的哲学社会科学研究成果,更好地推动江苏省经济社会文化发展,江苏省社会科学院分别与商务印书馆、南京大学出版社等出版机构合作推出了江苏省社会科学院《社科文库》系列丛书。文库分六大板块,分别为:

名家文存:拟整理本院知名学者专家学术成果,突出权威性、经典性、文献性。主要通过梳理名家学术研究脉络,展现名家学术精神、学术理念和学人风采,为本院未来发展奠定基础。

青年文论:拟鼓励本院青年学者推出个人专著,其优秀博士论文亦可入选,以激发青年科研人员潜力,承前启后,不断打造精品学术成果,助力青年人才成长发展。

智库文集:以遴选汇编本院各智库研究精品成果、每年召开的智库论坛论文集以及本院专家学者参加国内外其他智库会议论文为主,进一步扩大社会影响力,彰显本院对社会发展的责任担当。

学术文萃：以本院各研究所、各学科优秀学术性基础研究成果为主，遴选汇编本院专家学者历年来发表在国内外顶级学术期刊的学术文章，提升本院学术形象，扩大学术影响。

理论文丛：以阐释和解读马列经典文献及中央路线、政策、方针的理论性和创新性论文成果为主，遴选汇编本院专家学者发表在中央"三报一刊"（《人民日报》《光明日报》《经济日报》及《求是》）等党报党刊上的优秀论文，提升理论宣传水平与效果。

资政文汇：以密切关注我省经济社会发展的研究报告成果为主，遴选汇编发表在本院江苏发展报告、决策咨询报告、大运河智库以及其他单位重要决策报告等载体上的成果，特别是得到省委、省政府领导关注和批示的成果，以体现本院对江苏经济社会发展的贡献。

学术精神和价值理念是科研机构的灵魂。通过江苏省社会科学院文库工程，我们推出本院具有文献价值和学术价值的精品学术成果，既可以充分展现本院学术精神、学术理念和学人风采，进一步提升我院在学术界、理论界、智库界的影响力，又可以深度梳理我院学术研究脉络，有效盘活本院学术资源，承前启后，为将来的发展打下基础。社会科学研究的目的归根到底是为了人的发展和社会的进步，希望本文库的出版能够为江苏的经济社会文化发展做出应有贡献。

江苏省社会科学院《社科文库》编委会

二〇二三年八月

目　录

代序　伦理文明观与人类未来　樊浩 / 1

导论　融入互联互通的网络时代 / 23

第一章　互联网与互联网时代 / 38

　　第一节　互联网技术 / 38

　　第二节　互联网精神 / 50

　　第三节　互联网世界 / 57

第二章　互联网时代的道德与幸福难题 / 67

　　第一节　前互联网时代的德福同一路径 / 68

　　第二节　互联网语境下的伦理悖论 / 83

　　第三节　互联网时代促进德福同一的保障条件 / 93

　　第四节　互联网时代的德福同一路径 / 99

第三章　互联网时代"道德与幸福同一性的自由形态" / 106

　　第一节　基于网络自由的道德 / 107

　　第二节　基于网络自由的幸福 / 126

　　第三节　德福同一性的网络自由形态 / 132

　　第四节　从德福同一性的"网络自由形态"向"网络异化形态"过渡
　　　　　　 / 145

第四章　互联网时代"道德与幸福同一性的异化形态" / 149

　　第一节　异化的网络道德 / 150

　　第二节　异化的网络幸福 / 164

　　第三节　以网络技术为基础的"德福一致"形态 / 175

　　第四节　从德福同一性的"网络异化形态"向"网络至善形态"过渡
　　　　　　 / 186

第五章　互联网时代"道德与幸福同一性的至善形态" / 190

　　第一节　以善为基础的网络道德 / 191

　　第二节　以善为指引的网络幸福 / 201

　　第三节　以至善为理念的德福同一路径 / 212

　　第四节　从"德福同一性的网络至善形态"向"万有的生态共处"过渡
　　　　　　 / 225

第六章　基于万有互联的道德与幸福同一 / 228

　　第一节　从"人际互联"走向"万有互联" / 229

　　第二节　从"人的德福同一"走向"万有之间的生态共存" / 239

参考文献 / 276

后　记 / 287

代　序
伦理文明观与人类未来

如今,距离亨廷顿发出"文明的冲突与世界秩序的重建"的预警已过去三十年,世界秩序并未重建,人类文明却在冲突中面目全非、前途未卜,其理论解释力的局限由此暴露。现实境况是:"文明的冲突"依然存在,但具有更广泛深刻的内涵。一方面,"文明的冲突"确如亨廷顿所说,展现为诸文化实体或文明部落之间的冲突,尤其是以美国为首的美欧国家抱团形成的西方文明与其他诸文明形态之间的冲突。另一方面,在诸文化实体之间的冲突不断剧烈上演之际,另外两种冲突以更尖锐深刻的方式席卷而来:一是人类文明与其所寄生的宇宙自然的冲突,它严重威胁人类的命运,使人类对文明的信念和信心颠覆性地动摇;二是高新技术与老龄化,表明人类与其自身的冲突已经走到一个重大转折关头。由此,人类世界所面临的冲突已经不再是亨廷顿所说的诸文化实体之间的"文明冲突",而是文明自身的危机,是人类文明体系中的诸结构要素,如人类与宇宙自然、以国家民族甚至"文明部落"为单元的"整个的个体"的人类与人类、人类与自身的冲突,概言之,是人类与其所创造的文明之间的"文明冲突";文明冲突的前景,也不只是"世界秩序的重建",而是"文明的重建",甚至是"人类的重建"。世界范围内全景式深度演绎的文明冲突,隐喻其现象形态背后有更深刻的本质——不仅是"文明的冲突",而更是具有哲学意义的"文明观的冲突"。

人类文明正进入"非常时代",遭遇前所未有的"非常风险"。安全度过并彻底摆脱纷至沓来的"非常挑战",呼唤人类文明观的重建;文明观的重建,则期待人类生成关于诸文化实体或文明共同体之间关系、人类与宇宙自然关系、人类与自身关系的"非常伦理",并在应对人类迄今从未遭遇的这个非常时代及其非常风险中生成非常伦理的正果——"非常伦理觉悟"。文明观本质上是人类对待宇宙自然、对待世界、对待自身的伦理态度和伦理智慧,邂逅非常时代的非常风险,在沉沦毁灭还是浴火重生之间命悬一线地期待伦理上的"最后觉悟"。非常伦理的"最后觉悟"一言以概之:伦理文明观的回归与重建。

一、"非常时代"的"非常伦理"

人类世界处于何种状态? 学术界有多种表达:大变局、不确定、变化时代……也许,另一种表达更具有解释力:"非常"或"非常时代"。"大变局"特指国际关系,指向既有的世界秩序;"不确定"与"确定"相对应,人类世界虽然追求可预期性,但变化本身就意味着不确定;而"非常"则相对于"日常",它不是"异常",却隐喻世界进入非常态,不再"日常",也不应该成为"日常",因而是世界进程中的特殊状态。进入 21 世纪以来,人类世界日益纵深迈进一种前所未有的状态,其时代气质一言以概之——"非常"。人类文明正进入一个非常时代、遭遇非常态,其非常特质是人类与宇宙自然的关系、诸文明体系之间关系、人类与自身的关系,体系化和全景式地呈现一幅"非常镜像",几乎每个结构性冲突,都触及人类文明的伦理底线,具有文明史意义。

第一,百年不遇之世界大变局所演绎的诸文明体系或文化实体之间关系的"非常"。大变局的本质,用美国学者亨廷顿的话语表述,就是"文明的冲突与世界秩序的重建"——主题是"文明的冲突",要义是"世界秩序的重建",它有两大特点:其形态已经不是国家与国家之间的冲突,而是不同文化实体或所谓文明部落之间的冲突;其形式不仅是传统意义上的军事战争,而且展现为政治、经济、文化的全方位的"文明的冲突"。文化实体之间的冲突与国家冲突的重大区别在于:它不只是国家利益的冲突,而且具有亨廷顿所说的价值观、道德观和文化信念的深刻伦理意义和文明史意义,宣示一种文明对另一种文明的伦理态度,也宣示世界范围内诸文化实体或文明共同体"在一起"的伦理方式。在国际关系的日常思维中,人们习惯于将"战争"当作冲突的话语,经济文化领域则用另一个词表达,即所谓"竞争"。然而如罗素所说:"竞争同样是灾难性的。……有组织的集团之间的竞争,这就是战争的来源。"[①]当今世界,"有组织的竞争"已经到这样的程度,乃至形成北约、G7 等整个西方集团。其实,如果考虑到战争形态的多样性以及竞争的剧烈程度,这种"有组织的竞争"不只是"战争的来源",甚至就是战争本身。在"文明的冲突"的总体性话语下不断上演并且愈演愈烈的意识形态霸权,发达国家通过经济制裁、科技封锁对其他国家发展的全方位打压,以及文化殖民,已经表明一场军事、经济、文化的全方位、立体性战争在人类世界拉开序幕,形态及规模空前。而当一种文化实体抱团以霸权的形式试图同化,准确地说消灭另一种文化实体时,这种冲突已经越过威胁世界文明多样性的伦理底线。在这个意义上,整个世界正处于"文明冲突"的"非常"状态。

第二,新冠疫情、重大自然灾害演绎的人类与宇宙自然关系的"非常"。文明史上从来没有一场疫情,也从来没有一种力量像新冠病毒那样,对人类世界产生如此广泛、深刻的影响,它让地球上 80 亿生灵的生活按下暂停键。一株小小的病毒遏制和改变世界已达三年之久,其影响还可能持续下去,使整个人类生活进入"非常"时期和"非常"状态,乃至使人们达成"再也不可能回到以前"的痛切共识。与之相伴随,极端气候、海啸、地震……来自地球每个经纬的重大自然灾害愈加频繁,这与其说是由于现代媒介和地球村的生成而导致的"信息裸奔",毋宁是这个星球与它所养育、负载的文明激烈冲突迸发的烈火硝烟,是地球不堪重负的呻吟,标示我们赖以生存的地球已经进入"非常"时期,人与宇宙自然的关系正进入"非常态"。它宣告人类对自然界的索取征伐已经达到后者

---

① 罗素:《伦理学和政治学中的人类社会》,肖巍译,中国社会科学出版社 1992 年版,第 158 页。

承受力的伦理底线,宇宙自然的大反攻已经开始,人类如果试图在地球上继续生存,必须对人与自然关系、人对待自然态度进行根本性伦理革命。

第三,高技术和老龄化演绎的人类与自身关系的"非常"。人们常把科学技术理解为人与自然的关系,其实无论科学研究还是对它的开发利用,都是人类的能动行为,其实质不是对未知世界探索的本能冲动,而是对人的生命和生活的理解追求,因而说到底是以人与自然关系为中介的人类与自身的关系。信息技术根本改变了人类的交往方式,创造了前所未有、成败难料的时空新形态,继虚拟空间之后又追逐和创造"元宇宙"。基因技术、生物技术不仅可能改变人的生命存在方式,而且可能颠覆整个文明的"自然"形态,一种巨大的文明风险已经悄然而至:人类将可能从"诞生"异化为"被制造",如果任其恣意,最后的结局将是迄今为止的所有人类成为"原始人"。人工智能从一开始就内在一种现实风险:人可能沦为自己创造物的奴仆。与之相伴,老龄化席卷世界——不仅中国,整个世界正走向老龄化,老龄化不仅表现为寿命延长和人口年龄结构的自然平衡的解构,而且表现为人类生命整体的文明体质和生存逻辑的深刻改变,它将赋予整个世界一种熟悉又陌生的文明气质,表明人类世界、人类文明正走过青春期,一种新的文明气象正在生成。高新技术正在颠覆人类的自然存在,解构人的实体性和主体性,从而使人类面临文明的底线一触即溃的空前危机。

世界文明史上,人类不断遭遇重大事件,它们甚至部分中断或改变了世界发展进程(如两次世界大战),但人类文明从来没有像今天这样,在世界范围内遭遇来自人类与自然关系、诸文明体系关系、人类与自身关系的系统性挑战和危机,世界从来没有这样迅速而深刻地被改变,危机如此深刻,危险如此迫近,乃至有理由忧患:"人类世"或"人类纪"是否可能,是否正走向终结。面对危机,企业家魅惑人心的广告已经成为文明咒语,正蚕蚀大众心态:"未来已来。"如果"未来"真的"已来",那么不仅意味着人类像分期付款那样透支了未来,而且将"没有未来"。科学家、科幻作家不断推出替代性拯救方案:移民"类地球"、寻找外星人。

然而"逃离地球"的科学探索与文学想象的实质和宿命,是"告别人类""逃离人类文明",甚至正如霍金所警告的那样,是在外星球为人类寻找奴役自己的新主人。我们有理由也必须严肃追问:科学家和企业家共谋的路,就是人类文明之路吗?

许倬云先生在《中国文化的精神》中曾忠告世界:"二十一世纪的世界,似乎正在与过去人类的历史脱节,我们的进步,似乎是搭上了死亡列车,正加速度地奔向毁灭。"①人类需要逃离的不是地球,而是许倬云先生所说的"死亡列车"。非常时代,面对非常风险,人类必须从根本上改变对待宇宙自然、对待其他文化实体、对待自身的伦理态度,脱胎换骨地培育一种新的文明观,这就是回归和重建作为人类本心和元智慧的伦理文明观。"非常"的根本和根源是伦理,伦理文明观期待基于非常时代的非常伦理。在逻辑和历史结合的意义上,非常伦理包括三个递进的层次:第一,"非常伦理智慧",它是应对非常伦理境遇的实践智慧,如西方世界的《好撒玛利亚人法》或《无偿施救者保护法》《联合国气候变化框架公约》等,它们是非常态下的伦理准则与实践指引。第二,"非常伦理形态",这是与日常伦理相对应的伦理形态非常境遇和日常生活遵循不同的伦理法则,非常伦理是非常状态下伦理的应急形态,日常伦理在非常境遇下的误用将导致阿伦特所说的"平庸之恶";而非常伦理在日常生活中的不恰当移植,也会导致诸如冷战时期东欧国家长期实行高度集中的政治经济政策所引发的困境。面对不断出现的非常境遇,人类需要创造一种与日常伦理相配合的非常伦理形态。第三,"非常伦理觉悟",这是非常伦理的最高形态,是人类超越和告别非常态的伦理觉悟,具有终极觉悟的意义。彻底摆脱人类文明的非常态所期待的非常伦理觉悟,就是伦理文明观的觉悟。

二、人类文明的伦理底色及其现代性失落

伦理是人类文明的本色,对于文明的伦理守望是人类世界的初心,

---

① 许倬云:《中国文化的精神》,九州出版社 2021 年版,前言第 8 页。

而人类社会发展史与个体生命发育史则展现了伦理对人类世界的基因意义。人类世界的原初状态是实体状态，原始文明就是人类从实体中走出的历史，神话传说所承载的就是实体世界的伦理记忆。中国古代神话中盘古开天辟地的哲学要义，是人类世界从自然世界中的诞生。"盘古之斧"的文明史象征意义，就是人从宇宙自然中的"伦"分离与"伦"挺拔；而女娲补天，相当程度上可以当作以人的世界为价值基点的人类世界与宇宙自然关系的"伦"修复。

苏格拉底之死是希腊文明的伦理基因的哲学表达：苏格拉底被指控的两宗罪之一"慢神"，就是将人从神的自然状态中唤醒，而教唆青年，则将人尤其年轻人从城邦实体状态中唤醒——苏格拉底之死之所以成为西方文明转型的重大历史事件，就是它使希腊人从原初的伦理实体状态中启蒙，从神文时代的自然状态走向人的时代或人文时代。苏格拉底被判死刑及其慷慨赴死，是因为他颠覆了一种文明，即实体性的原初状态。但他对这种伦理世界又保持深深的认同，正因为如此，苏格拉底必须死，只能死。

在希伯来文化的创世纪神话中，亚当、夏娃只是犯了偷吃智慧果的小小错误，便引发上帝的雷霆震怒，将人类祖先逐出伊甸园。"上帝之怒"的根本原因，是偷吃智慧果之后，人类世界的原初实体被颠覆解构，产生最初也是最重要的一种分离，这就是"性"之"别"，即所谓性别。上帝创造亚当，又用亚当的一根肋骨创造了夏娃，伊甸园的世界是一个实体性的伦理世界；而偷吃智慧果是一种极具象征意义的伦理启蒙，从此，人类不仅一分为二（有了两性之别），而且与造物主相分离。这同样是一次具有决定意义的"伦"告别与"伦"分离，由此偷吃智慧果才成为具有文明史意义的重大历史神话。

盘古开天、女娲补天、苏格拉底之死、上帝之怒，它们之所以成为具有重大文明史意义的文化符号，就是因为承载和表达了人类世界和人类文明的基因密码。对其进行基因解码，如同实验室中的基因排序，可以发现人类文明的本真。它们都演绎了人类文明的"伦"原色和"伦"原罪,也演绎了人类与自己家园的那种"乐观的紧张"的伦理关系。它们回答了两个问题:人类从哪里来?从实体或伦理实体状态中走来,这是"伦"原色。人到哪里去?盘古开天演绎人类从宇宙自然中分离又让自己成为宇宙自然的天人合一的伦理理念,有紧张更有乐观;女娲补天可以被看作这一伦理理念的另一种表征。苏格拉底被判死刑,是因为他犯了篡改人类文明原色的原罪,慷慨赴死不仅表明苏格拉底对他所颠覆的那种文明深深认同的悲怆情愫,也演绎他与这种文明原色的乐观关系。偷吃智慧果之所以成为人类的原罪,是因为它对伦理实体状态的解构,被逐出伊甸园是紧张,而赎罪得救的回归则是乐观。紧张表明伦理及其实体状态是人类文明的原色或本色,乐观则隐喻人类文明的理想,是重新回归原初的伦理家园。对这些重大文化符号的解码表明,人类世界的原初状态是伦理实体状态,人类文明的基因是伦理世界。

个体生命的诞生史,理一分殊般地复制和演绎了人类世界伦理基因的密码。个体生命是一个男人和一个女人的共同作品,这就使其具有伦理实体的生物学意义,它以生物学方式诠释和隐喻了基督教《创世记》中偷吃智慧果对人类文明的原罪性质。人从母体中"被诞生"的事实,注定了个体的伦理实体性本质,也赋予人以作为伦理始点和伦理本能的爱的需要和爱的能力。"人也者,仁也","仁者爱人",依照黑格尔的理论,爱的本质就是不独立不孤立,其终极根据就是人从母体中"被诞生",由此,怀胎—怀抱—关怀—爱,才形成个体由生物学到伦理学的精神发育史。虽然个体从母体中诞生,但子女是父母或曰一个男人和一个女人的共同作品,是父母的共同人格,是所谓"爱情的结晶",因而个体生命从一开始就被赋予浓郁的伦理本色。①

人类社会发展史和个体生命发育史,演绎和确证了人类文明的伦理本质和伦理基因,伦理基因的精髓一言概之就是"在一起":与宇宙自

---

① 对于古代神话以及一系列重大文化事件的伦理解码,参见樊浩:《伦理道德的精神哲学形态》,中国社会科学出版社 2019 年版,第 1—26 页。

然在一起,与他人在一起,与世界在一起。正因为如此,人类文明的最基本形态就是家庭和民族,它们就是"在一起"的自然形态。按照黑格尔的理论,家庭和民族是直接和自然的伦理实体,是自然的伦理精神,它们所缔造的是个体与实体直接同一的伦理世界。伦理世界,是人类文明的原色,也是人类精神的家园,对之的追求贯穿日后的人类文明史,人类带着这种原初的伦理原色和伦理记忆步入并建构日后的文明社会,在异化中不断眷念并执着地守护自己的伦理基因和文明的伦理原色。

　　正因为如此,古典时代或即雅斯贝尔斯所说的轴心时代的文明理想,都是对伦理世界的文化重温和哲学建构。古典哲学所具有的永恒魅力,与其说是先贤们不可超越的洞见,不如说是因为他们与人类本真状态的近距离而携带的伦理世界的集体记忆和文明余温。柏拉图的《理想国》被称为西方乌托邦的始祖和源头,相当程度上是因为它捍卫和展现了伦理世界的真善美。柏拉图假托苏格拉底之口论证一个理念:"理想国"是伦理正义实现的王国,换言之,伦理正义的王国就是理想国。《理想国》至今仍在诸文化实体中被公认为是最具影响力的著作之一,根本上是因为这个对话体的文本寄托和契合了人类世界的终极伦理理想——虽然对已经异化了的人类世界来说,它只是一个伦理的乌托邦。孔子将人类的理想世界分为"大同"和"小康"两种文明形态,它们的不同在于伦理境界的殊异。在孔子看来,"大同"之所以"大",是因为"天下为公","大道之行也,天下为公"。"大同"所呈现的是"不独亲其亲,不独子其子"的实体性伦理气象。"小康"的文明气质是"小"而"康"。由"天下为公"向"天下为家"异化,是伦理境界的"小"。"今大道既隐,天下为家",其伦理气象是"各亲其亲,各子其子",但因为"以礼义为纲纪",而仍能保持文明之"康"。在中国文化中,"康"不仅意味着温饱健康,而且是人与人之间的彼此通达之道,即所谓"康庄大道"。《尔雅》曰:"四达谓之衢,五达谓之康,六达谓之庄。""大同"是天地万物与一体的实体状态和实体境界,这种人类文明的原初状态解构之后,人与人、人与自然之间仍保持某些通达之道,六达之"康"就是其中的一种状态。所以孔子感言:"大道之行也,与三代之英,丘未之逮也,而有志焉。"(《礼记·礼运》)宇宙万物一体的实体状态,就是孔子的文明理想和文化情愫。儒家与道家虽有深刻分歧,但以伦理实体状态为文明的本真或原初状态即所谓"道","大道"则是共同文化理念和文明理想,区别在于儒家通过"礼"实现,道家则通过所谓"齐"或"齐万物"达到。

人类文明具有伦理的本色,因而在历史演进过程中,捍卫文明的伦理的底色便与文明合法性及其前途命运密切相关。黑格尔对人类文明史做了精神现象学的还原,将人类精神的现实发展即所谓客观精神呈现为"伦理世界—教化世界—道德世界"的辩证运动进程,在这个进程中,人类文明不仅具有伦理道德的本质,而且就是伦理道德的精神现象学。伦理世界是个体与实体直接同一的世界,以家庭与民族为两大伦理实体,以男人与女人为两大伦理原素和两大伦理实体相互过渡的中介。伦理世界的现实化就是教化世界,它以财富与国家权力为现象形态。在黑格尔精神现象学中,财富和国家权力与其说是人的世俗生活,不如说是个体与实体同一、在现实世界中人们"在一起"的两种伦理形态,用黑格尔的话语说,它们都是普遍意识的作品。财富的本性是:"一个人自己享受时,他也在促使一切人都得到享受;一个人劳动时,他既是为他自己劳动也是为一切人劳动,而且一切人也都为他而劳动。因此,一个人的自为的存在本来即是普遍的,自私自利只不过是一种想象的东西。"①国家权力是直向的善,是个体与实体同一的直接方式;财富是反向的善、内在的恶的可能,因为人们在消费中意识到自己的个别性。但国家权力内在压制个体的倾向,可能转化为恶;相反,人们在消费中意识到自己的普遍本质,因而财富可能转化为善。无论如何,财富与国家权力都是现实世界中伦理精神的两种形态。黑格尔晦涩的理论,揭示了财富与国家权力的伦理本质,也将人类的现实生活现象学地还原为一部分伦理文明史。内在于现实世界中的善恶的矛盾如何扬

---

① 黑格尔:《精神现象学》(下卷),贺麟、王玖兴译,商务印书馆1996年版,第47页。

弃？必须将人类精神发展到道德世界，建立个体的道德主体性。道德世界内在道德与自然、义务与现实的矛盾，这便是所谓道德世界观，然而道德世界的本性却是道德与主观自然即人的自然本性、道德与客观自然即现实世界或所谓幸福之间"被预设的和谐"，由此便建立道德主体，达到乐观的紧张的至善境界。人在伦理世界中是实体，在教化世界中是个体，在道德世界中是主体，在黑格尔的《精神现象学》中，人类文明史，就是伦理精神和道德精神的辩证发展史。应该说，《精神现象学》不仅形而上学地揭示了人类文明的伦理本质或伦理真理，更是对人类文明的伦理追求和伦理守望，也是对人类文明的伦理批判，因为在黑格尔哲学中，"合理的"与"现存的"具有相互批判的关系。《法哲学原理》被恩格斯断言为黑格尔的伦理学，在《法哲学原理》中，黑格尔将个体与实体的统一展现为"家庭—市民社会—国家"三大伦理实体的辩证运动。可以说，无论《精神现象学》还是《法哲学原理》，黑格尔所完成的是一种宏大的文明史观的演绎和论证，这就是伦理文明观，或以伦理道德为内核的文明观。

　　如果说黑格尔对文化实体内部的伦理文明观的论证具有合理内核，那么对于文化实体之间关系的论证则具有西方文明自我中心主义的顽疾。在《法哲学原理》的最后，他将世界文明史与个体生命发育史相统一，这种方法具有合理性；但他以自由诠释历史，将世界历史思辨为以中国和印度为代表的东方世界—古希腊—古罗马—日耳曼的进程，表面上将东方世界尤其是中华文明作为远古文明，实际上将它当作"只有'一个'是自由的"的最不具有现代性与伦理合法性的文明，希腊罗马世界"知道'有些'是自由的"，文明的伦理合法只有到他的祖国即日耳曼民族那里，才达到"知道'全体'是自由的"的现实的伦理实体状态。这种论证，在《历史哲学》中得到详细表达和完成。[1]　可以说，《历

---

① 参见黑格尔：《法哲学原理》，范扬、张企泰译，商务印书馆 1996 年版，第 357—360 页。黑格尔：《历史哲学》，王造时译，上海书店出版社 1999 年版，第 110—111 页。

史哲学》不仅以伦理性的自由为核心完成了西方中心主义的哲学论证，而且成为"文明的冲突"的历史哲学原型。可以说，黑格尔在文化实体的内部关系中建构了一种伦理文明观，在文化实体间关系中又以西方中心主义解构、颠覆了他所论证和确立的这种文明观。

伦理文明观是中华文明最重要的气派和气质，中国文化之成为伦理型文化，相当程度上是因为致力建构和坚守这种文明观，并在世界民族之林中将其现实化为一种独特的文明形态。只有在伦理文明观的意义上，才能真正理解中国传统文化。孔子的"不患寡而患不均"，并不是倡导平均主义，而是维护财富的伦理普遍性即现代话语中的所谓伦理公正，"均"是财富正义及其伦理合法性的传统表达或中国话语。孔子呼吁"为政以德"，提倡"内圣外王"之道，也是努力建构国家权力的伦理公共性。"天下之事，唯义利而已"（《二程遗书》卷十一），揭示了伦理道德在中国文化中的核心地位，从孔孟老庄到宋明理学，中国传统文化致力于对财富国家权力的伦理批判，对世俗生活保持高度的伦理追求和伦理警惕。这种传统在近现代转型中遭遇激烈的文化冲突。康有为的《大同书》从话语形态到价值取向，都继承了"大同"理想，但其"去九界"以达人类大同的理论，已经内含西方以个体为本位的资本主义文明与大同理想的文化纠结和文明调和。梁启超的《欧游心影录》毋宁可以当作一部"文明观心影录"，它以一个有趣的故事叙述了古今中西冲突的文明观纠结的"心影"。当美国记者赛蒙氏得知梁启超有意把西方文明引介到中国时，十分绝望地说，"西洋文明已经破产了"，我们要"等你们把中国文明输进来救拔我们"。① 这种"思想之矛盾与悲观"是近现代文明观的普遍"心影"。

近现代以来中西方文化的冲突，相当意义上是文明观的冲突，是中国伦理文明观与西方强权文明观的冲突。这种冲突发生于"化"的战略交错的大背景下，因而表现出特别复杂的内涵。一方面，中国要走向现

---

① 梁启超：《欧游心影录》，商务印书馆 2014 年版，第 21、22 页。

代化,现代化的参照是现代西方文明;另一方面,西方展现其现代文明的同时也向全世界推销其文明观与文化价值,具有"化"世界的战略故意。"化"的内在驱动邂逅"化"的战略故意,便内在"被化"而不是"自化"的巨大风险。面对近现代中西方发展的巨大落差,中国开始了长达一个多世纪的自我反思和文化批判。郑和下西洋与哥伦布发现新大陆,是中西方两种文化实体具有宣示意义的两项不同集体行动,也导致了完全不同的两种文明后果。火药是中国四大发明之一,在中国被用作装点美好生活的爆竹,然而一旦被西方引进,便被制成杀伤力巨大的炸药。孰是孰非,基于伦理文明观一目了然;然而遭遇现代西方物质文明的强势及其所形成的强权,在"化"的战略交错中便形成复杂的文化心态,郑和下西洋和爆竹,相当时期被当作谈论中的文化自嘲。这种复杂的文明心态在关于"华夷之辨"的论述中被聚焦:毋庸讳言,华夷之辨存在自我中心倾向,但既然华夷的根本区分是伦理教化和伦理文明的程度,作为伦理文明观的延伸,也不能完全否认其合理因素,否则不会长期被认同为一种文化标准和文明态度。作为一种历史哲学观念,华夷之辨无疑应当被扬弃;但作为一种伦理文明观,不能完全否认其合理内核。由此我们不得不追问:对于传统伦理文明观的过度反思和激烈批判,在作为传统文明自弃的同时,是否将导致现代文明的泣诉?

关于伦理文明观的理想与现实的纠结,不由让人们想起古代法家韩非的那个历史现象学的描述:"上古竞于道德,中世逐于智谋,当今争于气力。"(《韩非子·五蠹》)"竞于道德—逐于智谋—争于力气"到底是人类历史的轨迹,还是人类文明的厄运?"竞于道德"到底是遥远过时的上古之事,还是人类应该执着的文明信念?韩非批评固守这种文明观的人是"欲以先王之政,治当世之民"的"守株之类",依照这种逻辑,只有"争于力气"才是与时俱进,然后只要回眸当下非常时代遭遇的非常风险便可能获得另一种解释:对伦理文明观的守望,到底是守株之行还是"明知不可为之而为之"? 历史事实是:伦理文明观的现代性失落,已经使人类文明濒临危机的深渊。

三、学会为伦理思考所"支配"

"非常时代"及其"非常风险",期待"非常伦理"。非常伦理不只是应对非常时代的非常挑战的伦理,而且是对超越非常文明风险、对人类世界的前途命运具有非常文明史意义的伦理。前者是与日常伦理相对应的非常伦理形态和非常伦理智慧,后者是基于非常时代的忧危意识的伦理觉悟即"非常伦理觉悟"。面对"非常时代"不断遭遇的"非常"挑战,人类必须严肃思考:到底如何才能走出"非常"的文明风险? 为此,亟待一场彻底的伦理觉悟,这场伦理觉悟的要义是人类文明观的伦理革命。这一伦理革命对人类文明的影响如此深远,乃至可以成为人类文明的"最后觉悟"。

20 世纪,中西方哲学家曾多次发出"非常伦理觉悟"的预警。如 20 世纪 20 年代,陈独秀即宣告:"伦理的觉悟,为吾人最后觉悟之最后觉悟。"①20 世纪 50 年代,面对两次世界大战的惨痛教训,罗素亦忠告世界:"在人类的历史上,我们第一次达到了这样的一个时刻:人类种族的绵亘已经开始取决于人类能够学到的为伦理思考所支配的程度。"②

两大预警,同一个忠告:伦理觉悟。殊异在于,陈独秀的预警指向"吾人"即中华文明的内部关系;罗素的预警则指向"人类"即文化实体之间的关系。然而无论"吾人"还是"人类",伦理觉悟都具有"最后觉悟"的文明史意义,只是话语方式不同,陈独秀是"最后觉悟之最后觉悟",罗素是"人类种族的绵亘"。综合两大预警,伦理觉悟是人类文明的"最后觉悟",是"非常伦理觉悟"。

有待进一步追问的是:时隔一个世纪,在文化实体内部,具体地说在中国文化中是否已经完成陈独秀所说的"最后觉悟"? 两次世界大战只是人类"第一次"走到关乎"种族绵亘"的历史时刻,今天的"非常时

① 陈独秀:《吾人最后之觉悟》,任建树、张统模、吴信忠编:《陈独秀著作选》第 1 卷,上海人民出版社 1993 年版,第 179 页。
② 伯特兰·罗素:《伦理学和政治学中的人类社会》,肖巍译,中国社会科学出版社 1992 年版,第 159 页。

代"是否意味着人类再次走到这样的时刻？罗素所预警的是"种族绵亘"的文明危机，不是一种文明的危机，而是整个人类文明的危机；走出"种族绵亘"的文明危机的"最后觉悟"是什么？就是人类"学会为伦理思考所支配"及其所达到的"程度"。

　　"学会为伦理思考所支配"，是21世纪关乎人类前途命运的文明觉悟，是人类文明观的伦理革命，这场伦理革命的正果，将是伦理文明观的回归与建构。伦理的要义是"在一起"，不只是原子式地"在一起"，而是精神地"在一起"，即人与人、诸文化实体"在一起"，人类与宇宙自然"在一起"，人类与自身"在一起"。伦理文明观的精髓，不仅是一般意义上"学会伦理地思考"，而且要使人类、人类文明"学会为伦理思考所'支配'"；为伦理思考所"支配"的"程度"，是人类文明的伦理觉悟的程度，更是摆脱"人类种族的绵亘"危机、获得自我拯救的程度，是人类种族的安全度与风险度的标志。人类文明的伦理革命的精髓、伦理文明观的精髓，就是提升学会为伦理思考所"支配"的"程度"。因其具有"种族绵亘"的文明史意义，因而是人类文明的"最后觉悟之最后觉悟"；因其是超越"非常危机"的伦理觉悟，因而是"非常伦理"的"最后觉悟"，即"非常伦理觉悟"。伦理文明观，具体地说"学会为伦理思考所'支配'"，是非常时代的非常伦理觉悟，是具有文明史意义的"最后觉悟"。面对不断遭遇的种族绵亘危机，人类别无选择，必须进行文明革命，革命的主题便是"学会为伦理思考所'支配'"，以伦理看待文明，以伦理建构文明。这是人类历史上一次重大文明观和文明革命。摆脱"非常"宿命，期待一场酣畅淋漓的以伦理为主题的深刻文明革命，无论人类如何不情愿，如何怠慢、漠视甚至麻木，这场革命必须到来，也一定到来，因为只有学会"为伦理思考所'支配'"，人类才能摆脱无法"种族绵亘"的厄运，重新学会"在一起"。

　　非常时代的"非常伦理觉悟"是伦理文明观的回归与建构，其要义是"学会为伦理思考所'支配'"。现代文明如何提升为伦理思考所"支配"的"程度"？现代文明的伦理革命的基本课题是消除价值霸权，扬弃人与自然关系中的人类中心主义、诸文化实体关系的自我中心主义、文明诸要素关系中的物质中心主义。

到目前为止的世界文明史只是一部"人类世"史,即人类中心主义的世界或世纪史。20 世纪中期以来的生态觉悟以及与之相应的生态文明成为现代文明最重要的进步之一,然而迄今为止的生态伦理似乎都难以摆脱人类中心主义,总是在强人类中心主义与弱人类中心主义之间徘徊,生态文明的终极诉求只是试图更合理和更持久地保持人类在世界上的中心地位。关于人类与宇宙自然关系的文明观,人类有两种代表性伦理智慧,一是古希腊哲学的"人是万物的尺度",一是中国传统哲学的"人是万物之灵"。"万物尺度"的本质是人对世界的主宰,是"宰"物;"万物之灵"的精髓是《周易》所说的"厚德载物"的"载"物,即负载万物。"宰物"与"载物","万物尺度"与"万物之灵",是对待世界的两种哲学态度,现代文明的主导性理念是"宰物","载物"的中国传统,要么在集体记忆中进入希夷之境,要么在现代性中异化为以"灵"傲物。不期而遇、接踵而至的非常时期及其非常风险,隐喻作为人的对象的"万物"集体行动,准确地说即集体反击、集体报复时代的到来,无论人类如何不甘心和负隅顽抗,它皆会宣告"人类世"正在过去也终将过去,如果继续冥顽不化,迎来的将是"种族绵亘"的万劫厄运,唯有主动进行文明观的自我革命,种族绵亘才有未来。"学会为伦理思考所'支配'"的基本智慧,是学会"人与宇宙万物于一体",彻底告别人类中心主义。新冠疫情拉开了这场沉重的伦理革命的帷幕,但惨痛教训之后人类似乎仍在坚持抵抗,"集体免疫"的伦理实质,就是以"敢死队"的牺牲再次夺回对自然的征服者地位,随之而来的"人疫共生"只是一种无可奈何的绥靖和韬晦诡计,目的是通过达尔文式适者生存的自我进化再次收复失地。然而,人类最需要的觉悟,是回答:到底因何而天人感应式地在全世界范围内激起这种最简单病毒的愤怒反抗,这种"天下之至柔"的非细胞型微生物,如何在现代性文明的温床中被人类培育成老子所说的"驰骋天下之至坚"的恶魔? 新冠病毒与其说是"征服"世界,不如说在"唤醒"世界——它作为万物的"使者",向人类传递一个共同声音:告别人类中心主义,告别对自然征服改造的现代性哲学理念,学会与万物在一起、与宇宙自然在一起,在人与自然关系中学会为伦理思考所支配。

非常时期及其非常风险的第二个根源是诸文化实体关系中的自我中心主义。国家与国家关系,乃至诸文化实体关系的实质,是以黑格尔所说的"整个的个体"呈现的人与人的关系,国家对内是伦理实体,对外是"整个的个体"。亨廷顿虽然没有揭示"文明的冲突"的根源是文化优越论或文明中心主义,但他不得不承认一个事实:"每一个文明都把自己视为世界的中心,并把自己的历史当作人类历史主要的戏剧性场面来撰写。与其他文明相比较,西方可能更是如此。"①西方中心主义是西方文明的基因和顽疾。雅斯贝尔斯提出"轴心文明"的概念,这种以基督诞生为历史开端的文明观,本质上就是西方中心论的基因表达,世界接受了这个概念,也就接受了西方文明的中心地位,它在使中国文明"打对折"即将基督诞生前中国的三千多年文明史一笔勾销的同时,也逻辑性地埋下亨廷顿"文明的冲突"的伏笔,原理很简单:按照"轴心文明"的"轴心思维",人类文明围绕中国、古希腊、古巴比伦、古印度等诸轴心高速运转并不断扩散的结果和前途,必然是相互撞击而导致的"文明的冲突"。这种西方中心论的文化基因,西方学者在任何时候都毫不隐讳,只是因其学术理论的晦涩深奥更隐蔽而已。20 世纪初马克斯·韦伯的《新教伦理与资本主义精神》,以"新教伦理＋资本主义精神"作为现代资本主义文明的"理想类型",并进行了对儒教文明、佛教文明、伊斯兰文明的排除性论证,最后证明和确立的就是西方基督教文明中心论。这种深入骨髓的西方文明中心论,体现为国家战略和民族心态,就是文化帝国主义与文明帝国主义,它是现代极端民族主义和文明霸

---

①　萨缪尔·亨廷顿:《文明的冲突与世界秩序的重建》,周琪等译,新华出版社 2002 年版,第41 页。

权主义的民族精神基础,也是"文明的冲突"的理论形态。"为伦理思考所支配",必须告别文明中心论尤其是西方中心论,以文明多样性与和文明对话,建构人类文明新形态。

不知何时,人类开始放弃对世俗生活的伦理守望和伦理追求,将文明理解为单向度的物质生活进步,在文明体系中建立起物质主义的中心地位和价值霸权。西方古典经济学家马歇尔在《政治经济学原理》的开篇就声言,世界是由两种力量造就的,一是经济的力量,一是宗教的力量,前者是物质世界的基础,后者是精神世界的顶层设计,两种力量的辩证互动,共同造就世界文明。韦伯发现,近现代以来西方资本主义文明的秘密,是"新教伦理+资本主义精神"的"理想类型",以新教伦理与市场经济为西方资本主义文明的基本结构。"理想类型"出世五十多年之后,哈佛大学教授丹尼尔·贝尔发现,当代资本主义文明面临的最深刻矛盾是"文化矛盾",其特征是经济冲突力与以伦理为内核的宗教冲动力的分离。这些理论,当然是西方宗教型文化的解释系统,但它体现为这类一以贯之的文明理念:文明的合理性、文明的本质,是物质与精神、经济与宗教的辩证互动。

中国文化是伦理型文化,有独特的话语和理论,然而文明大智慧却一致而百虑,殊途同归。"天下之事,惟义利而已",宣告的不是道德中心主义,而是一种文明观,转换马歇尔的话语方式,就是说文明是由义和利两大力量造就的,由此宋明理学才说,"义利之说,乃儒者第一义"(《朱子全书》卷二四),"第一义"并不只局限于伦理学,而是文明观的第一义。在现代性异化中,文明体系中的这两大基础性构造相互分离,现代性的线性进步观建立起以经济准确地说以物质为核心的价值霸权,于是在文明体系内部陷入公平与效率、发展与幸福之间难以调和的矛盾,在国家关系中陷入"争于力气"的霸凌主义。公平与效率的矛盾,根本上是伦理与经济的矛盾,它是人类文明的基本矛盾,在现代性文明中达到空前深刻和尖锐的程度。公平是财富的伦理要求,财富的生产和分配遵循两大逻辑,一是经济学逻辑,一是法哲学逻辑:经济学逻辑是效率,法哲学逻辑是公平。人格及其自由的最初形态是财富,没有财富就没有人格,但财富来源于劳动,平均主义注定要破产。因此人类文明的大智慧就是在创造财富的同时,守望和捍卫财富的伦理性,达到经济学逻辑和法哲学逻辑的平衡。效率与公平的矛盾的必然后果,是发展指数与幸福指数的失衡。与这两大矛盾相关联,现代科技发展中遭遇的巨大而深刻的文明风险,不只是人与自然关系的伦理失落,也是以物质主义为核心的文明观的必然结果。当今中国正遭遇老龄化的严峻挑战,将老龄化当作为社会问题应对治理,还是使其"成为""文明进步的重要体现",以"文明"看待老龄化,能动地建构"老龄文明",关键在于对文明的伦理理念和伦理态度。现代文明必须进行关于发展进步的文明观的革命,这一革命的要义是伦理的文明回归,是关于发展进步的"非常伦理觉悟"。

"非常时代"的"非常风险"根源于现代文明的伦理脱轨,非常伦理觉悟及其所建构的伦理文明观的要义,是回归文明的伦理本性,使人类文明重新"学会为伦理思考所'支配'"。但是,伦理文明观并不是以伦理为中心的文明观,更不是建立伦理在现代文明中的新的价值霸权。伦理文明观根本上是"在一起"或"人与宇宙万物于一体"的文明观,作为传统伦理文明观的转化与创新,它展现为两个方面:"价值生态"的文明观,和"人类命运共同体"的文明观。

价值生态的文明观是文明体系中诸要素关系的文明观,它肯定每一个文明因子,如经济、社会、文化、伦理等在文明体系中的地位,并认为文明的合理性,不是任何一个因子,而是诸因子辩证互动所形成的价值生态,肯定伦理与其他文明因子之间互补互动、相互批评所形成的文明生态。作为一种伦理文明观,它致力建构伦理—经济生态、伦理—社会生态、伦理—文化生态、伦理—政治生态、伦理—科技生态等。价值生态的文明观是消解价值霸权的文明观,但认为人类文明必须经受伦理精神的批判和指引,因而也是伦理精神的价值生态的文明观。价值生态的文明观基于一种哲学理念和历史意识,生态觉悟是 20 世纪以来的人类文明最重要的觉悟,生态觉悟由最初的人与自然关系的觉悟即自然生态,推进为人与人、人与社会、人与自身关系的觉悟,生成文化生态、社会生态、政治生态等理念,在 20 世纪 90 年代提升为生态哲学。21 世纪生态觉悟的推进,是将生态觉悟由生态哲学落实为生态价值观和生态世界观,创造具有哲学意义的"生态文明"或"文明生态"。伦理文明观,是价值生态的文明观。① 将生态价值观从文明体系内部的关系扩展到人与自然关系、诸文化实体的关系,就是"人类命运共同体"的文明观。根据生态价值观和生态文明观,面对人与自然关系、国家与国家关系、诸文化实体关系的非常时代的非常挑战,人类世界本质上是一个命运共同体,也必须形成命运共同体,必须扬弃国际关系中的自我中心主义和文明霸权,由此,人类才有未来,世界才有未来。由伦理精神的"价值生态"建构"人类命运共同体",就是伦理文明观的中国话语和中国表达。

四、"道德与幸福的同一性"与伦理文明观

任春强是我的博士生。当年他的博士论文主题为《道德与幸福同一性的精神哲学形态》,这是一个十分考验学术耐力和学术功力的选题。"道德与幸福的同一性"是伦理学,也是整个人类文明的基础性和前沿性课题。"精神哲学"在当今中国伦理学和哲学界基本上还是令人望洋兴叹的领域,很少有人否定它的重要性,但对很多学者尤其青年学者来说,大多也只是临渊羡鱼,"回头结网"者亦虽不少,但坚持下去的不是很多,理由很简单:黑格尔早就说过,精神哲学是"最高最难的问题",在黑格尔"逻辑学—自然哲学—精神哲学"的体系中,它是最高和最后的结构。而"形态"即用形态学的理论和方法研究精神哲学,进而解释和建构伦理道德的问题和理论,更是东南大学伦理学科的"门户之见",虽然已经取得不少成果,但总体上这个一家之言还处于探索试验

---

① 关于价值生态的文明观,参见樊浩:《伦理精神的价值生态》,中国社会科学出版社 2001 年版。

和接受检验的阶段。如此境况下，在这篇博士论文中，"德福一致""精神哲学""形态"，每一步都需要披荆斩棘地往前开拓，需要学术创新的勇气、甘于并享受寂寞的耐力，当然更需要哲学尤其是思辨哲学的功力。春强具有哲学思辨的偏好，又懂得德语。我给博士生开设两门黑格尔哲学课，即《精神现象学》和《法哲学原理》的研读，记得有一次他给我发信，说贺麟先生他们的翻译中可能有一个概念不是很准确，我因不懂德文，难以判断，但觉得该送他去黑格尔哲学的故乡经受一次洗礼。于是，受教育部留学基金委的资助，他到德国弗莱堡大学访学交流一年，在那里亲身感受德国哲学尤其精神哲学的余韵，完善自己的思路。不负众望，他高质量地完成了上述论文。虽然其中从表述到观点和话语有不少个性化的特征，但都是春强自己"炮制"和建构起来的，有较强的原创性，于是我们将之作为东南大学优秀博士论文，收入"东大伦理"系列，由中国社会科学出版社出版。

　　我在江苏省社会科学院兼任副院长期间，将春强带到了哲学所。这是一个经过很认真的考虑并与他多次商量的选择。虽然以他的学习经历和学术能力，到一所很好的高校工作，发展空间更大些，但我综合考虑下来，觉得社科院可能更适合他，且社科院也需要补充一些经受过严格学术训练、学术上比较纯粹的年轻学者作为未来储备。而在我已经回学校近四年之后，接到他的来信，说他完成了新著《道德与幸福同一性的网络哲学形态》，获得院方推荐，即将在商务印书馆出版，请我写篇序。这让我很吃惊：一方面，沿着道德与幸福的同一性这个很小的切口走下去，不断拓展，是一件很艰难也很不容易的学术工程；另一方面，"网络哲学形态"这么时尚的问题似乎与他在现有年轻人中显得有点"迂腐"的学者气质也不太匹配——总之有点意外。但细致考虑，这似乎也是他的学术发展的合乎逻辑和天性的结果。记得读书时有一次他给我一篇完成了的文章，讨论"人造肉"的问题，这不仅令我感到惊讶，简直有点恼火，因为我的取向是不鼓励学生追逐学术时尚或所谓"热点"，而是应沉下心来追踪前沿、夯实基础的。好长时间以后，我才理解和接受了他的这个选择,也检讨了自己对学生的理解和宽容不够——也许这就是代沟吧。

道德与幸福的同一性,既是人类文明"被预设的和谐",因为它是人类世界的终极目的;又是人类的信念,因为它是黑格尔所说的自我意识的终极目的,是人类的终极理想。道德与幸福的同一,具有两种存在形态:一是在人们的信念和信仰中存在;二是在现实世界中实现。二者之间存在文化与文明的张力:因为它是人类世界的终极目的,因而被人类一如既往地守望和追求,并转化为建构现实的力量;然而在现实世界中,道德与幸福的同一,永远只能部分地实现,正因为如此,它才成为文化理想,也成为批判与改造现实的精神力量。也许正因为这种理想和现实的张力,它才成为任何文明、任何文化尤其是哲学、伦理学等永恒的主题。道德与幸福的同一性在古代神话中就是基因般的存在:如在中国古代神话所讲的基本上都是善恶报应的故事,即便是最富浪漫色彩的嫦娥奔月,也以善恶报应为主题。在日后的文化演绎和理论表达中,道德与幸福的同一性被展开为三种哲学形态或文化形态。在出世的宗教型文化中,它是善恶报应;在入世的中国伦理型文化中,它是德福一致或德福相通;在康德哲学中,它是"至善",但需要借助哲学和宗教的双重力量才能达到,因而意志自由、灵魂不朽、上帝存在,便成为康德道德与幸福同一的至善的三大预设。总之,道德和幸福的同一性,大致有三种精神形态:宗教形态、伦理形态、哲学形态。因为它是具有终极意义的理想和信念,因而其彻底的同一性,存在于道德和幸福辩证互动的永无止境的人类文明的追求中,这种至善境界只是也只能"永远在路上",用中国传统哲学的话语表述,即"止于至善"。但有一点是肯定的,道德与幸福的同一性程度,标志着文明的合理性,一个显然的历史事实是:如果二者不一致或一致性程度不高,就会导致伪善、导致社会失序和行为失范。理由很简单:人类永远不会放弃对道德与幸福一致的理想,它至少在抽象意义上是"普遍价值"。于是,当现实生活中二者不一致时,也许就会产生一种文化期望和文化麻醉:以不一致为一致,认为或渲染它们一致，于是便导致伪善。中国的魏晋时代，这种现象就曾经存在，它成为伦理道德危机的标志，受到伦理学家们的激烈批判。

这两本书作为研究道德与幸福同一性的姊妹篇，在思路和体系上似乎有某种一贯性。《道德与幸福同一性的精神哲学形态》，揭示了三种同一性形态：经验形态、超验形态、先验形态。《道德与幸福同一性的网络哲学形态》同样揭示了三种形态：自由形态、异化形态、至善形态。也许后者中的这些理论，包括"网络哲学形态"的概念还有待论证，并需要经受批判性讨论，然而这本三十多万字的著作所呈现的严肃学术态度、严谨的学术追求，以及敏锐的问题意识和创新建构能力，无论如何是显而易见并值得肯定的。我对这一主题缺乏长期和专门的研究，而且作为曾经的导师，对学生的作品进行过多乃至过高评价，当然有自誉自恋之嫌。于是，只能拿出自己与它稍许有点关联的文章，加上这一节作为后缀，以示唱和，虽觉不当不宜，也算是尽一份为师之职吧！唱和呼应的理由很简单：他所执着研究和追求道德与幸福的同一性，也是一种"伦理文明观"。

樊　浩

2023 年 8 月 18 日于南京朝天宫状元府

导　论
融入互联互通的网络时代

　　追求万有（一切存在形态）之间的普遍联系、一体贯通、互联互通，是经典哲学最为根本的特质之一。[①] 其实质为探究"一"与"多"之间的内在联系、辩证转化及其转化规律。结合逻辑分类和历史事实，关于"一"的形而上学理解，存在三大范型或类别：第一，如果"一"是位于"一""多"关系之中的"一"，"一""多"并立、"一""多"平等，那么，"一"即是一种"多"，是单个的"一"；第二，如果"一"是生成、贯通和统摄"一""多"关系的"一"，那么，"一"即是"全体"（whole）[②]，无所不包，包含整体和部分，"至大无外"[③]，无时不在、无处不在，遍布一切；第三，如果"一"是绝对地超越于"一""多"关系之上的"一"，超越一切存在形态，那么，"一"即是最高的信仰对象——至上存在者，是全知者、全能者、全善者，是一切存在的创造者。

---

① 在本书中，"万有"（beings）包含人、其他智性存在者、万事、万物，是一切存在和存在者的统称。进一步来说，在非互联网语境中，"万有互联"的英文表达是"all beings are inter-connected"；在互联网语境中，"万有互联"的英文是"internet of beings"或"internet for beings"，"万物互联"或"物联网"的英文是"internet of things"或"internet for things"。因此，"万有互联"的内涵比"万物互联"更加普遍，前者包含后者，后者是前者的子集。

② 儒家、道家、佛教、神学等对"全体"做了最为深刻的思考和阐释。严格地讲，"全体"包含absolute（absoluteness）、all（allness）、complete（completeness）、entire（entirety、entire-ness）、everything、full（fullness）、holism（holistic）、holo、integrity、omnitude、total（totali-ty、totalism）、unity、universality、whole（wholeness、wholism）等含义，为了行文一贯，本书统一采用 whole 翻译"全体"概念。

③ 《庄子·天下》，郭庆藩：《庄子集释》，王孝鱼点校，中华书局 1961 年版，第 1102 页。

第一种"一""多"关系模式以佛教学说中的"因陀罗网"(Indra's Net)①为代表。因陀罗网呈现万事万物之间的相互映照作用,其实质是反映事物之间的互通互容互摄关系。其形式化表达为"一""多"之间不是绝对分离的,而是"一"之中包含全部的"多","多"中包含每一个"一","一即是多"或"一即一切","多即是一"或"一切即一",正所谓"一多不二""不一不二"。正因这类整全的相互收摄包含关系,促成"一""多"之间形成普遍联系、相互映现、重重无尽的"互联状网络结构"。

第二种"一""多"关系模式以中国哲学为代表。中国哲学强调"生生之谓易"②、"道生一,一生二,二生三"③,继而生成天地、人和万事万物,生生是大道的内在本性和生命力。"一"生生不已、生生不息地生出"多",继而"一""多"一体,本末体用一元,即体即用,通过不断更新的生生活动,"苟日新,日日新"④,"一"与"多"相互交感、相互作用,共同生发出新的"多"。由此,形成不断生长且一体贯通的"发射状结构"。

第三种"一""多"关系模式以一神教信仰为代表。神绝对地超越于万事万物甚至整个"因陀罗网""道"之上,祂⑤创造、维持、洞察、宰制、审判人和万有,是"一""多"关系唯一的创造者,神通过启示经典、符号、意象、感触等,让人与祂建立最牢固的联结。反言之,人凭借具体的启示信息,在绝对信仰中,与至高无上的"一"或"神"联通起来,以此为基础,人才能与其他受造物产生真实的、本质性的联结。简言之,人通过神这个"一"而与作为

---

① "因陀罗网"学说与印度教(Hinduism)有着深厚的联系,参见 Rajiv Malhotra,*Indra's Net*,New York:Harper Collins Publishers,2014。
② 《周易·系辞上》,李道平:《周易集解纂疏》,潘雨廷点校,中华书局1994年版,第561页。
③ 《老子·第四十二章》,高明:《帛书老子校注》,中华书局1996年版,第442页。
④ 朱熹:《四书章句集注》,中华书局1983年版,第5页。
⑤ 虽然"祂"是特指对神、上帝或耶稣之尊称的第三人称单数形式,在中文语境中是港台基督教信众的新造字(参见周志锋:《字典、词典应补收"祂"字》,《现代语文(语言研究版)》2009年第12期),但在本书中,笔者不将其局限于基督教信仰范围内使用,而将其拓展为对神或诸神的普通称谓。因为人无法知神的性别,或者说神全然超越了其创造物的性别,没有性别属性或者与人相同的性别,用人称代词来指称"神"容易引发混淆,因而书中使用示字旁的"神称代词"如祢、祂进行指代。

万有的"多"建立根本性的联结,神成为人与万有建立普遍联系的绝对前提和最终根据。由此,形成以神为唯一中心的"球状网络结构"。

上述三大类"一""多"关系模式,或者侧重实在性方面和物质性方面,或者侧重思维层面和精神层面,或者侧重超验领域和信仰领域,它们最终都朝向生成一种普遍的"网络结构",力图让万事万物联系、联通起来,继而形成一个系统性的有机生态整体。由此可见,追求事物之间的互联互通是古典哲学的共同目的,区别在于各自的核心理念和内在结构不同,凭此形成不同的"一""多"统一模式和路径。①

一、前互联网时代的互联原理

从结构和功能的相似性角度类比,在古典哲学中,佛教所描述的"因陀罗网"与作为高技术的"因特网"(internet)无疑最为接近②。《华严经》云:"以因陀罗网分别方便,普分别一切法界,以种种世界入一世界,以不可说不可说无量世界入一世界,以一切法界所安立无量世界入一世界,以一切虚空界所安立无量世界入一世界,而亦不坏安立之相。"③宋代东大寺凝然法师如是描述因陀罗网:"忉利天王帝释宫殿,张网覆上,悬网饰殿。彼网皆以宝珠作之,每目悬珠,光明赫赫,照烛明朗。珠玉无量,出算数表。网珠玲玲,各现珠影,一珠之中,现诸珠影,珠珠皆尔,互相影现,无所隐覆,了了分明,相貌朗然,此是一重。各各影现珠中,所现一切珠影,亦现诸珠影像形体,此是二重。各各影现二重所现珠影之中,亦现一切。所悬珠影,乃至如是。天帝所感,宫殿网

---

① 关于三种"一""多"关系的论述,请参见拙著《道德与幸福同一性的精神哲学形态》,中国社会科学出版社 2022 年版。

② 本书中"互联网"一词泛指采用分布式架构的一切电子信息网络,包含广义的"internet"(互联网)、狭义的"Internet"(因特网)以及所有具有互联互通特质的网络系统。由于本书的关注焦点是"互联网时代",主要探讨作为一种社会现象的网络化生存方式,因此本书不再对"internet""Internet"和其他网络系统做严格区分,而是将其作为同义语使用,并认为它们都是互联网时代得以形成的核心推动力,也是互联网时代的核心架构和基本特征。

③ 《华严经》,实叉难陀译,林世田等点校,宗教文化出版社 2001 年版,第 558 页。

珠,如是交映,重重影现,隐映互彰,重重无尽。"①每个"网结"上都有一个映现其他宝珠、万有的明珠,"一珠之中,现诸珠影,珠珠皆尔,互相影现",即每一颗宝珠映现所有宝珠,所有宝珠映现一颗宝珠,宝珠之间相互映照、相互映现。"重重影现,重重无尽",此即是说,各个宝珠之间相互镜像,将对方的"信息"复制到自身之中,一个宝珠包含其他所有宝珠的信息,其他所有宝珠也把这个宝珠的信息包含在自身之中。此种形象描述的本质为"一"与"多"相互涵摄,"一"通"一切","一切"通"一","一""多"互通,"一法界"入"一切法界","一切法界"入"一法界","一世界"入"一切世界","一切世界"入"一世界",其形式性表达为"一即一切,一切即一"②,"无论何物,都是全宇宙的关系所成,一物即一切物,一入一切。在此真相中,各各事物个体无实自我,乃全宇宙种种关系集合所成的假相;而真相是普遍全宇宙"③。如果说"一多之间完全互联、互通、互摄、圆融无碍"是佛教理论的理想设定,或者佛教学说呈现的意识世界,那么"因特网"通过"二进制数字化虚拟技术",部分地实现这一理想或意识建构。"因陀罗网"内部互联互通的前提是宝珠自身的映现功能,而"因特网"内部互联互通的基础是信息的数字化,将不同种类的"物理信号"转换为同质的"电子信号"和"数字信号"。"因陀罗网"的结构和功能与"因特网"的结构和功能类似,前者之上的宝珠就像后者中的信息节点——通过相互映现,宝珠与宝珠之间实现"信息"的传递和分享,而"因特网"上的每个信息节点,则通过传输设备和信息的数字化,实现信息的互联互通和共享。

镜子是前互联网时代"人类相对自由地映现事物"的主要工具,凭借镜子的反射作用实现镜像万有,让万有的影像而非全部信息呈现于镜面之上。这种镜像以光线为基础,对人类来说,这类光线必须是人肉眼直接可见的光线。人通过眼睛,在镜子中看到万有的镜像,基于镜面

---

①　《大正藏·五教章通路记》,转引自钟克钊、季风文等:《彼岸观此岸》,四川人民出版社1999年版,第121页。

②　赵东明:《重重无尽与一即一切》,《普陀学刊》2014年第1辑,上海古籍出版社2014年版。

③　释太虚:《太虚大师全书》第1卷,宗教文化出版社2004年版,第200页。

的平整凹凸程度,镜像既可能比较接近原貌,也可能失真——聚焦、发散或扭曲:"光线落在物体上,有些光线会被反射,有些会被吸收,有些则穿过物体传播。为了使一个光滑的表面起到镜子的作用,它必须尽可能多地反射光,尽可能少地传导和吸收光。为了反射光线而不散射或漫射,镜子的表面必须是完全光滑的,或者其不规则性必须小于被反射光的波长。……镜子的表面可以是平面的也可以是曲面的。曲面镜是凹面还是凸面,取决于反射面朝向曲率中心还是远离曲率中心。通常使用的曲面镜有球面、柱面、抛物面、椭球面和双曲面。球形镜子产生的图像可以放大或缩小。"①将一组镜子放在不同的位置,通过角度的调整,镜子之间互相对照,由此实现一面镜子映现其他镜子所映现的内容,其他镜子亦同时映现这一面镜子里的内容,通过"一"映现"多","一"在"多"中,"多"亦在"一"中,"一"与"多"互相镜像,重重无尽。镜子之间的相互镜像作用,可以看作互联网的"原始形态"或"自然形态"。

在使用现代科学工具之前,人类要么从思维出发,要么从现实观察出发,考察"万有之间相互联通"的可能性。"现实观察"即是基于镜子之间的相互映现功能,通过光的反射作用在万有的影像之间建立联系。② 然而,镜子的镜像作用因受制于光线强弱和肉眼的生理局限,无法实现信息的远距离、大规模传递;更为致命的局限是,镜子只能即时性地显现和保存影像信息,无法储存和保留信息,使信息的变化过程无法被完整地保存下来。因此,镜子可以作为自然性的"信息点",但无法作为互联网络的"信息节点"接收、储存、处理和发布信息,即镜子之间无法形成真正的信息交流,它们显现的"信息内容"趋同性太高、趋异性太低,继而无法生成真正的"信息交流网络"。所以,镜子的镜像作用只

①　Britannica, The Editors of Encyclopaedia, "Mirror", Encyclopedia Britannica, 11 Mar. 2019, https://www. britannica. com/technology/mirror-optics, Accessed 3 September 2021,2021-07-09.

②　Jan Kinast, Andreas Tünnermann, and Andreas Undisz, "Dimensional Stability of Mirror Substrates Made of Silicon Particle Reinforced Aluminum", *Materials*, Vol. 15, No. 9, 2022.

能作为"万有互联互通"的比喻性表达,人类可以凭借"想象力"设想各种镜像之间的相互作用,却无法做到充分地交流彼此之间的信息。

"因陀罗网"是基于"佛教世界观"所设计出来的"互联网领域",体现了"一"与"多"之间的相互融摄,尤其强调不同众生、存在者、事物之间的因缘联结;而镜子之间的相互映现作用是基于"物理反射"所显示出来的"镜像领域",不同事物的影像可以被呈现在同一个镜面上。对"因陀罗网"的认知,以认同佛教的义理架构及其诠释系统为基础,即便佛教强调其认知来自"事物的如来真相",但其本质仍然是在对佛家世界观形成精神认同的前提下,对事物形成的推导性知识,这些知识并非事物的本来面貌,或者说佛教不断迫近事物本身的真实状况,却没有揭示事物本身的真实面貌,尤其在人类缺少必要的科学理论和观测仪器之前,受制于生理局限,人类的实际观察能力是十分有限的。因此,"因陀罗网"是人类追求"万有互联互通"的类比表达,而不是已然实现了万有之间的互联互通和信息交流。与此不同,镜子的镜像是一种自然性质的物理现象,对人而言,以可见光为前提,不同的镜面互相反射对方镜中的事物,人凭借镜面观察镜中的重重影像,诸种影像通过镜面发生联系,但是受制于镜子的物理属性,无法实现对镜像的长时储存、自由转化和自主重构。当然,通过改变镜面的角度和形状,能够实现一定程度的镜像转化和重组。所以,在前互联网时代,"因陀罗网"以"思维层面的互联互通"为前设,镜子的镜像世界以"物理层面的相互映照"为前提,而思维与物理相结合的互联互通,有待于以现代科学理论为基础的互联网技术的出现。

二、互联网时代的互联原理

20 世纪 60 年代以来,以通信技术、信息技术和互联网技术等高科技为基础,人类社会生活的"互联网革命"最终到来,并在 21 世纪前二十年开始加速迈入"互联网时代"。[①] "互联网技术—互联网革命—互

[①]　Jon Miller, "Public Understanding of Science and Technology in The Internet Era", *Public Understanding of Science*, Vol. 31, No. 3, 2022.

联网时代"是人类及其社会走向互联互通"形态"的三大环节,一个环节
向另一个环节的发展,都是质的飞跃和提升。由高技术引发技术革新,
由技术革新引发技术革命,由技术革命引发社会变革,从某一种技术最
终普遍化为新兴时代的基础要素和根本动力。互联网从"高技术"演化
为"时代特质"亦大致遵循此规律:网络技术从高技术升级为社会的基
础技术,从基础技术升级为社会的根本生产力,再从社会生产力升级为
时代的核心理念、主要标识甚至价值取向;互联网从一种技术发端,经
过爆炸式的拓展和提升,最终成长为社会的本质性规定,继而开启了一
个崭新的时代。

在前互联网时代,人类的生活世界严格地受制于时间和空间的
限制。其根本原因是信息传递速度太慢——最快的传递方式是"飞
鸽传书"或"烽烟传信";或者说传递信息的载体比较原始,其传输效
率太低,信息存储量很小,例如口述、信件、印刷品。因为相较于地球
这一宏大的空间,原始的传播载体需要花费较长的时间,才能将信息
从一个"节点"(时空位置)传到另一个"节点",并且很难保证信息的
完整度。不同的人类群体聚居在不同的地域,因传播载体和自然地
理条件的限制,难以实现充分的交流沟通。因此,人类文明互联互通
的前提条件是信息的极速传递,在极短的时间内实现海量信息的传
递,在前互联网时代是无法实现的。

现代通信技术的第一大特点是传输速度极快。自第二次工业
革命以来,以电力为基础的通信技术能够实现信息的光速传递,是
已知的最快信息传递方式。相对于地球空间而言,信息的光速传
播最大限度地保障了信息的即时性,能够形成低延时的信息交流
通道,让全世界不同地域的人实时地共享信息。第二大特点是依托
于信息交流通道的联结,实现了信息交流网络的建构,尤其是通信卫
星、光纤技术和无线宽带的广泛应用,为信息的高效传送提供实体设
备保障,通过众多高技术设备和实体通道的相互联结,建立起海量
的、近乎无限多的信息传递路径。第三大特点是随着现代计算机技

术的成熟①，每一台计算机或移动终端都可以成为信息接收、存储、处理和传递的"节点"，人通过联网设备和网络终端，就能进入互联网空间，在数字化的虚拟空间中，从某一"信息节点"出发，搜索信息，发布信息，转发信息，进入信息海洋，从"一"通向另一个"一"，从"一"通向"多"，继而通向整个网络空间中的所有"节点"。第四大特点则是现代通信技术的商业化运用实现了全球互联网络的成型。现代互联网的发端最初是出于军事目的，是为了防止在"绝对中心—边缘"的单一信息中心模式下，一旦中心被攻击，信息处理、发布和传递就失效，整个系统就彻底崩溃的情况发生；面对单一中心模式的高风险性，需要建立多中心模式，多中心的本质即是没有绝对的中心，各个中心的功能是同质的，可以相互替代，诸中心之间的信息可以充分共享，继而形成相互联通的网状结构。但是，如果对互联网的应用仅仅停留于狭窄的军事领域，那么对整个社会而言，既谈不上是一种革命，更不可能说开启了一个新的时代。所以互联网技术的普遍应用，尤其是互联网技术应用的商业化，才使大多数人通过信息终端连入网络空间，使互联网开始广泛地改变甚至塑造人类的精神世界和社会生活，人类由此进入由互联网开启的全新时代。

　　随着人类科学理论和实践的推进，现代的通信原理、生产技术和设备，为互联网的出现提供了高技术基础。与传统的或现代科学之前的"互联网现象"和"互联网思维"不同，因特网建立在众多高技术融合的基础之上，与因特网紧密相关的高技术，几乎代表了人类最尖端的制造能力之一，没有高技术的支持和发展就不可能形成因特网。在当今社会，科学的基本原理（设计、架构等）与高技术运用之间的界限越来越模糊，理论设计与技术运用之间的时间间隔越来越短；高技术更新迭代的过程，其大部分环节甚至可以在高技术的内在结构——层层累积的技术架构——中推进，而无须追溯到最初的基本原理。

————————————

① 在本书中，如果无特别说明，"计算机"等同于"电脑"，对应的英文是"computer"。

作为一种高技术,因特网异于其他高技术的特点是,运用数字化转换或数字化虚拟的方式实现了"万有互联"——万有被转化为数字信号,从单个的"一"出发,通向"多"——"一点"对应"多点",通向无限——"多点"对应"多点",通向作为网络整体的"一"。因特网的普遍运用,使之成为现代社会的基础架构;因特网不仅仅是一种革命性的高技术,更是现代人类的生存方式、生活方式乃至思维方式,是人类的"栖息地",是人之为人的基础存在方式。"计算不再只和计算机有关,它决定我们的生存"①,互联网不再是外在于人自身的高技术,而是人自身的内在本性。从科学原理的发现到科学实验的验证,从高技术的科学实验到高技术的实践运用,因高技术的大规模应用引发高技术革命,高技术革命完成从局部改变到整体改变的颠覆过程,让高技术从局部扩展到社会生活的方方面面,"包括我们的身份认同及其相关方面,如隐私保护意识、所有权观念、消费方式、工作与休闲时间的分配以及如何发展职业生涯、学习技能。它将影响我们待人接物和维系人脉的方式、我们赖以生存的阶层、我们的健康状况,并且可能还会以超出我们预想的速度增进人体各方面的机能,从而引发我们对自身存在的反思"②。正因为因特网架构的本质就是"一""多"联通,"一"通向"一切","一切"通向"一",使人类社会第一次实现了时时共在的互联互通,开启了真正的"互联网时代"。

三、互联网时代的德福同一性情状

人类、人类社会是否进入互联网时代,可以通过一个量化的标准来评判:人类总人口的大多数是否接入因特网。虽然当前各国互联网的普及程度有高有低,但是全世界互联网用户已经超过了总人口的半数,且在快速增长中,尤其是随着移动互联网终端的广泛普及,大多数人可以随时随地进入互联网空间。不仅仅互联网的使用人数,而且人类的

---

① 尼古拉斯·尼葛洛庞帝:《数字化生存》,胡泳、范海燕译,海南出版社 1997 年版,第 15 页。
② 克劳斯·施瓦布:《第四次工业革命——转型的力量》,李菁译,中信出版社 2016 年版,第 99 页。

生产生活乃至精神世界亦越来越深入地与互联网融合在一起。从一定程度上讲，海量的互联网信息、工业互联网、物联网、智能互联网甚至反过来影响、塑造乃至左右人类的精神生活和物质生产。①

通过因特网的信息共享路径，或者说因特网所建立的虚拟空间，人类首先体会到了前所未有的自由感。自由理念是现在哲学与现代社会建立的基石，自由状态是个体所认同的"好"状态，至少对个体来说，处于自由状态就是处于好的存在状态，是一种好的生存方式。自人类社会和人类文明诞生以来，个体尤其是最底层的个体，通过互联网技术和网络终端，在互联网空间中第一次获得了极大的自由度。这种自由度既可以激发个体的积极建构和自我成长，又可能异变为个体的无节制和自我放纵，而无论是自我建构还是自我放纵，对个体而言都是其个人所认为的"好的存在状态"。"好的存在状态""好好地存在着"即"幸福的存在状态"——well-being。不同的文化传统和文化系统乃至每个个体，对幸福的感知、理解和阐释不可能完全相同，具有明显的主观性，但是，"对 x 而言是好的"这种结构是共通的。这一结构中的"好"，既可以指向描述意义上的"好"，又可以指向评价意义上的"好"，举凡能够让个体、事物呈现"好的状态"即是一种"幸福状态"，不论这种"好"是偏向主观方面，抑或是偏向客观方面，"the state of well-being is the state of being in a positive causal network"（幸福的状态就是处于积极正面的因果网络中的存在状态）②，"幸福是一种真实的状态（a real condition）。……一个人的幸福由关于他的主观事实和客观事实组成"③，"如何把这些支离破碎的事实（积极的感觉、情绪、情感——快乐、满足，积极的态度——乐观、希望、对新经历的开放态度，积极品

① See Ovidiu, Vermesan, and Joël Bacquet, eds., *Internet of Things-The Call of the Edge: Everything Intelligent Everywhere*, Gistrup: CRC Press, 2022.

② Michael A. Bishop, *The Good Life: Unifying the Philosophy and Psychology of Well-being*, New York: Oxford University Press, 2015, p. 10.

③ Michael A. Bishop, *The Good Life: Unifying the Philosophy and Psychology of Well-being*, New York: Oxford University Press, 2015, p. 12.

质——友好、好奇、坚持不懈，成就——牢固的关系、职业成功、令人满意的爱好或项目）整合成一个连贯的整体（a coherent whole）？我们应该如何将它们统一成一个连贯的幸福理论？……我们不必这样做。这个世界已经将它们联结在一张因果之网中（in a web of cause and effect）。网络理论（the network theory）认为，拥有幸福就是‘沉浸’在一种自我持续存在的循环中，这种循环位于积极情绪、积极态度、积极品质和成功融入世界之间”①。具体到每个个体身上，定然存在这类情形——“对 a 是好的，对 b 却是不好的”，个体的幸福状态往往具有较大的主观性，或者与个体自身的主观感知、特质紧密相关，由此，个体的幸福和幸福感将呈现为极其多元的状态。

　　在人类社会初期，个体强烈地依附于其所属的共同体而存在，其幸福状态与共同体的和谐程度高度一致；随着个体意识的觉醒，其逐渐认识到自身的权益，从而渐渐地减弱与共同体之间的紧密联系，继而在不同的共同体中寻求自身的幸福；进一步的演变是，共同体越来越松散，个体越来越“独立”，或者说愈发沦为自我孤立式的个体，其幸福感知具有极大的主观任意性。可以看出，在前互联网时代，无论独立程度如何，个体仍然具有主体性，是一个具有自我同一性的主体，其幸福状态紧密地与其自身的主体性相关。

　　然而，一旦进入互联网时代，个体可以匿名，可以采用任一网络 ID 接入互联网空间，个体不再以固定主体的身份寻求自身的幸福。换言之，个体无“体”——统一性，主体无“主”——同一性。② 尤其是通过“洋葱网络”实现匿名：设计“匿名连接”（anonymous connections）是为了抵抗“流量分析”（traffic analysis），使观察者很难从连接中识别出“含有标识的信息”。任何具有标识的信息作为数据，都必须通过匿名

①　Michael A. Bishop, *The Good Life: Unifying the Philosophy and Psychology of Well-being*, New York: Oxford University Press, 2015, p. 8.

②　See Kevin Tobia, ed., *Experimental Philosophy of Identity and the Self*, London: Bloomsbury Publishing, 2022.

连接的方式传递。通过使用"洋葱路由"(onion routing)实现"匿名连接",能够防止被窃听。在通过"匿名连接"发送数据之前,数据也可能通过"隐私过滤器"(privacy filter)进行传递,从数据流中删除识别信息,从而实现通信的匿名性。

"洋葱路由"的基本运行过程是,要访问"洋葱路由网络"(the onion routing network),必需通过一系列代理(proxies)。"初始化的应用程序"(an initiating application)与"应用程序代理"(an application proxy)之间建立起"套接字连接"(socket connection)。这个代理将"连接消息格式"(connection message format)以及稍后的数据传送给可以通过"洋葱路由网络"进行传递的通用形式。然后它与一个"洋葱代理"相连接,该代理通过构建一个被称为"洋葱"(onion)的"分层数据结构"(a layered data structure)来定义一条通过"洋葱路由网络"的"路由"(route)。"洋葱"被传递到"入口漏斗"(the entry funnel),它占用一个"洋葱路由器"的长期连接,并在"洋葱路由器"上多路复用(multiplexe)"洋葱路由网络"的连接——"洋葱路由器"的最外层就是为它准备的。"洋葱"的每一层定义了"路由"的"下一跳"(the next hop)或"下一层"。"洋葱路由器"接收到"洋葱"后,会剥掉洋葱层,识别"下一跳",并将嵌入的"洋葱"发送到"洋葱路由器"。最后一个"洋葱路由器"将数据转发到"出口漏斗"(an exit funnel),其工作是在"洋葱路由网络"和"响应器"(the responder)之间传递数据。除了携带"下一跳"信息,每个"洋葱层"还包含"密钥种子材料"(key seed material),从这些材料中生成"密钥",对沿着"匿名连接"向前或向后发送的数据进行加密。一旦"匿名连接"建立,它就可以携带数据。在通过"匿名连接"发送数据之前,"洋葱代理"为"路由"中的每个"洋葱路由器"添加了一层加密。当数据在"匿名连接"中移动时,每个"洋葱路由器"都会移除一层加密,最终,数据以"明文"(plaintext)形式到达"响应方"。当数据移动回"启动器"(theinitiator)时,这一层以相反的顺序发生。因此,通过"匿名连接"向后传递的数据必须被反复加密以获得明文。以这种方式进行分层加密操作,相比于"链路加密"(link encryption)具有更大的优势。①

通过高技术手段,个体隐匿自身的真实身份,在技术层面消解现实主体,当其扩展到社会生活层面,在一定程度上会造成责任主体的隐遁。在互联网时代,随着主体同一性的弱化乃至消解,互联网空间中的幸福状态之于现实主体,或者引发强烈认同,或者引发强烈反对,或者无感,现实主体在互联网空间中游走于各种碎片化的、偶然的"幸福瞬间"。

在人类的历史生活和现实生活中,道德与幸福相似,都指向人类对于"好生活""好的存在状态"的孜孜追求。中国文化用"好"来表达,西方文化用"good"来表达,包含着人类对"率兽食人,人将相食"②状态的绝对否定,以及对道德活动和幸福生活的期许。与此同时,道德与幸福的内涵之间存在着根本差异,因为道德不仅仅是在追求个体的"好",更是个体与共同体均处于"好的状态"的"好",是超越局部、追求能够普遍化的"好"。具有最大普遍性的"好"——最好的好,才能使个体与共同体都处于好的状态,因为"最好的好"才能作为每个"好"成为"好"的标准,由此形成关于诸种"好"的价值序列或价值系统。"最普遍的好"在价值系统中即"至善"或"最高善",道德谱系的确立必须以至善为标准。换言之,如果不以至善为标准和目标,道德就与幸福无异,只是在单纯地追求"好",而无法生成价值谱系、价值秩序,无法规范人类的心灵秩序和行为秩序。

人类社会早期,个体从属于共同体,个体的道德行动严格地受到共同体规范的约束,道德规范一般来自共同体的最高意志或信仰对象,道

---

①　Paul F. Syverson, David M. Goldschlag, and Michael G. Reed, "Anonymous Connections and Onion Routing", 1997 IEEE Symposium on Security and Privacy (Cat. No. 97CB36097), 1997; Michael G. Reed, Paul F. Syverson, and David M. Goldschlag, "Anonymous Connections and Onion Routing", *IEEE Journal on Selected areas in Communications*, Vol. 16, No. 4, 1998.

②　顾炎武:《日知录》卷一三《正始》,《顾炎武全集》第18册,严文儒、戴扬本校点,上海古籍出版社2011年版,第527页。

德规范服务于共同体的秩序和利益,因此在共同体之内,共同体的道德要求即是个体的道德规范。随着不同共同体之间的交流与碰撞,个体的原初道德意识必然受到冲击,在现实生活中,个体需要根据每个共同体的具体规范,调整自身的道德心理和道德行为。在互联网时代,个体一旦接入互联网空间,尤其是通过匿名方式和加密路径进入虚拟空间,不但意味着个体同一性的分裂,而且共同体自身的同一性也充满变动性,个体与共同体之间的联系变得异常松散,导致个体的道德行为与共同体的规范之间难以产生强有力的联结。现实个体将自己转化为虚拟个体,或者隐匿自身,为自身放弃道德责任、道德义务提供路径,抑或在互联网空间里体验种种道德情境,不断获得精神性的道德满足感和成就感,在虚拟空间里解读各种道德原则,成为"优美的灵魂",在网络空间中充满正义感,却极少在现实生活里做出道德行动。

探究"道德与幸福的关系",一直是人类文明、社会生活的核心关切之一。尽管现实生活中存在诸多德福不一致的情况,但是追求"德福一致"一直是人类社会的一项现实需求和终极目的。如果将道德和幸福作为两个彼此独立的概念,那么从形式逻辑上讲,两者具有正向相关、负向相关、混合相关以及不相关这四种基本类型。显然,如若两者本身是毫不相关的,那么无法论证二者的同一性。由于德福之间具有多重逻辑关系,再加之可以从人尤其是个体自身能力的有限性、事实与价值、现实与理想、世俗与神圣、此岸与彼岸等诸多维度综合地考察此问题,由此形成了不同类型甚至相互冲突的德福观,最终导致德福的同一性问题变得异常复杂多元且难解。①

互联网运用数字化虚拟的方式实现了绝对平等(万有皆为 bit)和绝对自由(信息的无障碍流通),然而互联网自身的平等属性是用数字编码消解了一切不平等,模糊了善恶之间的本质区别;其自由突破了一切界限和底线,侵犯了人的隐私和基础权益;其普遍化的虚拟作用,在

---

① 参见拙著《道德与幸福同一性的精神哲学形态》,中国社会科学出版社 2022 年版。

虚拟化伤害的同时又将虚拟的伤害现实化,使恶在互联网空间中能够无约束地流传,由此形成了平等悖论、自由悖论和虚拟—现实悖论,对人类的道德活动和幸福生活造成巨大挑战。为此,在互联网世界中,首要的任务是防范对于平等、自由、虚拟化的滥用。① 综合逻辑、历史和现实三大维度,阐明道德与幸福之间的同一性具有三大范型:经验同一性、超验同一性和先验同一性。其中,经验同一性是在诸经验共同体(家庭之伦理、组织之规则、国家之法律、生命共同体之福祉、生态共同体之平衡)中寻求二者的现实同一性;超验同一性以绝对地信仰神为前提,通过神之全知、全能和审判来达成二者的终极同一;先验同一性强调人的能动性与形上本原、绝对价值之间的结合,在无限的道德生活中促进二者的同一。② 以德福的三大同一性为基础,个人才能系统地应对德福难题。结合互联网的虚拟特性,依据德福同一的三大范型,综合运用数字科技、法律法规、经济调控、福利政策等工具,确立善对自由、平等的优先性和树立责任主体,化解其内在悖论,才能再造德福之间的必然性联结。关键在于,将"善"置于平等、自由和虚拟化之上,用基于"至善"(the highest good)的价值逻辑约束、调整和引导基于"好"(good/happiness)的事实逻辑。在互联网境域中,德是为了创造善和增强善,福即自由解放,德福同一性的目的是实现善与自由的统一;接入互联网的个人,不因匿名(无主体性)而罔顾道德,亦不因无隐私而失却幸福,以至善为本,则幸福生活可期,圆善的和圆满的生活能够不断地变成现实。

---

① 参见拙文《互联网时代的伦理悖论及其化解之道》,《东南大学学报(哲学社会科学版)》2016 年第 5 期。
② 参见拙著《道德与幸福同一性的精神哲学形态》,中国社会科学出版社 2022 年版。

第一章
互联网与互联网时代

互联网是一种以计算机技术、网络技术和通讯技术等高技术为基础而形成的"信息交流网络"。互联网采用"分布式网络"结构,其基本特征为:无"绝对中心","节点"之间是平等关系,"节点"与"节点"之间能够互联互通,拥有无限扩容的"数字虚拟空间"。互联网的内容是"数字信息",其主要特点是:计算机将"万有"转换为"二进制数字信息",通过相同制式的"数字化"实现了"万有"之间的互联互通。互联网的"结构"和"内容"呈现出如下精神:平等精神、自由精神、互联互通精神、普遍化的虚拟精神。在此基础上,生成了"互联网世界",这是一种全新的"空间类型",是一种新的生活、生产和消费空间。当现实世界中的大部分人接入"网络世界"时,人类社会便正式进入崭新的"互联网时代"。①

第一节　互联网技术

一、互联网的理论模式

现存互联网或因特网(internet)的基本定义为"通过传输控制协议/互联网协议(TCP/IP),将全世界的计算机(computers)连接起来

① 本章第二节的内容,参见拙文《互联网时代的伦理悖论及其化解之道》,《东南大学学报(哲学社会科学版)》2016 年第 5 期;亦参见刘秦闻、任春强:《德孝文化在互联网时代的范导作用》,《学海》2018 年第 4 期。

的、可以被公开地访问的网络系统（system of networks）"，或者"利用通信设备和线路将地理位置不同的、功能独立的多个计算机系统互连起来，以功能完善的网络软件实现软件、硬件资源共享和信息传递的系统"，其基本特征是互联、互通、公开访问和共享。[①]

现今互联网采用的基础架构是"分布式"结构。早在1964年，保罗·巴兰（Paul Baran）探究了"分布式通信网络"（Distributed Communications Networks）的基本原理、效率和安全性。巴兰指出，根据最基本的通信结构类型，网络（network）可以分为三大类：一是集中式（centralized）或星形（star）网络；二是分离式（decentralized）网络；三是分布式（distributed）或网格（grid）、网状（mesh）网络。[②]

集中式网络是由单一中心节点（node）通过不同线路（links）直接与诸终端站点（end stations）建立连接的通信网络，是一种"中央控制式网络"，由中心节点处理信息，向终端站点发布信息，并接收终端站点反馈的信息；诸终端站点之间无法进行直接的信息交流，其信息只能通向中心节点。在中央控制式网络中，一旦唯一的中心节点被破坏或出现故障，将导致其与所有终端站点之间的通信中断；又因所有终端站点只能通过彼此独立的路径与中心节点联通，因此一旦中心节点瘫痪，所有终端站点之间也无法建立新的信息交流通道。中央控制式网络的优点在于，在中心节点运行正常的情况下，能够最大限度地保障信息的一致性、权威性和完整性，因为中心节点到终端站点的联结通道是直接的、单一的，中心节点单向度地向终端站点发布命令，终端站点单纯地执行命令，反之，终端站点不能向中心节点发布命令、让中心节点执行命令。正因如此，中央控制式网络最大的风险恰恰在于其绝对依赖于中心节点的状态：如果中心节点功能正常，即使只存在一个终端站点和一条连接通道，仍然能够进行信息交流；反之，如果中心节点功能异常

---

① 邓世昆主编：《计算机网络》，北京理工大学出版社2018年版，第7—8页。

② Paul Baran, "On Distributed Communications Networks", *The IEEE Transactions of the Professional Technical Group on Communications Systems*, Vol. 12, No. 1, 1964.

或被破坏,无论终端站点和连接通道是否正常,整个网络系统就会出现重大问题甚至完全瘫痪。据此而言,如果能够为中心节点提供强有力的安全保障,那么集中式网络可以运用整个网络的资源去执行中心节点所发布的命令,并保证传递的信息内容具有高度的一致性、同一性;反之,如果无法强力地保障中心节点的信息安全,那么整个集中式网络将变得脆弱不堪,时时处于高风险状态。集中式网络的本质是信息的不平等分布,位于中心的节点拥有最全面、最完整、最权威的信息,而处于边缘的终端站点只能分享局部信息或信息片段、服从中心节点的安排,以此保证中心对边缘的信息优势。概言之,边缘对中心是透明的,中心对边缘却是未知的。

分离式网络是由多个集中式网络或中央控制式网络的中心节点连接而成,由此形成包含多个中心节点的信息交流网络,由于信息分散于各个中心节点,因此无须完全依赖于单一的中心节点,所以分离式网络是一种“去中心化”的网络形态。然而,这一网络类型只是实现了各个中心节点的连接,处在不同集中式网络中的终端站点只能与各自的中心节点交流信息,而无法跨越各个中心节点进行直接的信息交流。分离式网络的每个组成部分仍然是集中式网络,所以其信息传导方式包含两个层次:第一层是诸集中式网络之间的信息交流路径,通过连接其中心节点来实现;第二层是各个集中式网络内部的信息传送通道,由中心节点传递到终端站点。相较于集中式网络,分离式网络拥有多个中心节点,没有绝对的中心节点,即不存在绝对的信息中心,相互连接的中心节点之间可以进行信息交流,信息可以分布至相互联结的各个中心节点。因此,分离式网络的抗风险能力更强,其中某个或某些中心节点遭受攻击,信息仍然能够由剩下的中心节点保存,比集中式网络具有更强的“生命力”,除非出现全部中心节点同时被破坏的极端情况。

分布式网络是每个节点之间都能够实现相互联通的网络,每一个节点能够通过各种线路连接到所有节点。对集中式网络而言,其中心节点和所有终端站点都转变成节点,对分离式网络来说,其所有中心节点和所有终端站点亦转变成节点,不再存在中心与边缘的区分,继而形成一种每个节点相互连接的网格系统。在分离式网络中,虽然不存在绝对的中心节点,但是存在相互分离的边缘节点或终端站点,一旦该网络的部分中心节点遭到破坏,那么整个网络内部的信息交流就会出现问题,即使不容易出现集中式网络那样的彻底瘫痪局面,其信息传递的即时性、完整性也会遭受重大影响。与此不同,在分布式网络中,既无绝对的中心节点,亦无绝对的边缘节点,各个节点之间是平等的互联互通关系,信息可以在各个节点之间直接传递。从理论上讲,两个节点之间的信息传递通道是无限多的,即任何两个节点可以通过任意中间节点实现信息传递。即使节点之间的直接连接通道遭受破坏,整个网络也可以通过快速切换线路的方式选用其他的路径传递信息;甚至通过拆分将信息打包和分包,通过不同的路径分开传输分包信息;或者在同一条路径上尽可能多地传递不同的信息包(数据包),以此保证信息传递的快速、完整、高效和安全性。

集中式网络和分离式网络可以被称作"网络",但是无法被称作"互联网络":集中式网络仅仅实现了中心节点与各个终端站点之间的直接连接,而各个终端站点之间并没有实现直接连接;分离式网络只是实现了各个中心节点之间的直接连接,但各个终端站点之间同样没有实现直接连接。由此可见,要从"网络"转变成"互联网络",关键在于打通所有终端站点之间的直接连接路径,使信息能够在各个节点之间自由传递,而不是按照固定的方向传递。[①] 正因分布式网络中的信息能够从任一节点传送到其他任何节点,信息就可以存放于互联网络里的任何节点上,因而从理论上讲,信息可以被无穷多次地复制。从安全角度讲,同等规模即拥有同样多节点(包括所有中心节点和终端站点)的各类网络,面对重大攻击时,信息集中度越高,则其所面临的风险越

①　Partha Pratim Ray and Karolj Skala, "Internet of Things Aware Secure Dew Computing Architecture for Distributed Hotspot Network: A Conceptual Study", *Applied Sciences*, Vol. 12, No. 18, 2022.

大,抗风险能力越低,因而集中式网络安全性＜分离式网络安全性＜分布式网络安全性。在集中式网络中,一旦中心节点被破坏,整个信息系统就会陷入全面瘫痪;在分离式网络中,如果重要的中心节点被摧毁,整个网络系统也会近乎瘫痪;在分布式网络中,不存在中心节点或者说信息分散于整个网络,只要不出现所有节点同时被摧毁的极端情况,信息的安全性和完整性仍然具有高度的保障。需要注意的是,在实际的网络搭建中,往往根据具体的情况,将"分布式结构"与"分离式结构""中央控制式结构"有机地结合起来,实现高效的网络互联。[①]

"互联网"的本质是所有"节点"之间的信息能够自由交流,这要求各个"节点"之间的互联互通具有平等性。在上述网络模式中,分布式网络最符合互联网的基本特质和本质规定,能够最大限度地实现信息在所有节点之间的平等共享,因此现行的因特网以分布式网络架构为基础,是分布式网络的具体实现。因特网开启了人类信息传递模式的新纪元,以往的信息传送方式很难克服信息的延时性、不完整性和欠准确性,因为信息发布者不会将每个节点作为平等的对话者,即使主观方面愿意及时地、平等地进行交流,客观的技术方面也无法提供相应的保障;与之相对,因特网则能够从基础架构和高技术两方面保障信息的平等流通,最终形成立体的、互联互通的信息交流网络。

二、互联网的技术实践

现代互联网概念的提出,最初是指向军事目的,是为了防止因军事指挥中心遭受洲际导弹或核攻击,导致整个军事系统彻底崩溃的情况,即"如何将美国的(军事方面的和政治方面的)指挥系统和控制系统分散于整个国家,如果一地受袭,仍然可以通过其他地方使美国

---

① Stefano Vissicchio, et al, "Central Control over Distributed Routing", *Proceedings of The 2015 ACM Conference on Special Interest Group on Data Communication*, 2015.

正常运转"①。保障信息中心和信息通信的安全是互联网得以建立的直接动机:传统的军事指挥系统基本上是"集中式"或"中央控制式"系统,"中心"或"中央"发布各种命令、指令或信息,然后由不同的下级执行和完成相应的任务,"边缘"对"中心"负责、为"中心"服务,换言之,"边缘"高度依赖"中心"。在具体的军事行动中,除了绝对的"中心"之外,次一级的指挥系统往往会采用"分离式"模式,形成多个"中心",各个"中心"保持联通,在部分"中心"遭受攻击的情形下,不会导致整个系统的全面崩溃。随着现代军事技术的迅猛发展,掌握高技术的国家或势力,可以绕过"边缘",直接攻击"指挥中心",因此只拥有单一"中心"的军事指挥和通信系统,在高技术时代必然变得异常脆弱,时刻面临着"满盘皆输"的绝境。既然军事系统里的"中心"是敌对方的头号打击目标,对应地,如果通过高技术手段让"中心"隐藏在整个军事网络中,或者让每个"节点"可以潜在地成为"中心",那么"中心"的存活概率就会大大提升,将极大地增强整个军事指挥系统的生存能力。所以在高技术时代,面对尖端的军事攻击手段,军事互联网的出现是一种必然的历史进程、现实需求和未来走向。

1967 年,劳伦斯·罗伯茨(Lawrence G. Roberts)加入美国高级研究计划局(Advanced Research Projects Agency,简称 ARPA),开始筹划建设"分布式网络"。1968 年,罗伯茨提交名为《资源共享的计算机网络》的研究报告,其主要内容是通过共同的接口协议和新的通讯技术,让 ARPA 的不同计算机互相连接起来,实现计算机之间的资源和信息共享。根据这份报告,在 1969 年,美国高级研究计划局创建了"阿帕网"(ARPANET),ARPA 通过与 BBN(Bolt, Beranek 和 Newman)签订接口协议,连接了两台计算机(两个节点),并实现了计算机之间的数据传输,这是现代互联网的雏形,被后世称为"天下第一

① 彼得·沃森:《20 世纪思想史:从弗洛伊德到互联网》,张凤、杨阳译,译林出版社 2019 年版,第 1051 页。

网"。然而,由于"阿帕网"需要太多的控制和机器设备的标准化,导致其无法与其他计算机网络展开信息交流。到 1973 年,温顿·瑟夫(Vinton Gray Cerf)和鲍勃·卡恩(Bob Kahn)创造出 TCP/IP(传送控制协议/互联网协议),TCP/IP 提供了节点与节点之间的链接机制,对资料的封装、寻址、传输、路由和接收等环节均加以标准化。自 1983 年1 月 1 日起,TCP/IP 成为通用的通讯协议,是现代互联网的基础协议和基础通信架构。1989 年,蒂姆·伯纳斯-李(Timothy John Berners-Lee)发明了万维网(World Wide Web,简称 WWW),紧接着在 1990年,他创建了运行万维网所需的工具:超文本传输协议(HTTP)、超文本标记语言(HTML)、第一个网页浏览器、第一个网页服务器和第一个网站。① 网页以界面的形式呈现出来,"界面充当人与计算机网络连接的临界点,进而形成了人与计算机网络之间的感知交互关系——界面的感知媒体与人的感知系统之间的互动"②。自此以后,通过便捷的万维网,普通大众开始畅游互联网空间,互联网开始介入人类生活的方方面面,进入快速发展阶段。

从 20 世纪 60 年代至 90 年代,互联网经历了网络技术的发明、成长、积累、改进和成熟等重要环节,最终能够以一种相对完善的形态与人类的现实生活发生直接联系。从理论层面讲,互联网采用分布式网格,其基本架构是所有节点之间的互联互通,其所追求的效果是信息在诸节点之间自由流通,以达到信息共享的目的,这些均是十分明晰的;但是,从技术层面实现互联网的架构和目标则是另一回事,必须付出卓越的智力探求和持续不断的努力。尤其是面对不同的信息传递协议和联网协议,如何将不同的电脑按照同一标准连接成一个共同的网络系统? 如何保证信息传递的即时性、准确性、完整性、安全性? 等等。首

① Tim Berners-Lee, "The Original HTTP as Defined in 1991", W3C. org, Archived from the original on 5 June 1997, 2020-09-01.

② 谢玉进:《理解网络:基于对人网互动层次性的认识》,《电子科技大学学报(社会科学版)》2015 年第 3 期。

先是包交换或分组交换（packet switching）理论的创立，把长信息分割成多个信息包——把一个信息划分成几组信息——分开进行传送，运用一组信息包分不同路线而不是单一线路进行信息传送是互联网技术的重要特质，这一信息传递方式能够让多台电脑使用相同的通信线路，也可以使一个数据流避开拥堵线路，通过其他路径灵活快速地传递信息。其次是 TCP/IP 协议的发明，为互联网的扩大提供了统一标准，TCP/IP 协议是一种开放性的协议，随着电脑尤其是个人电脑普遍采用 TCP/IP 协议，使得能够入网的电脑越来越多，互联网的规模变得越来越大，从个别领域扩展到几乎所有领域、从单个国家扩展到全球。最后是万维网的发明，运用超文本系统对文字、图片、视频、声音和软件等资源进行快速链接，并通过网页呈现出来，具有极强的交互性，这对处于网络终端位置的普通用户尤其是不具有互联网专业技能的普通人而言，具有决定性的意义——通过网页视窗，普通人接入互联网的技术门槛几乎降为零。万维网这一分布式图形信息系统大大地推进了互联网的全面普及运用。

　　一旦互联网成长为全球性的互联网络，整个人类社会和个人获取信息的成本将大大降低。以海量的低成本信息为基础，人类社会和个人的发展将变得更加多元多样、更加丰富多彩，同时也变得更加复杂多变乃至更加不稳定。当然，"当下互联网是一个伟大的平等主义者：每个人都可获得完全一样的信息。这最终是否会破坏思想的多样性呢？也许，人们会倾向于在网上结合成独立的团体，以保护至关重要的思想多样性"[1]。在互联网基本覆盖全球的情况下，扩大互联网规模的相关技术已经不再是首要诉求，更多的技术重心是保障互联网安全稳定高效地运行。由于所有的信号最终都会转化为数字信号，数字信号只涉及逻辑上的开与关，所以互联网不会对数字进行好坏评判，使互联网络

---

[1]　约翰·布罗克曼编著：《人类思维如何与互联网共同进化》，付晓光译，浙江人民出版社2017 年版，第 74 页。

既可以传递"好信息",也可以传递"坏消息"。然而,人类社会对"信号"是有好坏评价的,例如数字信号所反映的内容在现实生活中具有明显的善恶属性;或者一个为大众服务的程序遭受其他程序的攻击,那么这个进行攻击的程序就是一种"信息病毒"。所以,除了从法律规范、伦理道德的角度对互联网系统进行约束和引导,从前沿的信息技术、网络技术、数字技术、安全加密技术对互联网进行矫正和规范就显得十分必要了——高技术对高技术的限制和纠正才是最直接、最高效和最普遍的。现代芯片技术和通信传输技术的持续发展,尤其是芯片向智能化方向发展,为互联网系统的稳定和高效提供了坚实的硬件保障,当然,其中也蕴含着不确定性和风险。

三、互联网的普及应用

互联网从军用走向民用,从局域网走向广域网,从实验走向商用,从科研走向日常,大致经历了如下五个阶段:第一,20世纪50年代,互联网的理论架构肇始于军事用途,由政府主导和投资,其目的是提升军事信息的安全性和传递效率,提高军事系统的生存能力,尤其是增加军事指挥系统遭受核打击之后的生存概率。第二,20世纪60年代,在互联网的创建过程中,部分科学研究所和高校参与了局域网络的建设,最初的局域网络由几台主机连接而成,规模很小,只能进行特定信息的传递和交流。第三,20世纪70年代,随着TCP/IP协议的发明和广泛应用,各种局域互联网得以连接起来,组成更大的互联网络,此时的互联网以免费的在线服务(政府、科研等)为主,商业性的用途开始出现。第四,20世纪90年代,万维网的发明和普及使大众能够无门槛地访问互联网络中的资源,导致用户数量激增,巨量的上网人数意味着巨大的商机,由此,互联网开始进入全面商业化阶段,各种商业互联网公司和服务涌现,相比主要由政府支持、资助和管控的阶段,互联网在商业资本的强力推动下发展得更加快速并更具活力。第五,21世纪以来,互联网逐渐成为社会基本结构的重要构成,与社会生活的方方面面联系得越来越紧密,甚至连人类的生存方式也变得愈来愈互联网化,人类社会由此进入"互联网＋"时代，"万维网与其说是一种技术的创造物，还不如说是一种社会性的创造物。……设计它是为了社会性的目的——帮助人们一起工作——而不仅仅是设计一种技术玩具。万维网的最终目标是支持并增进世界上的网络化生存"[①]，网络化生存将成为人类的基本生存方式。

自 1995 年互联网全面商业化以来，与互联网相关的网络技术、通信技术、电子设备、交互方式等等，在激烈的市场竞争中不断地优化升级，使互联网在传输速度、稳定性、安全性、多样性等方面实现指数级的提升，互联网迅速成长为最大最全面的信息共享和交流平台。一切传统的产业、生活方式乃至思想方式和思维内容，在互联网空间里都被转变成可以自由传递的"信息包"，人类可以超越时空的限制，对信息进行检索、重组、优化、吸收和升级，形成新的生产力和新的精神生活。正如互联网协会（The Internet Society）的宗旨所言，"确保互联网的开放发展、演变和使用造福于全世界所有人"[②]，为此，互联网必须确立的重要要求包含"寿命、安全性、可用性、经济可行性、管理与控制以及满足社会"等[③]，为人类的良性发展和社会的美好程度贡献自身的力量。

从目前的网络技术水准出发，移动通信网络和移动终端（尤其是智能手机）的结合，使个人能够随时随地接入互联网空间，互联网成为个人的第二生活、第二人生。"第二人生是一个沉浸式、用户创造的在线世界。……这些虚拟的世界正在转化为网络驱动的体验和互动的渠道"[④]，甚至随着互联网自身的进化，个人的人生观、世界观和价值观均

---

①　蒂姆·伯纳斯-李、马克·菲谢蒂：《编织万维网：万维网之父谈万维网的原初设计与最终命运》，张宇宏、萧风译，上海译文出版社 1999 年版，第 124 页。

②　The Internet Society, "Internet Society (ISOC) All About The Internet: History of the Internet", ISOC, Archived from the original on 27 November 2011, https://www.internetsociety. org/about-internet-society/, 2021-08-01.

③　大卫·克拉克：《互联网的设计和演化》，朱利译，机械工业出版社 2020 年版，第 2 页。

④　瓦格纳·奥：《第二人生：来自网络新世界的笔记》，李东贤、李子南译，清华大学出版社 2009 年版，第 III—VII 页。

可由互联网塑造,互联网很可能上升为个人的第一生活乃至第一人生,"在社交网络、互联网和移动革命的联合作用下,人们的社会生活已经从原先联系紧密的家庭、邻里和社群关系转向了更加广泛的、松散的以及多元化的个人网络。……网络化个人主义的重要标志是人们越来越像相互联系的个人而非嵌入群体中的成员"①。移动通信技术是无线通信技术的高级阶段,是一种高技术,其功能是使移动中的计算机通过机站连接起来,形成移动通信网络,打破有线网络的空间限制,创建灵活多样的无线传送通道,实现真正意义上的无处不在、时时在线。移动通信网络的普及,除了移动通信技术的不断演进,移动终端的小型化、微型化所带来的超高便携性也是重要的因素,尤其是智能手机(Smart Phone)的广泛使用。智能手机既是移动通信网络的共享者,又是移动通信网络的建设者——新的信息节点:一方面,智能手机必须依靠移动通信技术才能获得连入移动通信网络的资格;另一方面,一旦连入移动通信网络,智能手机就成为移动通信网络的"节点",入网的智能手机越多,网络中的"节点"就越多,"节点"之间的连接通道也就越多,网络的规模就越大,直至将世界上大多数人接入整个移动互联网络,人类开始网络化生存。

个人与互联网之间的时时连接模式是"个人—终端设备—移动互联网—终端设备—个人",物与互联网之间的连接模式是"此物—终端设备—移动互联网—终端设备—他物",至此,移动互联网从高技术角度实现了"万有互联"。个人与他人、个人与他物、此物与他物都转变成移动互联网中的"节点",成为能够自由传递的信息。当人和物被转化为同一种制式的信息时,人与物之间就具有了同质性,而计算机正是将关于人和物的物理信号转化为电子信号,再对电子信号进行数字编码,转换成数字信号。在数字信号层面,人与物之间的界限被打破,互联网

---

① 李·雷尼、巴里·威尔曼:《超越孤独:移动互联时代的生存之道》,杨伯溆、高崇等译,中国传媒大学出版社 2015 年版,第 10 页。

通过运用数字信号的自由传送实现了"万有互联","当主体性存在越来越受到互联网和物联网构造的强大的物体系的围困时,'物化—幻化—异化'逻辑链条就必然递次展开。人的生活和思维被网络技术对象化和客体化,人与物的界限随之模糊"①。移动互联网的出现极大地推动了万有之间的时时互联,至此表明,互联网能够渗透到社会生活的各个方面,成为一种普遍性的力量。

　　就互联网技术的现实推广而言,资费成本的持续降低是提升其普及率的核心途径。随着传输技术的升级,互联网传递信息的效率不断提高,单位信息的价值不断降低;与此同时,随着终端设备性能的提升,其处理信息的能力不断增强,单位信息的成本亦不断降低。两方面因素的共同作用,促使互联网能够以较低的价格实现信息共享,这对普通大众而言具有决定性的吸引力。当前的最新发展情况是,自 2019 年开始,第五代移动通信技术(5th generation mobile networks 或 5th generation wireless systems,简称 5G)开始规模化商用。5G 网络的最主要优势是超高的数据传输速率(1Gbps 以上)和较低的网络延迟(1 毫秒以下),能够将人类的移动通信水平提升到新的阶段,使人类进入真正意义上的"大数据时代"——万有互联。随着新通信技术和新通信设备的持续升级,人机互联、物物互联(物联网,Internet of Things 或 Internet for Things,简称 IoT)、智能互联(人工智能物联网,Artificial Intelligence & Internet of Things,简称 AIoT)也在不断地成长。当互联网的速率、效率、规模和智能水平达到某个极值时,便能够几乎零延时地连接万有,逼近从"一"瞬间达及"一切"的目标。概言之,互联网普及应用的本质是以万有为"节点",以万有为信息,以万有的互联互通为手段,力图实现的目的是万有共同成长。

① 曹东勃、王佳瑞:《互联网技术革命的经济哲学反思》,《上海财经大学学报》2018 年第 4 期。

第二节 互联网精神

一、平等精神

通过对比电脑与人脑及其交流方式的不同之处,可以凸显互联网的主要特质。人脑与人脑之间必须通过视觉、动作、语言、文字、符号、文化、习俗等"中介"来实现"信息"的有效传递。如果人脑本身的能力(如神经系统、理智和情感)有限,它便无法清楚明白地处理每一条"信息",那么由人脑所呈现出来的部分"信息",其本身就是模糊不确定的。或者由于信息传递"中介"的缺陷,"信息"在传递过程中也会发生损耗、偏差、扭曲乃至错误,那么人脑所接收的"信息"亦很难保持"信息"被发出时的原貌。再加上人脑难以完全摆脱自身的"主观性"和有限性,最终导致几乎每一条"信息"在人脑与人脑之间的传递都会失真,难以达到较高程度的客观性和准确性。然而,正因信息的失真,每一个人才可能因其思想的自由属性和感知的模糊性——自由的反思能力和直觉感受——而成为具有独特属性的个体,而不是一架单纯复制信息的机器,也正因如此,人脑之间无法形成客观的、准确的、无损耗的信息共享网络,每个大脑都有其独特性。与人脑处理信息的多重、不稳定方式不同,电脑目前采用的是单一的、稳定的数字化(digital)方式,将原始信息(电子信号)转化为通过"0"和"1"来进行编码的数字信息(数字信号)。"比特(Bit,二进制位)……是信息的最小单位",它"没有颜色、尺寸或重量,能以光速传播"。[①] 一切信息都可以被表达为"0"和"1"的不同组合方式,简言之,任何电脑发出、传递和接收的信息都是由"0"和"1"编码而成。据此,电脑能够保障信息的稳定乃至固定状态,这是互联网得以建立的最根本前提。正因为所有电脑处理信息的方式完全相同,把它们连接起来才可能实现准确无误的信息共享,"互联网的理想,

---

① 尼古拉·尼葛洛庞蒂:《数字化生存》,胡泳、范海燕译,海南出版社 1996 年版,第 24 页。

就是实现对所有电脑、对所有操作系统的'开放性',使所有电脑都可以在互联网上共享资源。而这种理想的实现,在很大程度上应该归功于TCP/IP协议。正是由于有了这两个协议,才使互联网得到了如此巨大的发展,也正是这两个协议,使互联网上的通信得到了保证"①。所以,互联网的本质就是数字化信息的完整、准确和统一制式的共享系统。

互联网追求的目标是最彻底的信息共享,然而这种信息共享的方式并不是将全部信息集中于某个"中心"、每台电脑只有与之发生直接联系才能获取其信息。与之相反,每台电脑就是一个"中心",或者能够成为一个"中心"。至少在理论和技术设计层面,每台电脑都可以访问互联网中其他所有电脑的信息,同时,它自身所包含的信息也向其他所有电脑开放,每台电脑潜在地可以获取整个互联网的信息,至少在纯粹的技术设计层面具有访问和保存任何互联网信息的资格。可以看出,处于互联网中的所有电脑,它们之间或许在硬件和软件方面存在着重大的差异,导致其功能有强有弱,但是这并不能为功能强大的计算机强占、独占互联网信息和资源提供辩护;相反,无论电脑自身的功能强大与否,它们都必须为整个互联网系统服务,最重要的是保障互联网本身及其共享资源的本性。因此,互联网的本性必然要求电脑之间的连通与共享,而不是电脑间的彼此区隔与信息独占。概言之,互联网是一种"分布式网络"(distributed network)②,而不是"中央控制式网络"。"分布式"说明互联网没有绝对中心,互联网中的每一个"信息节点"都同等重要,其现实形态为"所有电脑生来都是平等的"③,因为所有电脑生成、处理、接收和发布信息的方式完全相同,不存在高下之分。同时,每台电脑都能平等地获取其他所有电脑的信息,它与其他电脑并无本

① 郭良:《网络创世纪——从阿帕网到互联网》,中国人民大学出版社1998年版,第81页。
② Paul Baran, "On Distributed Communications Networks", *The IEEE Transactions of the Professional Technical Group on Communications Systems*, Vol. 12, No. 1, 1964.
③ 郭良:《网络创世纪——从阿帕网到互联网》,中国人民大学出版社1998年版,第29页。

质性的不同;正因如此,互联网中的每台电脑又同等地不重要,可以相互替代。在信息彻底共享之后,每一信息节点可以通向任何其他信息节点,信息被存储在整个网络空间之中,而不是在某台或某几台电脑里,至少大多数信息能够被任一计算机访问、复制和保存。由于信息的绝对流通性,信息不会停留于某个固定的"地点",因此每台电脑、每个信息节点对整个互联网既重要又完全不重要,每个节点之间是平等关系,由此生成了互联网的平等精神。

二、自由精神

在互联网出现之前,已经存在着各种局域性的信息网络,它们往往具有一个共同的特点:存在一个绝对的、最高级别的信息中心,然后由信息中心向下一级的信息节点发布指令,以此类推,直至最底层的信息节点;同时,最底层的信息节点只能反馈信息,然后一级一级地往上呈报,最终由信息中心处理这些信息并发布新的决策指令,然后再一级一级地向下传达,最后,由最底层的信息节点完成指令所要求的任务。这是中央控制式的信息系统,其优点是可以运用整个系统的力量和资源来完成某项任务或某件事情。但是这类信息系统面临如下风险:其一,系统对信息中心的依赖度过高,一旦信息中心出现重大问题或被摧毁,整个系统将难以为继;其二,信息传递通道单一,且只能自上而下地、单向度地发布指令,信息的传递路径容易被完全切断;其三,最大的难题在于,各个系统之间彼此难以兼容对方,跨系统的信息交流难以达成。对此,单单增强信息控制中心的能力和增加信息传递的通道,无法从根本上解决上述特别是第三种风险,因为每个信息系统都可以采取这种方式进行"扩容",最终的结果必然是针对同一个问题,不同的信息系统将给出相异甚至直接冲突的解决方案,不但不能有效地解决问题,反而使问题变得更加复杂。既然任何信息系统最终都是为了解决具体的问题,那么为什么不能进行一种颠倒:将以控制信息为根本诉求的封闭模式,转变为以"问题"为中心的开放模式? 只要有益于"问题"的解决,不必纠缠于采用哪种信息系统、是完整采用还是部分采用。其本质是变

"控制信息"为"共享信息",唯有掌握了足够充分的信息资源,才可能更有效地解决问题。那么怎样才能实现信息共享? 关键在于信息系统与信息系统之间不能设立任何"壁垒",它们之间能够相互兼容,可以相互占有对方的全部信息资源,信息可以在不同的信息系统之间自由地传递。至此,信息的自由本性才彻底地展现出来:我们只是人为地在给"信息"设置障碍,一旦传递信息的"介质"或载体被打通,那么信息将自由地流动和传播,以此为基础才可能形成互联网。

　　互联网的平等属性与自由属性之间存在着辩证互助关系。一方面,如果互联网不是依照平等的理念来进行设计,那么占有较多资源的强势信息系统将吞噬其他弱势信息系统,不与弱势系统共享自身的信息资源,信息资源只会单向度地流向强势信息系统,导致强势信息系统变得越来越强,弱势信息系统变得越来越弱,由此形成更大规模的中央控制式信息系统,这种系统越发达,越容易造成信息的中心化,进而垄断绝大多数信息资源,由此阻碍信息的自由流通和共享。反之,必须从理念和技术上打破强势信息系统与弱势信息系统之分,设定任何电脑、信息系统、信息节点都是绝对平等的,它们之间的信息交流也是完全平等的,因为信息与信息之间并无本质差异,它们都是由"0"和"1"编码而成。所以,正因互联网的平等属性,一切电脑、信息系统、信息节点之间才能实现信息的自由流动,此中所遵循的义理逻辑为"没有平等便没有自由"。另一方面,以电脑技术为基础的各种信息系统之间,之所以存在互不兼容的情况,并非由于信息与信息之间完全是异质的,因为电脑处理信息的方式是相同的,信息必然能够在电脑之间进行传递,能够自由地传播自身是这类信息的本性。中央控制式信息系统违背了信息的自由传播本性,信息必然会突破固有的信息系统,而进行跨系统传播。正是由于信息的跨系统流通,打破了原有的信息中心,在不断的跨系统传播中,任一信息中心都将转变成一个信息节点,在这些信息节点不断的连接过程中,任一信息节点可以通向另一信息节点,并共享彼此的信息资源,互联网才不断地生成着。所以,正是由于信息的自由传播和共享,使得不同的信息中心之间具有了平等性,互联网的平等通过信息的自由共享来实现,"没有自由便没有平等"。概言之,在互联网世界中,平等是自由交流和共享的理论基础,而信息的自由传播和共享是平等的现实保障。

三、普遍化的虚拟

互联网实现了人类的平等和自由诉求,而其呈现的方式则是运用"数字"来虚拟再现一切存在,不经过虚拟化,人类便无法实现信息的平等交流和自由流通。从自身的内在构造出发,人可以将自己区分为两大组成部分:精神与肉体。通过精神的运作,人将自身和整个世界纳入自己的精神领域,精神化万有,从而形成"精神世界";同时人也知道,受制于自身的有限性,自己所认知的"世界"并不等同于"世界自身"——世界的本来面貌,或者说,是人之认知能力与绝对客观之 x 之间的交互作用形成了作为现象的"世界",也即人对"客观世界"的认识活动始终处于未完成状态,"客观世界"永远存在着未被精神化的部分。然而,电脑技术和现代信息技术所建构的互联网世界,用一种虚拟的方式,打破甚至消解了精神与肉体、精神世界与客观世界、精神与物质性载体之间的区分。在互联网内部,不存在真正的界限,一切"界限"本质上都可以被消除,因为"界限"本身也是通过共同的数字信息处理技术来实现的。在网络世界中,信息以光速从任一节点通向另一节点,所有的节点几乎可以同时共享相同的信息,由此,信息可以从任意一节点瞬时通向网络世界中的任何部分,其本质为网络世界的平等和自由本性决定从单个的"一"可以通向"全体",人类社会依靠科学技术呈现和实现了"一即一切,一切即一"的辩证思想。

如果"一"(一个、一时、一地)能够到达"一切"(全体、每时、遍在),那么通过"一"就可能去了解"一切",凭借"一"便可以面向"一切可能性",立于"一"就可以任意地选择"任何可能性",此即自由的本质规定。互联网世界中的信息传递便具有从"一"到"一切"的性质,个人通过一个 IP 地址就能链接到整个网络世界,由此从原理和技术层面讲,人们能够自由地与网络世界里的任何信息建立联系，既可以自由地搜集和获取信息，又能自由地处理和发布信息。与传统信息一样，电子信息的原初来源也是人类的各种表达，但是二者之间存在着根本性的区别，其区别不在于信息的内容，而在于信息的载体。传统信息必须借助经验世界中的实体性载体——声音、动作、书籍、媒体等，离开这些实体性的媒介，传统信息便无法继续传播；而电子信息的载体是光子，这类载体本身并不占用具体的时空场域——宏观领域，或者说用极小的物质性设备承载着近乎无限的虚拟空间；所以，电子信息在虚拟空间中可以自由地穿梭，可以传播到虚拟空间中的任何地方。

　　既然互联网世界是一个虚拟的空间，那么一个人一旦通过"设备"（电脑、智能手机、VR 等）进入这个"空间"中，他就立即被虚拟化了，其视听言动被转换为一种虚拟的电子信息或数字信息，他被转化为一种虚拟性的存在。由于虚拟化的存在形态才能在电子网络世界里自由地传递、传播、活动乃至重组，即虚拟化是事物能够自由地存在着的前提，因此被虚拟化的人才能自由地存在于虚拟世界中。人在虚拟空间中不是作为真实的人而存在，而是作为真实人之表达（文字、图像、公式、代码、音频、视频等）而存在，通过将这些"表达"转化为可以任意传播的电子信号，人在虚拟的网络世界中获得了自由感。为什么人能够在虚拟世界中感受到自由？这是由于虚拟世界呈现了人自身中原本具有的自由属性，人之自由属性不能来自具体形态的肉身，否则自由将被限定为某一固定形态，因此唯有没有特定形态的思想才与自由理念相通，由此，自由成为思想的本质属性。最终说来，互联网世界所体现的自由是人之思想自由，它通过现代的科技手段使人之思想自由获得了具体的呈现和落实，用虚拟的方式确证着自由的真实性。

　　互联网世界虽然是一个虚拟的世界，但它与人的精神世界是直接相通的，而人的精神世界又与人的生活世界相互作用，因此，互联网世界不是一个虚假的、无实质内容的纯想象世界，它呈现事物的方式是虚拟的，但其所呈现的内容却是真实的，即用虚拟化的表现形式反映真实的生活内容。由于虚拟化的电子信息可以自由传播，因此那些依靠传统载体的信息，经过电脑技术虚拟化、数字化之后，一下子成为可以自由地传播、分享、交流、论辩、加工的电子信息，使原本局限于一时一地的"实体"信息转变为共时共在共享的"符号"信息，"信息空间完全不受三维空间的限制"①、"电脑空间完全没有物理边界"②。由于传统媒介是有限的，因此以之为载体的信息传导亦是有限的，越靠近媒介本身，则其所传递的信息越清晰，由是，根据信息传递的清晰程度便形成同心圆结构。然而，互联网世界中的信息是自由传播的，从一"点"可以到达任意一"点"，其本质是从多点到多点③，而且它们通过复制方式来实现信息传导，因此可以做到每一"点"的信息是完全相同的，它们之间是互相印证的、平等的"镜像关系"。

在互联网三大精神的基础上，可以尝试建立互联网语境中的七大基本价值：一是公正/公平（justice/equity），每个人都有不可剥夺的尊严，并享有平等的权利，相互尊重，培育正义，公平、平等地访问和获取互联网空间里的信息，有助于人与人之间的相互谅解。二是自由（freedom），为了确保人类自身的尊严，必然要求发展各种自由，在互联网语境下，包含言论自由、信仰自由、（访问和获取）信息自由，力图在自由、公平和责任之间达致平衡状态。三是关心和同情（care and compassion），同理心和尊重的能力会促成人与人之间的团结和相互支持，尤其是面对现实生活中遭受不公正和苦难的个人或群体，来自网络空间的支持显得十分重要。四是参与（participation），参与社会生活和决策社会事务的权利和能力是人类社会的核心价值，相对于传统渠道，互联网用户能够及时地对政策信息进行反馈。五是共享（sharing），在互

---

① 尼古拉·尼葛洛庞蒂：《数字化生存》，胡泳、范海燕译，海南出版社 1997 年版，第 88 页。
② 尼古拉·尼葛洛庞蒂：《数字化生存》，胡泳、范海燕译，海南出版社 1997 年版，第 279 页。
③ 查德威克：《互联网政治学：国家、公民与新传播技术》，任孟山译，华夏出版社 2010 年版，第 6 页。

联网语境下,信息和知识的不断共享使得人类之间的可持续关系成为可能,从而加强同一社区内部和不同社区之间的联系程度。六是可持续发展(sustainability),从长远来看,互联网的可持续发展对于保护全人类赖以生存和生活的环境非常重要,因为互联网已经成为社会的基础生产力。七是责任(responsibility),对自己的行为承担责任是社会环境的核心要求,以虚拟身份接入互联网的主体尤其如此,与此同时,主体承担的责任也必须与权力和能力相对等。①

第三节　互联网世界

一、虚拟世界的诞生

互联网技术与互联网精神的结合,为人类创造出一个全新的世界,这个世界由数字编码技术搭建而成。在前互联网时代,人类的世界主要分为物质世界和精神世界两大部分。物质世界以实体事物的存在为直接前提,必须遵行物理、化学、生物等方面的基本规律,以自然规律、自然因果律和自然必然性为运行原则,其自由度相对较低,具有较强的客观性。精神世界以意识的自由活动为基本特征,意识的第一个作用是形成观念或概念,继而通过意识的想象力作用自由地运用各种观念,建构出观念系统,这个观念系统是非物质性的,或者说观念距离物质世界、自然因果律较远,因而拥有了较高的自由度,对于个体而言,其精神世界的建构具有较强的主观能动性,对于整体而言,精神世界的建构依赖于人类之精神作品的共同参与,具有一定程度的客观性。

而到了互联网时代,在计算机技术、现代通信技术和网络技术的共同作用下,不但将物质世界电子化、数字化、信息化,同时还把人的精神世界、想象世界电子化、数字化、信息化,物质和精神都被转化为同质性

---

① Rolf H. Weber, "Ethics as Pillar of Internet Governance", *Jahrbuch Für Recht Und Ethik / Annual Review of Law and Ethics*, Vol. 23, 2015.

的数字信息。二者同为数字信息，为信息的自由组合提供了客观基础，"网络空间暗示着一种由计算机生成的维度，在这里我们把信息移来移去，我们围绕数据寻找出路。网络空间表示一种再现的或人工的世界，一个由我们的系统所产生的信息和我们反馈到系统中的信息所构成的世界"①，其实质是完成了一种新的空间生产。"'空间的生产'……建立在社会的总体之上。它要表明的是，人们并不把空间看成是思想的先验性材料（康德），或者世界的先验性材料（实证主义）。人们在空间中看到了社会活动的展开。人们区别了社会空间与几何空间，即精神空间。……整个社会生产出了'它的'空间，或者……整个社会生产出了'一个'空间。在社会中，生产关系的维持变得具有决定性，而技术和生产力则达到了一个令人难以理解的水平。"②互联网技术作为高技术和强大的生产力，推动着全新生产空间和生产关系的生成。在互联网空间中，物质世界与精神世界之间的界限被打破，二者能够结合成一个统一的世界，在此基础之上，互联网还能创建出新的领域，为人类创造更多的虚拟空间或者能够不断扩容的空间。

单个计算机可以创建出虚拟空间，但无法建构丰富多元的虚拟世界。虚拟世界需要依靠整个互联网的资源才可能得以实现。因为虚拟世界不是虚假世界、虚构世界，不是完全凭空设想出来的世界，而是通过数字技术镜像现实世界的同时，对数字世界里的信息进行重新组合、结合而成。因此，任何单一的计算机系统或计算机编码设计，都无法完整地呈现一个"世界"，虚拟世界是计算机通过庞大的互联网络而搭建起来的"宇宙空间"。由于全球性的互联网已经形成，互联网已然渗透到社会生活的方方面面，因此通过互联网，可以使原本十分集中的高价值信息传递给每个"节点"，处于"节点"位置的人或机器可以据此学习和掌握各类信息，丰富自身的信息种类，提升自身的信息价值。也即是

---

① 迈克尔·海姆：《从界面到网络空间：虚拟实在的形而上学》，金吾伦、刘钢译，上海科技教育出版社 2000 年版，第 79 页。

② 亨利·勒菲弗：《空间与政治》，李春阳译，上海人民出版社 2008 年版，第 39—40 页。

说,互联网采用数字化虚拟的方式,不仅反映了现实世界,而且拓展了现实世界。尤其是对于个人而言,互联网就是一个包罗万象的新兴世界——"第二时空"。在这个虚拟世界中,除了不能与之进行直接的物质和能量交换,个人几乎能够体验到现实世界中的一切,甚至可以在极短的时间内获得别人在现实世界中积累一生的经验和认知。

互联网所呈现的虚拟世界,可以被当作"空间生产"的高技术模式。人类所生存的物理空间,由于受到长、宽、高三个维度的限制,因而是有确定的客观限度的,差不多位于地球的宜居带。地球所提供的物理空间差不多就是人类能够充分利用的最大空间,随着人口的增多和生产规模的扩大,地球上的物理空间不断地被占据,为了人类社会的可持续发展和高质量发展,人类必须拓展新的空间或者说生产出新的空间。与物质空间相对应的是精神空间,虽然人类的精神活动需要以神经系统为物质前提,但是精神活动的内容并不是以物理空间为限度的。精神活动能够相对独立地生成意识对象,并为意识对象提供"存放空间"。这种空间的最大特点是几乎不用占据物理空间,不受长、宽、高三个维度的约束;与此同时,这一空间的扩展不会占据新的物理空间,不会影响物理空间的客观状况;意识对象再多,精神活动再丰富,都不可能把这一存放空间填满。互联网的硬件类似于人的大脑,具有物理大小,需要占据一定的物理时空;互联网所创建的虚拟世界则与人类的精神空间类似,就像人类的精神活动可以储存在有限的大脑中,虚拟世界里的所有数字编码内容也可以储存在互联网的硬件空间中。随着硬件技术的发展,硬件的单位储存能力不断增强,在不增加硬件物理大小的前提下,互联网便能不断地拓展虚拟空间,实现新的空间生产,进一步使"整个空间变成了生产关系再生产的场所"①。

在互联网创建的虚拟世界给社会生活带来众多益处的同时,也带来了诸多风险。虚拟世界不是幻想世界,不是想象世界,不是虚假世

---

① 亨利·勒菲弗:《空间与政治》,李春译,上海人民出版社 2008 年版,第 38 页。

界,而是以现实世界为基础、与现实生活紧密相连的"精神世界"。现实世界中的邪恶观念同样存在于虚拟空间里。现实世界中的邪恶行为、违法行为和犯罪行为,在虚拟世界中以观念、文字、声音、图像等方式呈现。人的邪恶观念、违法动机在现实生活中不一定会转化为现实行动,然而通过互联网的增大效应,邪恶观念、违法动机可以在虚拟空间中大肆传播,影响一些人的心理状态,刺激其做出恶劣的行动。互联网的空间生产,从技术层面讲没有善恶属性,但是当现实世界中被压制的负面价值能够投射到虚拟世界之中时,负面价值便找到了释放自身能量的通道,作恶的倾向成为人类选择虚拟空间的重要推力。从人的心理平衡机制出发,我们必然要面对自身的负面价值、负面情绪和作恶倾向,互联网创建的虚拟空间正好是一种有效的释放渠道,因此,同善的力量一样,恶的力量也能够推动虚拟空间的生产或者说虚拟空间的拓展,甚至后者比前者更活跃,因为对恶的限制也能扩展虚拟空间。

二、虚拟世界与现实世界相互作用

自人类诞生以来,对于信息的创制、传递和交流是其基本的存在方式,信息的代际传递和积累是文明和文化得以形成的最重要前提之一。要想对现实世界中的事物和事件进行传播,就必须对其进行信息转化。最初,人类缺乏进行信息传递的工具,只能通过自身的感官系统和认知系统对现实世界中的各种现象进行转化,将人类自身当作信息处理中心和传输节点。视觉、味觉、触觉、声音、肢体动作等类似于"模仿信号",文字、符号等类似于"编码信号",图像、图形、语言等类似于从模仿信号转向编码信号的过渡形态。其内在规律是,用越少越简单的符号系统尽可能地表达和传递越多越复杂的信息内容。符号系统的实质也是一种对现实世界进行虚拟化的信息系统。但是,传统的符号系统具有较大的局限性:其一,传统的符号系统需要较多符号和符号之间的组合才能表达信息,其自身是比较复杂的;其二,传统的符号系统对现实世界的虚拟能力比较有限,虚拟效率较低,例如单一的符号系统难以全面地虚拟整个现实世界,符号系统处理模仿信号的速度较慢;其三,不同的符号系统之间很难做到精确的一一对译。

　　与此不同，互联网采取了与传统符号系统不同的信息编码方式，其要点如下：第一步，将"模仿信号"（通过传感器测得的数值）转化为电子信号；第二步，采用二进制（1 和 0）来处理电子信息；第三步，运用功能强大的芯片处理电子信息；第四步，运用通信网络传输数字信息。最重要的特征在于，信息处理方式的标准化和统一化、信息传递速度接近光速。通过计算机，把现实世界中的各种对象转换为 0 与 1 的不同组合形态——数字编码，只需要能够识别 0、1 及其组合，就能对数字信号进行还原。一切能够转化为电子信息的事物，都能够转换为标准的数字信号，整个互联网空间能够自由地传递数字化的电子信号，因此，互联网中所呈现的不同"事物"具有相同的"数字本性"，在数字信号层面，具有互联互通的基础，整个互联网具有内在的、普遍的同一性。由于互联网传递的是电子信号，电子的运行速度是光速，因此互联网能够按照光速传递信号，达到信息传递速度的上限。由此，互联网所创建的虚拟空间比传统符号系统所建构的虚拟空间能更加全面、更加高效地反映现实世界，或者说互联网能更加普遍地镜像现实世界。但是，就目前的互联网技术而言，互联网还无法做到"克隆"整个现实世界，尤其是无法直接转换为电子信号的信息，例如完全重现触觉、味觉或体感，所以，互联网对现实世界的镜像作用是有物理限度的。

　　互联网所创建的虚拟世界需要反映现实世界，尽可能将现实世界里的事物转换为数字信息，虽然无法完全复制现实世界，但是互联网所能转化的事物却不仅仅限于现实事物。互联网甚至能将想象的事物、符号化的事物，通过数字编码的方式呈现出来。在互联网空间中，非现实的、非物质性的"存在形态"能够以数字信息的方式被编写出来。由此，互联网空间能够独立于现实世界展开自身的创造活动，拓展空间，在空间的生产中产生新的信息。现实世界中的事物受制于时空维度的限制，其存在的前提是必须占据一定的物理空间，这一特定的空间只能提供有限的物理信息，因此整个现实世界提供的信息量是明确的，信息的密度也是大致确定的。但是在互联网空间或虚拟世界中,数字信息本身没有维度大小、没有质量,因而不会占据物理空间,不会使物理空间增大,不会使物理空间增重,或者说只会占据极小的空间。只需增加物理空间中计算机(服务器和储存器)的数量,就可以保障数字信息的持续增多。若以占据同等大小的物理空间为前提,电子虚拟世界能够比现实世界展示出更多的信息,尤其是无法在物理世界里直接呈现的信息;或者说虚拟空间的信息自由度远远大于现实世界的信息自由度。所以,虚拟世界的信息系统存在着超出现实世界的部分,并且在持续地增大,这是一种新型的空间生产方式。

随着互联网技术、计算机技术、通信技术等高技术的迅猛发展,虚拟世界快速扩容,新的信息种类、信息样态不断产生。人类的思想、生存和生活与互联网信息系统联系得越来越紧密,在此情形下,虚拟世界开始对现实世界产生反作用力。由于虚拟世界与现实世界之间的信息不对等,凭借虚拟世界信息量的极速增加,其对现实世界的作用将变得越来越强烈。尤其是人工智能技术和 3D 打印技术与互联网技术的深度结合,将某些只存在于虚拟世界里的"事物"(想象物)转变成现实世界中的"事物"(实物),这些"事物"的出现改变了现实世界的原初面貌。人工智能技术着重于探寻人类精神活动的边界和极限,3D 打印技术侧重于将虚拟世界中的设计理念转变为现实世界里的客观事物。"由于没有迹象表明人类将出于道德考虑而停止寻找'虚拟人'(数字生命形式)的可能性,所以,可能出现一种新的比人类更具智能的类人的物种的演化,不放弃这种想法才是合理的。……人类在历史上将第一次必须与一个不同的物种进行合作。以往,人类与别的物种之间的关系从未建立在合作的基础上。无论人对动物的感情如何,他们从来不与动物合作。人类从未与其他物种谈判谋求共存。但机器人(类人的数字系统)将迫使人类这样做。在这种共同生活过程中,我们的道德规范可能显得太过于以人类为中心。许多动物在这种规范下蒙受伤害,却不能与人类谈判改变道德戒律。新物种恰恰能够做到这一点,它们要求人类设计一种认真对待所有有感知动物的道德。"[①]当人类的生产生活全面互联网化之后，虚拟世界本身将会转变成真实的生产生活空间，虚拟世界里的事物将会转化为生产生活的基本要素，虚拟世界与现实世界之间的界限将变得十分模糊，两个世界的高度融合是未来社会的基本发展方向，"现实世界与虚拟世界、自然平台与数字平台，相互交叉、相互包含，从而使人的存在方式发生了革命性的变革"[②]。

三、互联万"有"

"万有互联"侧重于描述事物之间的客观存在状态原本就是相互联系的，事物之间处于内在互联状态是最基本的客观事实。而"互联万有"则强调主体通过发挥主观能动性为事物之间的相互联系创造条件，可以通过精神活动，也可以通过非精神性的工具——中介，在事物之间建立起普遍性联系的通道。"万有互联"表明万有原本就处在互联互通的网络结构中，"互联万有"则强调需要通过"中介"使事物连接成互联网络。

在传统的哲学思考中，"万有互联"的实质是探讨"一""多"关系。因为"一"的存在，准确地说"大一"或"太一"的存在，才可能使各种"多"之间获得相互联系的基底。前已述及，这种联系大致存在三种基本模式：第一种模式是，由"大一"生发出作为"多"的"小一"、单个的"一"，强调"小一"是"大一"从自身生发出来的具体存在，"小一"是"大一"的自我限定，或者说"大一"是最普遍的"内容"，"小一"是最具体的"形式"或"规定性"，"大一"作为普遍流行的实质，在具体的"形式"中成为"小一"，所以，作为"多"的"小一"之间先天地存在着来自"大一"的基质，"万有"之间天然地存在着相互联系的基底，不需要人为地创造万有之间的联系，而是发现万有之间原本就存在着的普遍联系。第二种模式是，由"大一"创造出作为"多"的"小一"，其实质是"神创世"，"大一"是

①　西斯·哈姆林克：《赛博空间伦理学》，李世新译，殷登祥校，首都师范大学出版社 2010 年版，第 31—32 页。
②　陈志良：《虚拟：人类中介系统的革命》，《中国人民大学学报》2000 年第 4 期。

全知全能全善的至高存在者,祂通过自己的能力"无中生有"地创造出人、整个世界和世间万有,一切"小一"来自神的创造活动,是神的造物,受神护佑,最终复归于神,受神审判,所以"万有"必须绝对地信仰神、依靠神、凭借神才能获得最普遍的联系。第三种模式是,在一个系统中,并不存在一个普遍的"大一"或全能的"大一",各个"小一"之间通过普遍的规律获得相互联系,这是从"小一"的内在结构和"小一"之间的相互作用出发,探究"小一"之间的普遍联系;量子力学已经揭示,粒子与粒子之间的相互作用力是万有形成、持存、分解、演变、重构的根本原因,万有之间的关系既遵循微观力学规律,又遵循宏观力学规律,所以万有因相通的粒子结构而具有了相互转化的基底,因普遍存在着的相互作用力而产生了符合规律的相互联系。这三种"一""多"模式,其共同的特点是揭示万有之间原本就存在着实质性的联系,万有之间先天地、本然地存在着互联互通的基础和规律,不需要人为地创造万有之间的联系,只需去发现万有之间的内在联系及其相互作用规律。

虽然上述三种模式向我们指出了万有相互联系的"客观面貌",但是这并不意味着我们能够全面地运用万有之间的联系。问题的关键在于,万有呈现的"信息"是复杂的、多元的和流变的,包含的"信息量"是难以穷尽的。对人类而言,因其生理、心理、精神能力、知识储备和社会生活的有限性,不可能通过直接反映的方式揭示万有所包含的全部"信息",对此,需要借助简明通行的符号系统去描述和储存万有的"信息",用"至简"驾驭"至繁","人不再生活在一个单纯的物理宇宙之中,而是生活在一个符号宇宙之中"[①]。视觉、听觉、触觉、味觉、意识、图形、绘画、肢体动作、语言、文字等等,都是人类感知、获取、解读和转化万有信息的具体方式,但是这些自然和传统的信息处理方式("符号系统")缺乏真正的简洁性和通行性,或者用越来越复杂的符号系统描述万有的

[①]　恩斯特·卡西尔:《人论》,甘阳译,上海译文出版社 1985 年版,第 33 页。

"客观状态",或者用彼此独立的符号系统解读万有的"存在状态",或者将万有的"存在"阐释成精神活动的"成果"……至此,需要新的符号系统才能推进我们对于万事万物及其相互关系的认知。

互联网正是一种追求万有互联的高技术,是一种全新的符号表达系统,包含如下基本要素:第一,高性能传感器(sensor)的大规模应用,传感器的主要作用是将物理信号转换为电子信号,其工作原理是,敏感元件直接感受被测量对象,并输出与被测量对象有确定关系的物理信号(物理量),转换元件将敏感元件输出的物理信号(物理量)转换为电子信号。第二,高性能计算机的大规模应用,计算器的主要功能是将电子信号进行二进制数字化处理,把电子信号全部转化为数字信号,并运用高性能芯片的计算能力对大型数据库进行高效率分析,同时,计算机还能储存海量的电子数据。第三,高性能电子传输技术的大规模应用,其主要作用是为电子信息的传递搭建高质量的传送通道,尤其是新材料、新技术、新标准的广泛应用,例如5G通信技术的商业化应用,使电子信息的传输效率获得了质的提升。第四,智能移动终端的广泛应用,其主要功能是使互联网中的每个"节点"时刻具有自主的学习能力,能够自主地进行分析和判断。

由此可见,随着互联网技术和人工智能技术的发展,"数字、词语、图片、声音,和最后的味觉、气味以及甚至可能是知觉,都有可能在某一天用同样的数字化形式被存储、加工和传播"[①]。但是,互联网意义上的"万有互联"与宇宙本体论意义上的"万有互联"不同,前者更倾向于"互联万有",其方式是通过传感器把感知到的物理信号转换为电子信号,然后将电子信号数字化,继而把计算机连接成网络,实现数字信号在网络中的自由流通。其实质是,万有作为数字信号在互联网空间中建立起普遍的联系,经过处理后的大数据,可以反过来应用于实际生

---

① 保罗·海尔、戴维·克劳利编:《传播的历史:技术、文化和社会》,董璐、何道宽等译,北京大学出版社2011年版,第401页。

活,与现实世界的方方面面发生直接的联系。对于人类这种智能生命而言,其精神空间和精神对象、意识空间和意识对象、想象空间和现象对象,可以与互联网所建构的虚拟空间进行"信号"对接,跳过物理感知、物理信号与电子信号、数字信息的转换阶段,直接用数字信息方式呈现人类的精神世界、意识世界。但是,由于人的精神活动一直处于变化状态,以及大脑对精神活动的重大影响,因此互联网空间对人之精神世界的数字化呈现方式存在着一定的局限性。综上所述,互联网实现的互联方式是"互联万有",而非"万有互联",因为感应器对被测量对象的感知是部分感知,而非完整感知,而且感应器还会受到来自自身(组成材料)和环境的影响,因此,敏感元件所提供的物理信号存在遗漏和干扰,继而导致与物理信号一致的电子信号,在精确性方面先天地存在着不足。所以,互联网让作为数字信号的"万有"实现了互联互通,并反过来推进了现实事物之间的互联互通,但并没有完成"互联万有",而是处于不断互联万有的进程之中。进一步地,将互联网视为其所有方面的总体(a totality)和整体性的实体(a whole entity),将其看作一种技术系统、一种沟通元素、一种文化媒介和一个独立的有机体;不同于建立在自然和社会等存在领域之上的模式,互联网是当代人类创造全新生存模式所运用的媒介,这种新形成的存在形态为网络生命(web-life)①。为此,亟须"从哲学的角度思考网络,用网络的方式研究哲学"②。

---

① László Ropolyi, "Proposal for A Philosophy of The Internet", *Журнал Белорусского государственного университета, Философия, Психология*, No. 3, 2021.

② 常晋芳:《网络哲学引论——网络时代人类存在方式的变革》,广东人民出版社 2005 年版,第 7 页。

第二章
互联网时代的道德与幸福难题

　　平等和自由既是人类道德生活、幸福生活的基础，又是两种生活所追求的目的。"互联网技术"通过"数字化虚拟的方式"实现了"绝对平等"和"绝对自由"，然而，互联网意义上的绝对平等是用数字编码消解了一切不平等，绝对自由则突破了一切界限和底线。"普遍化的虚拟"在虚拟化伤害的同时又将虚拟的伤害现实化，它们给现实世界中的"主体"造成了真实的伤害，形成了"平等悖论""自由悖论"和"虚拟—现实"悖论。因此，互联网时代"道德与幸福的关系"也必然陷入三大悖论之中。三大伦理悖论之所以产生，其根源不仅在于它们的绝对性和彻底性，也不仅在于互联网空间的虚拟性，更在于它们缺乏"最高价值"的约束和引导，以及主体及其责任感的彻底丧失——主体的消解。悖论得以发生的现实世界和虚拟空间只是全体的一部分，只有以全体的最好状态——至善——为最高目的、标准和限制条件，才能最大限度地限制悖论的生成逻辑；同时，必须重建主体——既然互联网中不存在主体，那么"互联网中的恶"必须由现实生活中的每一主体共同承担，由是形成责任意识和行动。由此，在道德行动与幸福生活之间方能形成良性联结。①

---

① 本章第一节的内容，参见拙作《道德与幸福同一性的精神哲学形态》，东南大学博士学位论文，2016 年。本章第二节和第三节的内容，参见拙文《互联网时代的伦理悖论及其化解之道》，《东南大学学报（哲学社会科学版）》2016 年第 5 期；亦参见刘秦闻、任春强：《德孝文化在互联网时代的范导作用》，《学海》2018 年第 4 期。

第一节　前互联网时代的德福同一路径

从逻辑角度讲，a 与 b 要完成统一，要么用其中一个去统摄另一个，要么引入比两者更普遍的第三者 c。德福同一性的基本路径亦是如此[1]：若以道德为基准，形成"道德世界观"，把幸福道德化，成为"道德幸福"，两者统一于"道德行动"中。[2] 如果以幸福为本根，形成"幸福世界观"，将道德幸福化，道德成为获取幸福的因子之一，两者在对幸福的追求和满足中得以统一。[3] 而如若道德和幸福是两个平等的概念，它们之间没有隶属关系，"观"只是人的一种主观努力，那么要完成两者的真正统一，就需要引进一个更普遍的概念；根据此概念的不同形态，便会产生不同的德福同一性理路，如至善论、正义论、公设和谐论[4]，或者基于现实的社会政治、法律、经济、科技、心理等"中间力量"，促进德

[1] 瓦·塔塔尔克威茨：《道德与幸福关系理论的历史考察》，漆玲译，《道德与文明》1991 年第 3 期；牟宗三：《牟宗三先生全集》第 22 卷，联经出版事业公司 2003 年版；鲍吾刚：《中国人的幸福观》，严蓓雯、韩雪临、吴德祖译，江苏人民出版社 2004 年版；高小强：《天道与人道——以儒家为衡准的康德道德哲学研究》，华夏出版社 2013 年版；张俊：《德福配享与信仰》，商务印书馆 2015 年版；樊浩：《伦理道德的精神哲学形态》，中国社会科学出版社 2017 年版；蓝法典：《论"德福一致"的内在危险与实践指向——对牟宗三相关阐释的反思与辨析》，《人文杂志》2021 年第 4 期。

[2] 顾智明：《道德是使人获得幸福的源泉》，《南京政治学院学报》1996 年第 2 期；黄明理：《论道德与个人幸福的内在统一性》，《南京政治学院学报》2003 年第 6 期；龚道运：《道德形上学与人文精神》，上海人民出版社 2009 年版；江畅：《德性论》，人民出版社 2011 年版；李建华：《道德幸福　何种幸福》，《天津社会科学》2021 年第 2 期。

[3] 江畅：《幸福之路：伦理学启示录》，湖北人民出版社 1999 年版；孙英：《幸福论》，人民出版社 2004 年版；赵汀阳：《论可能生活：一种关于幸福和公正的理论》，中国人民大学出版社 2004 年版；尼古拉斯·怀特：《幸福简史》，杨百朋、郭之恩译，杨百揆校，中央编译出版社 2011 年版；肖平：《道德是幸福的文化元素》，《道德与文明》2012 年第 2 期。

[4] 程秀波：《道德与幸福》，《中州学刊》1992 年第 1 期；高恒天：《道德与人的幸福》，复旦大学博士学位论文，2003 年；麦马翁：《幸福的历史》，施忠连、徐志跃译，上海三联书店 2011 年版；王塁：《幸福与德性：启蒙传统的现代价值意涵》，《哲学研究》2014 年第 2 期；田海平：《如何看待道德与幸福的一致性》，《道德与文明》2014 年第 3 期；Julia Annas, *The Morality of Happiness*, New York: Oxford University Press, 1993; Joachim Schummer, ed., *Glück und Ethik*, Würzburg: Königshausen & Neumann Verlag, 1998.

福之间真实的正相关性①。显然，上述观点以人及其行为为中心，基于人的角度来论述德福同一性。与此相对，亦可以从"非人"的角度论证德福的一致性：如果神是必然存在的，那么人必须绝对地信仰神、遵循启示经典上的教义以及接受神之末日审判，由此，德福的终极同一性由神来决断。② 如若承认一种德福必然一致的法则，如善恶报应、因果报应、善恶因果律，它不仅仅适用于作为道德主体的人，而且适用于任何其他道德主体，那么只需遵循客观的善恶因果法则，道德主体的德福同一性便能获得根本性的保障。③ 现代自然科学的生态系统观点给人类现实生活的启发则是，人类并非天然地是天地万物的中心、最高价值和最终目的，相反，人类原本只是生态系统和自然环境演化中的一个因子，人类凭借自然科学技术的力量过分地凸显了自身的作用，极大地破坏了生态系统和其他物种的存在状态，因此人类必须反向思考和行动，尊重生态系统和其他物种的存在价值——"德性"，尽可能地维护其"好的存在状态"（well-being）。与此同时，道德与幸福之间的悖论状

① 丸山敏雄：《实验伦理学大系》，丘成等译，社会科学文献出版社 1991 年版；泰勒·本-沙哈尔：《幸福的方法》，汪冰、刘骏杰译，当代中国出版社 2007 年版；Martin Seligman, *Authentic Happiness: Using the New Positive Psychology to Realize Your Potential for Lasting Fulfillment*, New York: Simon and Schuster, 2002; Alonso Contavalli, *An Overarching Defense of Kant's Idea of The Highest Good*, Ph. D. dissertation, Loyola University Chicago, 2010; Kleio Akrivou and Alejo José Sison, eds., *The Challenges of Capitalism for Virtue Ethics and The Common Good: Interdisciplinary Perspectives*, Cheltenham: Edward Elgar Publishing, 2016; Otfried Höffe, ed., *Immanuel Kant: Metaphysische Anfangsgründe der Tugendlehre*. Vol. 58, Berlin: Walter de Gruyter GmbH & Co KG, 2019。

② 凯利·克拉克主编：《幸福的奥秘：在比较和练习中指向上帝的至善》，郑志勇译，世界知识出版社 2010 年版；龙爱仁（Aaron Kalman）：《〈希伯来圣经〉与〈太平经〉的思想比较》，浙江大学博士学位论文，2014 年。

③ 王月清：《中国佛教伦理研究》，南京大学出版社 1999 年版；方立天：《中国佛教哲学要义》，中国人民大学出版社 2003 年版；刘道超：《中国善恶报应习俗》，陕西人民出版社 2004 年版；李毓贤（Kewalee Petcharatip）：《中泰佛教慈善思想比较研究》，南京大学博士学位论文，2014 年；陈立胜：《宋明理学如何谈论"因果报应"》，《中国文化》2020 年第 1 期。

态①和道德与幸福之间的无关状态②,亦是探究德福同一性的重要背景和参照系。③

一、德福同一性的经验形态

随着个人精神的不断成长,经验世界不断展开,道德概念和幸福概念在不同阶段形成不同的内涵,它们在个人精神与各种"经验性全体"的交互作用中获得具体的规定性:经验性的"全体"即经验性的"一","同一性"即同于经验的"一",个人精神在与此"全体"的联系中建构个人之德福的经验同一性。通过个人精神,经验性的全体显现为伦理共同体(家庭)、规则共同体(组织和国家)、生命共同体和生态共同体。在家庭环节,家庭成员的德福统一于家庭伦理之中;在组织里,组织成员之德福通过弱规则(规范)获得同一性;在国家中,公民根据强规则(法律)实现自身的德福一致;在生命共同体环节,通过敬畏生命和善待生命,使生物的福祉得以实现,使人的道德性拓展到人之外,换言之,促成生物的良好存在状态即是在提升人的德性;在生态共同体环节,即在整个经验世界中,包含了上述四个环节的德福同一性,同时从最宏观的视野出发理解和保护生态系统,遵循自然规律和文化规律,尊重生物和其他存在物,使生态系统处于最佳的平衡状态,既保障生物的福祉,又为人的德福同一性提供最完备的经验条件。

当一个人从家庭中分裂出来之后,他开始成为一个"个人",至少在思想和精神方面成为一个独立的、成熟的人,至此,家庭才能作为一个"对象"被个人的精神所把握,个人才明白他自身与家庭之间的同一和差别。在天然的、自然的同一性中,个人与家庭浑然一体,只有家庭整

---

① 戴兆国:《道德悖论视阈中的德福悖论》,《道德与文明》2008 年第 6 期。

② 张雷:《道德中间状态对德福关系的证伪》,《江西社会科学》2010 年第 9 期;Christine Vitrano, "The Structure of Happiness", Ph. D. dissertation, City University of New York, 2006。

③ 相关论述参见拙著《道德与幸福同一性的精神哲学形态》,中国社会科学出版社 2022 年版。

体,没有个人;当家庭成员发现自己并不等同于家庭整体时,他将认识到自身与家庭整体之间的区别和联系。由此,个人通过其精神认识到,家庭是他的第一个"经验共同体",因为它是时间序列上即个人之经验生活中最早出现的共同体,并且它为个人的生命和成长提供了最初的庇护所。与一般的经验共同体不同,家庭成员之间除了精神思想方面的联系,还具有血缘生理方面的联结,"家庭是以婚姻关系为基础、以血缘关系为纽带的亲属团体"①,这是家庭成员无法逃脱的"必然性",几乎无法被更改,或者说它是家庭成员的固有天性——nature,如此,家庭之于家庭成员更是一个自然(natural)共同体。

家庭的事实基础是"伦",其合道理性根据是"伦"之"理",因此,家庭是一个天然的伦理共同体;又由于家庭成员的德性得自家庭伦理的培育、熏陶和内化,因此,家庭整体的伦理与家庭成员的德性、道德是一体的。若家庭成员不以家庭整体的伦理要求为意识内容和行动目标,不去做出真实的道德行动,那么家庭整体和家庭成员都将变得不幸福,因为"伦"和"伦"之"理"不但是家庭的价值根据,而且是其存在基础,没有"伦理"和家庭成员之道德,家庭不仅无法趋向更善更好,更将面临分裂和消亡。所以在家庭整体和家庭成员的"自我意识"生成之前,家庭中的伦理即是其道德,伦理道德即是其幸福,三者是完全一致的。与此同时,家庭只是经验生活的一个环节,作为一个整体,其德福同一性必须以社会生活为前提,正如"抚育一个孩子,需要整个部落的协助"(非洲古谚语)②。由此,家庭的伦理道德和幸福便具有双重性质:一方面具有在家庭内部的规定性,另一方面是社会伦理和法律规范对家庭的规定,当家庭成为社会生活中的家庭时,其伦理道德才有更大的普遍性和合道理性,其幸福才有保障。所以在社会生活中,家庭的道德与幸福

---

① 王利华:《中国家庭史(第1卷):先秦至南北朝时期》,广东人民出版社2007年版,第1页。

② 转引自佛光星云:《佛教谈家庭》,载《佛陀真言:星云大师谈当代问题》(中),上海辞书出版社2008年版,第84页。

才能获得新的、更普遍的同一性。

　　当个人精神的生长超出家庭范围，便需要在更大的领域中认识自身，并思考自身的善和好，在诸个人精神的共识性联系中形成规则共同体。规则的作用是保障个人的幸福，但规则以道德价值为基础。对个人来说，规则既是一种客观的强制力量也是一种真实的保护力量，个人在认同和承认规则的时候形成规则意识，继而转化为其内在的公共品质——公德。从表面上看，公德似乎来自规则共同体的培育和教化，然而真正说来，规则共同体本身必须以公德为基本的建构原则，没有公德精神，规则共同体的规则便不具有普遍性。之所以需要规则，是为了使人与人之间的联系具有正当性和合道理性，以平等的人格原则为基础，去尊重每一个人，把他人当成一个真正的人来对待。在经验世界中，从"属人共同体"的范围讲，其极小值至少由两个"个人"组成，其极大值则由全人类构成；就共同体之规则的强力程度而言，法律具有最大的现实约束力，它是一种强规则，是一种"必须"，而社会生活中的规范是一种弱规则，是一种"应该"，起着引导个人行为的作用。最大的规则共同体与最强约束力的规则结合在一起形成了"国家"，国家"是政治体中特别与维持法律、促进共同福利和公共秩序以及管理公共事务有关的那一部分。国家是专从事于整体利益的一个部分……它卓越地体现了理性……受法律和一个普遍条例体系约束的理性活动"[①]；其他建立在弱规则、规范基础上的共同体即是各种不同的"组织"，这些组织同时要服从法律的规定，至少不能与法律相冲突。如果只依据规则公正地对待任何一个人（陌生人甚至自己的敌人、仇人），那么规则共同体的公共精神就确立起来了，而自觉地服从公共精神即人的公共品质。在此阶段，个人的公德符合规则共同体的规则，由此保证个人的公德与其所享有的幸福之间具有一致性。

　　在经验世界中，人的生命是其存在的必要基础和价值载体，同样，

---

①　马里旦：《人和国家》，沈宗灵译，中国法制出版社 2011 年版，第 11 页。

若具有生命的存在者被人伤害乃至于被杀死，则其价值被人类人为地否定了；因此，必须纠正人类中心主义的理念，人类要尊重一切具有生命的物种，尽量不通过暴力手段伤害或结束其生命，即最小伤害原则，因为人与其他生物共处于一个生命共同体之中，"我们不仅与人，而且与一切存在于我们范围之内的生物发生了联系。关心它们的命运，在力所能及的范围内，避免伤害它们，在危难中救助它们"[①]。从生命共同体整体看来，其他生物的生命权并不低于人的生命权，即便其他生物的自我认识需要通过人的自我意识来实现。对生物自身而言，依从其自然本能而生存，虽然与道德无关，但却与其维持自身的 well-being 有关；如果人类不干涉其自然状态，进而能维护其自然状态，那么人类即是在促成生物的幸福状态；而由于促进"他者"的幸福是道德的，因此人类的这类行为便具有道德属性。在生命共同体阶段，个人除了追求属人的幸福外，还需要兼顾其他生物的福祉，把其他生物当作"主体"，由此，人与其他生物建立起"伦理关联"，正如"为他人的幸福而奋斗或牺牲"是一种道德行为，关照其他生物的幸福也具有道德性，"理解生命，敬畏生命，与其他生命休戚与共"[②]；因此，基于对每一生命存在者的敬畏和理解，个人精神需要突破人类共同体，限制属人的幸福，拓展自身的伦理普遍性和道德品质，在生命共同体中追求更加普遍的德福同一性。

生态危机甚至生态灾难使人类认识到，其自身实际上生活在一个与其他一切事物处于普遍联结的"生态共同体"里。"自然界所有的东西都是和其他东西联系在一起的。它强调自然界相互作用过程是第一位的。所有的部分都与其他部分以及整体相互依赖相互作用。生态共同体的每一部分、每一小生境都与周围的生态系统处于动态联系之中。处于任何一个特定的小生境的有机体，都影响和受影响于整个由生命

---

① 史怀泽著，贝尔编：《敬畏生命》，陈泽环译，上海社会科学院出版社 1996 年版，第 8 页。
② 史怀泽著，贝尔编：《敬畏生命》，陈泽环译，上海社会科学院出版社 1996 年版，第 21 页。

的和非生命环境组成的网。作为一种自然哲学,生态学扎根于有机论——认为宇宙是有机的整体,它的生长发展在于其内部力量,它是结构和功能的统一整体。"①生物不是为了生存之外的利益而行动,它们并没有从生态共同体中求取额外的"福利",因此它们不需要为自己的求生行动担负道德责任;非生物环境只按照自然规律运行,它没有生命力和意识,无法自主地活动,因此无论它处于什么状态都是完全"合理的"。在个人与生物和非生物环境的关联中,个人运用"道德的方式"对待它们,个人的行为才具有道德性,其实质为个人将每一生物和非生物环境中的每个因子设定为"主体",与它们建立"平等"的联系,细致地考察它们之于生态系统的作用,继而促进人类与生态共同体的良性互动。"我们知道:大地并不属于人,人属于大地。一切事物都联系在一起,就像血缘关系把我们全体都联系在一起一样。人并未编织生命之网,他只是其中的一根丝线。他怎样对待这生命之网,就是怎样对待他自己。"②

原子式的个体与经验共同体之间的精神联结是有限的,而且经验共同体是暂时的、有限的和不完美的,由此,德福的经验同一性也是局部的、现时的和不完全的。而人之为人不仅在于其自然性,更在其从自然性中解放出来。在经验世界中,这个突破口源于人的信念行为,这类行为发生在经验世界中,但却同时指向人的精神世界。就道德与幸福的同一性而言,面对现实生活中德福之间的种种背离,仍然坚定地将"德福一致"作为内心的信念,要求自己成为道德的人,并相信通过自身的道德行动能够得到相应的福报。为了完全实现德福的同一性,自己必须完成一次精神飞跃:从信念跃升至信仰。这是一次彻底的颠倒,由此,神的目光完全超越了人的精神目光:人无法达及神,只能遵循神的

---

① 卡洛琳·麦茜特:《自然之死——妇女、生态和科学革命》,吴国盛等译,吉林人民出版社1999年版,第110页。

② 西雅图酋长之语,转引自阿尔·戈尔:《濒临失衡的地球:生态与人类精神》,陈嘉映等译,中央编译出版社1997年版,第227页。

戒律而期望神的恩宠；由人自身来实现德福的同一性，在信仰神的宗教看来是一种僭越行为。

二、德福同一性的超验形态

超验同一性中的"一"或"全体"指向"独一神"，由此对神的理解和说明是解决德福难题的决定性前提。神必然且必须是一个完满的"事物"，或者说神即是全体本身甚至是祂创造了全体，因此祂必定存在着且具有实存性；如果神是全体意义上的存在者，那么祂所具有的属性必定是全体层级的，全能全知全善等也都是真实的；尽管全善必然会遭遇"恶从何而来"的诘问——"全性悖论"，但是神仍然可以作为最高善（至善）的来源；所以，信仰神和完全服从神之意志的人方为善人或义人，善恶以神所启示的经典为判断根据，人因其有限性而无法给出分辨善恶的终极标准，即人不能仅凭自身而行善。神将永恒的幸福赐予在祂面前是善的人，而尘世的幸福只是暂时的和偶然的。所以，在信仰神的人看来，道德与幸福的起源和最高标准都是由神来规定的。因此，德福之超验同一性建立的基础为：绝对地信仰神。一个人即使在其一生中都在做尘世中所谓的善行或道德的事，但是如果他不信仰神，那么他也不会被赐予最终的幸福（blessed）。一方面，有一个全能且公正的神存在，祂能完全洞察人，并完全客观地按照人自身的动机和行为进行审判；另一方面，人之自然生命的终结并不是人的彻底消亡，其灵魂或灵性生命必须在神面前接受最终的审判。因此，信仰神、遵循神的戒律和灵魂对审判的承受是德福超验同一性的基本要素，由于神的戒律是神颁布的，人的灵魂是神赋予的，所以绝对地信仰神才是最根本的前提。

对于信仰神的人来说，人无法单凭自己的力量完成自身的德福同一，原因在于：其一，道德的根本规定性不在人身上，因为人无法确知"什么是善本身"，不能保证自己的意念和行动是绝对善的，因此他无法作为完全的道德主体；其二，人的幸福总是与人的个体感触相关联，只要个体的差异性存在，那么幸福概念便永远充满歧义性；其三，人不具有将德福精确地统一起来的能力，因为人在其有限的生命周期中，德性永远处于未完成状态,并且无法彻知他人的道德动机,无法对他人进行绝对客观的道德评价。虽然人无法完满地定义什么是道德和善,但是神可以,"除了神一位之外,再没有良善的"(《新约·马可福音》10:18),"人所作的事,连一切隐藏的事,无论是善是恶,神都必审问"(《旧约·传道书》12:14),人只需绝对地相信神的言语和启示经典是全善的,自然能做出道德行动和善行来,因为行为过程的保证者是神,神为这类行为的全善性、道德性负责。没有任何一种幸福可以与神之赐福、恩典相提并论,没有神之劳作、恩赐和博爱,就没有人的生命、意志和感受能力,人之幸福更是无从谈起,没有神预先赐福于人,人不会存在于这个世间,而且神之赐福是永恒常的。一个人无论多么地缺乏尘世的幸福,但他只做荣耀神的事——真正的道德行动,他必将获得神的恩典和赐福,在此永恒神圣的幸福中实现德福的完全同一。然而,如果人不具有不同于自然生命的另外一种生命——灵性生命,那么死亡之人也无法消受永恒幸福,人的灵性生命来自神,满足灵性生命的需求才是人对于神的使命,"遵守神命令的,就住在神里面,神也住在他里面。我们所以知道神住在我们里面,是因祂所赐给我们的圣灵"(《新约·约翰一书》3:24),"如果神的灵住在你们心里,你们就不属肉体,乃属圣灵了"(《新约·罗马书》8:9),人唯有将自己的灵性生命全部地奉献给神,绝对地信奉神,以圣灵为绝对的依靠,圣灵才能在人的灵性生命中发挥作用,并由圣灵来成就人的永生和福祉。综上所述,在信仰神的人看来,由神确立的道德和幸福才是无条件正确的,凭借神的大能,人在自己的灵性生命中实现了德福的终极同一性。

既然神是无所不能的,那么祂为什么不将"信仰神"这个命令直接植入人的心灵中,反倒将自由意志赋予了人? 或者说,既然神是全善的,祂为什么不把人造成纯善的? 因为人之自由意志恰恰给人去行恶留下了缺口。如果人的视听言动都被神预先决定了,那么人之善恶就与人无关,只是神之自娱自乐。在人看来,最宝贵的理念是自由,神宁愿不创造完美的人,也要把自由能力赋予人。由于人是自由的存在者,甚至人类拥有背离神（全善）的自由，因此人既可能做出善行，又可能做出恶行；世间众多恶的存在说明，神并没有强迫人必须立即信仰祂，祂给先知降下启示，通过启示经典和言语来引导而不是强制人类弃恶从善。虽然神尊重人的自由权利，但祂不会放任人去作恶；祂不急于惩罚不信仰者的恶行，是为了给不信仰者戒恶从善、忏悔赎罪的机会，神之所以宽容不信仰者，是为了捍卫人的自由权利；由于人拥有自由意志以及自由行动的能力和权利，才能对自身的恶行负完全的责任。由于善只能来自神，因此人行善只是在显现神的全善，是在荣耀神而不是在彰显人的高贵。在人的自然生命死亡之后，人的灵性生命将继续存在，一方面为人的自我同一性提供保障，另一方面人才能成为神之审判的对象；并且人的复活不仅指人之灵魂的重生，而且还包括人之肉体和自然生命的重生，即重现一个完整的、活生生的人，由此，神对人的惩罚才能对人造成真实的痛苦，这种痛苦对现实生活中的人形成了巨大的威慑力，使人对神产生敬畏、恐惧之心而不敢轻易作恶。

　　不同的启示经典涉及人对神之启示的不同理解，正是这些不同理解显明了人的主体能动性，因此，对神的信仰和对神之戒律的遵循都有人的主动性在其中发挥作用，人在对"神"的理解中信仰神，人的精神将人对神的理解和信仰包含于自身之中。将德福同一的希望完全寄托在彼岸的神身上，只是去信仰神，忽视或漠视此岸世界的德福悖论，这必将导致人们对现实生活中的不幸采取逆来顺受的态度。由是观之，德福的彼岸同一性对于有限的人生而言也可能是消极的。在现实世界中还存在着一种情况，即虽然一个人不信仰神——在信仰神的人看来这已经是最大的恶了，或者不知道神所启示的经典，但是他做出的行为却符合神之诫命和律法，那么他的行为仍然是恶的吗？他在人面前是善的，却在神面前是恶的吗？接下来的问题便是，人如何从自身出发，基于其有限性而创造德福之间的无限同一？如果不是完全靠神来保证德福统一，那么追求先验的绝对价值将是必需的，而且这一价值要不断地基于人的反思认同，更为重要的意义在于，这一价值是经验世界得以成立的先天条件,正因如此,德福的先验同一性是其经验同一性的真正前提。

三、德福同一性的先验形态

"先验同一性"与"超验同一性"之所以不同,是因为其中的"一"不同。超验的"一"是神,德福同一性的超验样态是从神出发来思考和完成二者的同一性难题,因为人从经验世界无从达及神,甚至人无法通向神,只能由神来启示人。而先验的"一"为经验事物的形上本原,它不是经验事物却是经验事物得以可能的基础,它不像神那样可以完全超然于经验世界之外同时又在经验事物之中,而是在经验事物之中成为其本质。因此,先验的"一"不在彼岸世界,它所实现的同一性是有限而趋向无限的同一性;由于人之经验性把握是有限的,因此形上本原只能被人的精神所把握,形上本原与人的联结是精神性的,或者说只有通过人的精神,形上本原才能显现自身,先验同一性是从人准确地说是从人的精神出发来寻求事物之间的同一。

从先验视角来看,道德和幸福的最普遍内涵都是在个人精神与全体的交互关系中确定的。虽然道德和幸福可以在经验生活中获得具体的规定,但这些规定都是相对的和暂时的。由于精神追求最普遍的全体或全体之形上根源,当道德和幸福被精神把握之后,它们将会达到自身概念的极大值,道德推廓为全体之善——形上之至善,幸福拓展成全体之好——形上之至福。同一性作为同于"一"性,存在着两大同一方式:一种是将"一"扩展成比德福更普遍的存在形态——终结本原;另一种是把"一"公设为"同一规律",即在德福之间设定普遍必然的因果联系。前者容易转变成独一神,而后者更符合人对客观规律的认同心理。由此,德福先验同一性的根本内核为"全体之善与全体之好如何借助精神的作用,尤其是通过因果律获得一致性"。

从全体或人对全体进行理解的精神哲学观点看来,道德与幸福要达到最大程度的一致性,必须具备三大基本条件:最普遍的道德、最普遍的幸福和最普遍的同一法则。传统中国文化的三大主干正好对此进行了最彻底的思考:儒家把全体视为善的和价值性的,将至善置于最高地位,建立了一个道德世界、价值世界;道家认为道、自然是天地、人和万有的本性,揭示了一个本体(事实)世界;佛教凭借空性、因缘、因果律、涅槃等概念创建了一个亦价值亦事实、超价值超事实的世界。虽然三家对道德和幸福概念以及二者的同一性形成了不同的理解和解决方案,但是从总体上看,儒家对道德(善)概念的理解是最彻底的,道家对幸福(好)概念的理解是最彻底的,佛教对两者同一性的理解是最彻底的。概言之,儒家贡献了至善,道家贡献了至福,佛教贡献了善恶因果律。因此,在中国文化中理解和解决德福的同一性问题,这三家缺一不可,因为它们可以结合成一个有张力、有弹性的统一体,使一个(中国)人无论在什么境遇下都能践行道德并享有相应的幸福。

在探讨道德(善性、善行)与幸福的一致性方面,毫无疑问,儒家将道德置于绝对的优先地位;没有道德、德性和德行,一定没有资格享有幸福,即使享受了这类幸福也是不正当的和偶然的,得之侥幸,失之必然;一个人幸福与否,不是通过道德之外的东西来衡量的,在德福的同一性问题上,儒家最关注幸福是否具备相应的道德资格。其原因在于,儒家用道德和价值性的眼光审视全体,使全体成为价值性的全体,据此,道德概念在全体层面获得了最大的普遍性;因此,儒家视野下的世界是道德世界,其所建立的世界观是道德世界观;由此,幸福被道德化,因而幸福不在道德领域之外,道德行为的完全实现即最大最圆满的幸福。"依儒家的看法,道德秩序(moral order)即是宇宙秩序(cosmic order),反过来说,宇宙秩序即是道德秩序,两者必然通而为一。见此即是见道。"[1]"至善在宇宙的范围内获得圆满,孔子最终形成了关于完全充满着价值的存在之全体的普遍本体论。这是一种真正的价值中心本体论。"[2]所以,严格说来,在儒家这里道德与幸福之间没有同一性问

---

[1]　牟宗三:《牟宗三先生全集》第 29 卷,联经出版事业公司 2003 年版,第 439 页。

[2]　方东美:《中国哲学之精神及其发展》,匡钊译,中州古籍出版社 2009 年版,第 79 页。

题,因为道德一旦实现为道德行动就具有了相应的道德幸福,无须在道德行为之外给予其他幸福作为奖励。

与儒家将其最高概念和世界的本原设定为价值性的不同,道家的终极概念是事实性的,它强调"事实"或"真"的自然呈现,"道家……展现了一个'真'(real)的世界"①,最大的"真"便是"道";道化身为种种存在者是一个自然而然的过程,存在者亦是自然如此地存在着,因此道家的世界是一个事实世界②;因为从道的角度承认每一存在者的存在,每一存在者在存在意义上是平等的,这是最大的事实。每一个存在者都在道这里获得了事实层面上的肯定,而且它们能按照自己的本性自然地存在着,此即事实意义上的好,并且是能够通向全体的好;尤其对于人而言,领悟道及其基本规律,继而追求与道合一,"与道为友"③,将是人的最好存在状态,"致虚极也,守静笃也,万物并作,吾以观其复也。夫物云云,各复归其根。归根曰静,静,是谓复命。复命常也,知常明也;不知常妄,妄作,凶。知常容,容乃公,公乃王,王乃天,天乃道,道乃久,没身不殆"④,"清静可以为天下正"⑤;如是,人成为最幸福的存在者。

---

① 余英时:《"哲学的突破"与中国人的心灵》,转引自安乐哲:《古典儒家与道家修身之共同基础》,刘燕、陈霞译,《中国文化研究》2006 年第 3 期,第 1—22 页。

② 严格说来,道家描绘的"事实性全体"(一切事物的如其所是或自然状态)超越了"事实"与"价值"之分,且能将"事实"和"价值"统摄在自身之中并予以评判和矫正,因为"事实性全体"或道是第一层级的存在,而事实与价值的区分依附于人的主体性和主观判断,因而是第二层级的存在形态。以此为根据,道家批评儒家将第二层级的价值(仁义礼智)上升为第一层级的道,从而违背或扭曲了事物的自然本性。张廷国和但昭明指出:"道家之价值推及宇宙万物之生生不息,从而突破了儒家狭隘的人伦规范,后者在道家看来不过是追求世界合理性的一种机巧,而这恰恰是一种'有执',只有超越'有执'方能达致'无执'之境界,从而成就'生'。……道家之价值落实到生命本身存在的内在价值上,如此一来,天道本身便不再成为价值的束缚,恰恰相反,它成为价值本身得以存在的归属。"参见张廷国、但昭明:《在事实与价值之间——论怀特海的形而上学与道家天道观》,《湖北大学学报(哲学社会科学版)》2008 年第 4 期。

③ 《文子》卷五《道德》,李定生、徐慧君校释:《文子校释》,上海古籍出版社 2004 年版,第207 页。

④ 《老子·第十六章》,高明:《帛书老子校注》,中华书局 1996 年版,第 450 页。

⑤ 《老子·第四十五章》,高明:《帛书老子校注》,中华书局 1996 年版,第 442 页。

在寻求道德与幸福的同一性方面，佛教最独特的贡献在于，通过"因果报应"准确地说是"善恶业报"这样一条"客观规律"来保证二者的完全同一。善恶业报作为善恶因果律，其客观效力必然能实现德福的一致性，如果没有达成这一目的，此规律便不会停止其作用，"一切诸报皆从业起，一切诸果皆从因起"①。由此，德福同一性的圆满实现不以"有情众生"的今生今世为限度，而以善恶业报这一规律是否将自身的必然性力量完全释放为终极前提。因此，有情众生必须将自己的存在形态向过去和未来两个方向延伸，否则便不存在承受善恶业报规律的主体或载体（正因"无我"，所以更要生发同体大悲之愿），由此导致此规律无法对现实生活中的有情众生形成约束。每一有情必须以一切众生得以解脱为誓愿和目的，生菩萨心，"以一切众生病，是故我病；若一切众生得不病者，则我病灭"②，有一有情未离苦海，自己便不入涅槃，要让世间成净土，让染污心成菩提清净心，"却后百千万亿劫中，应有世界，所有地狱及三恶道，诸罪苦众生，誓愿救拔，令离地狱恶趣、畜生、饿鬼等，如是罪报等人，尽成佛竟，我然后方成正觉"③。善恶业报规律包含着严格的奖惩效力，有情众生若能行善便可进入善道，继而升入极乐清净世界，成圣成佛，若作恶就堕入恶道，受地狱、轮回之苦，成鬼成畜生。所以，佛教以善恶业报规律、超人生的主体、轮回流转的奖惩机制为理论核心，开创性地思考、解释和从学理上解决了德福的同一性难题。进一步，佛"不受任何法的约束，不受任何立场的约束。要绝对自由，才能够无碍，无碍才能够全体。他能够不执著不偏，能够圆融，他才能够全体"④。"完全自由是法身，就是无障碍法界本身，也就是宇宙全

① 实叉难陀译：《华严经》卷七七《八法界品第三十九之十八》，林世田等点校，宗教文化出版社 2001 年版，第 1384 页。
② 《维摩诘经·文殊师利问疾品第五》，赖永海、高永旺译注：《佛教十三经：维摩诘经》，中华书局 2010 年版，第 80 页。
③ 《地藏菩萨本愿经·阎浮众生业感品第四》，宣化法师：《地藏菩萨本愿经浅释》，宗教文化出版社 2007 年版，第 218 页。
④ 吴信如编著：《大圆满精萃》，中国藏学出版社 2005 年版，第 235 页。

体。"①既然在佛的全体境界中一切无碍,那么道德与幸福之间的一致或不一致都不是最重要的,关键在于德福之间的转化是畅通无碍的,道德与幸福原本就处于互入互摄、融通无碍的状态。

然而,上面种种阐述形上本原的思路都包含着同一个难题:什么东西能够作为第一本原? 不同的第一本原将生发成不同的"全体世界",每一本原对于其全体世界而言都是最普遍的,但相对于其他本原及其全体世界而言却是特殊的;每一形上本原都将自身作为最普遍者,同时将其他形上本原纳入自身之中并作为自身的某一环节,由此导致了诸形上本原之间的斗争,或者比较范围大小,或者比较价值高低,或者比较力量强弱。但是,它们中的任何一个无法完全替代另一个,因为它们不是第一本原本身,而只是第一本原的某种限定形态;归根结底,第一本原是无法被规定的,同时人动用自身的全部能力也无法完全达及,人始终处于通向第一本原的途中,关键在于保证人之活动的每一步均是合乎道理的。然而,道理本身也需要通过第一本原来确立,由此人将陷入循环论证之中,处于求第一本原而不得的状态。既然形上本原本身无法被确知,那么以形上本原为核心的先验同一性也将处于不确定状态。既然道德的规定是全体之善,幸福的规定为全体之好,那么反倒可以将形上本原公设为"最普遍的善"和"最普遍的好"之统一体,只是这种统一体仍然不是第一本原。由此,德福的先验同一性始终处于未完成状态。

由于"全体"至少包含经验层级、超验层级和先验层级,因此德福同一性的精神哲学形态需要由上述三大同一性样态融合而成,以此为基础,个人才能在各种条件下充分运用自己的精神能力,促成德福之间建立起普遍必然的、神圣的和真实的同一性。进一步,从全体哲学看来,人与万有共在于互联互通的"网络世界"中,这个"互联网世界"或"网络结构"没有"绝对中心",人只是其中的重要"节点"。人的"道德"和"幸

---

① 释太虚:《太虚大师全书》第 1 卷,宗教文化出版社 2004 年版,第 208 页。

福"不等同于万有的"道德"和"幸福",万有之间的"道德"和"幸福"也各不相同。由于人的限度,人类只能根据自身的认知水平和实际能力,推进人与万有之间的和谐共处,推动"人的德福同一"与"万有的德福同一"在整个"生态系统"或"全体系统"中达致协调状态,使人和"万有"都能获得相对美好的存在状态。

第二节　互联网语境下的伦理悖论

根据世界互联网统计中心、国际电信联盟、世界银行和联合国人口司发布的统计数据显示:在互联网商业化元年——1995 年,使用互联网的人数比例仅占全球总人数的 0.4%[1],然而到 2020 年,这一比例已接近 60%,在部分发达国家更是超过 90%。[2] 这标志着人类社会已经全面迈入互联网时代,互联网已经成为社会生活的基础架构之一。与此同时,面对最近二十五年来由互联网技术引发的全新突变,尤其是近十年移动互联网技术的普及,人类的政治、经济、文化、科技、法律、规范、道德等方面还都没有做好充分的准备,尤其是伴随互联网发展而衍生出的种种负面价值和犯罪行为——侵犯隐私、破坏信息安全、网络赌博、儿童色情、枪支毒品交易、网络暴力、网络恐怖主义、网络战争等[3],其中很多问题只服从互联网本身的技术运行逻辑和规律,甚至超出了人类预设的可控范围,由此给人类带来了深重的伤害和重大的损失。伤害他人、他者的行为本身就是恶的、不道德的,使人类的幸福生活遭受挫折乃至挫败。因此,我们必须弄清楚这些伤害的发生机制和运行

---

① Internet Growth Statistics, "Today's Road to E-Commerce and Global Trade Internet Technology Reports", https://www. internetworldstats. com/emarketing. htm, 2022-01-01.

② Kemp, Simon, "Digital 2020: 3. 8 Billion People Use Social Media", 30 January 2020, https://wearesocial. com/blog/2020/01/digital-2020-3-8-billion-people-use-social-media, 2021-01-10.

③ 更多关于互联网的"反乌托邦"(负面)观点,请参看凯茨、莱斯:《互联网使用的社会影响》,郝芳、刘长江译,傅小兰、严正审校,商务印书馆 2007 年版,第 16—22 页。

逻辑,然后再从伤害得以发生的逻辑起点处进行修正,为道德行为和幸福生活提供保障,继而促成道德与幸福之间的一致性。

互联网得以建立的高技术基础是当代的通信技术、计算机技术和信息技术,但其遵循和追求的基础理念是人类最根本层级的思考对象和关切对象——平等理念和自由理念。人类的整个历史进程自觉或不自觉地都受到这类基础理念的引领;人类历史生活的进步之处正体现在不断推进对于基础理念的认识和理解,并通过各种路径和行动保障其现实化。互联网技术的独特之处在于,它运用普遍虚拟(数字化)的方式,最大限度地展示了人类在思想层面所追求的绝对平等和绝对自由。但是历史生活中的实际经验已经告诉人类,绝对平等和绝对自由不但不可能,而且必然引发种种争斗和悲剧,甚至平等理念与自由理念之间也存在着悖论关系,即思想层面的诸种"正义"理念——正当性——之争引发了现实世界里的流血冲突。然而,互联网所构造的虚拟世界带给人类走向绝对平等和绝对自由的通道,身处互联网空间之中的"匿名者"以平等和自由的名义突破一切规则、界限和底线,平等沦为个人或集体攫取最大利益的工具——"别人享受什么,自己就必须享受什么",自由成为无所顾忌、肆无忌惮甚至欺辱他人的辩护词。由于每一个人都可以成为无任何确定身份的匿名人——人格的自我分裂或自我解构,每个人都可能运用技术手段规避和逃脱自己言行所必须承担的责任。在历史生活和现实生活中,人类缓慢而审慎地推进平等和自由的实现,似乎二者的完全实现是遥遥无期的,且必须是遥遥无期的,然而互联网完成了一种根本性的颠覆,不同的电脑在技术层面的平等地位和信息共享实现了最彻底的平等和自由,唯一的限制只是技术本身的限度,即计算机技术本身的物理极限、化学极限、生物极限和运行逻辑。据此,在无限制的互联网境遇中,对彻底平等和自由的追求不但没有促成平等和自由的实现,反而造成了种种伤害,由于"伤害"天然地属于不道德和违背伦理的范畴,会导致种种不幸的发生,因此互联网因其平等属性和自由属性引发了相应的伦理悖论、道德悖论。与此同时，互联网对现实世界的虚拟原本是为了实现平等和自由，然而虚拟世界中生成的伤害却给现实生活中的人带来了实质性伤害。由此可知，在互联网语境中，或者在现实世界与互联网相互交织的情境中，存在着三大基本伦理悖论：平等悖论、自由悖论和"虚拟—现实"悖论。如何从伦理学角度破解这三大悖论，是互联网时代的人类过上道德生活和幸福生活的重要前提，或者说需要在三大悖论的结构中思考道德与幸福的关系。由于伦理道德是关乎善的价值体系和价值谱系，因此三大伦理悖论的破解之道在于，将善的理念（morally good）置于平等理念、自由理念和虚拟化之上，用基于至善或最高善（the highest good）的价值逻辑约束、调整和引导基于"好"（good）的事实逻辑。换言之，就是用基于善的道德价值规范基于自由的幸福诉求。

互联网运用虚拟手段彻底地实现了人类的平等理念和自由理念，正因其彻底性或普遍性，致使平等、自由以及现实与虚拟之间的关系发生异化，借由平等否定其他个体的独特性和所有权继而走向同质化，借由自由拒绝任何限制乃至突破一切界限和底线，借由虚拟逃避一切现实责任甚至肆无忌惮地作恶。由是，互联网从平等和自由的成全者异化为种种伤害行为的制造者和传播者，"互联网对社会心理革命性的影响主要表现为人的异化——互联网可以使得任何事物和人发生'异化'，把原来的东西异化成另外一种东西。促使事物和人的异化力量，在历史上也是一直存在着的……但从来没有一种东西，能够像今天的互联网那样促成事物和人的剧烈异化"[①]。如果平等和自由是人类社会追求的终极目的，那么对它们的每一步推进都是好的、善的，因而具有正当性；然而在互联网空间中，平等和自由不是这个虚拟空间的最终目的，而是原初的起点，基于互联网的先天架构，互联网空间天然地是平等的和自由的；因此需要防范的不是对于平等和自由的限制——况且根本限制不住，而是对它们的滥用，更为糟糕的是这种滥用能够从虚

[①]　郑永年：《互联网时代的人类异化》，《联合早报》2018 年 2 月 13 日。

拟状态转变为现实状态——虚拟世界对现实世界的反作用,继而造成真实的伤害。伤害的发生使得伦理学和道德哲学成为人类所必需的文化资源,因为伦理道德的根本作用之一是限制恶、减少伤害,因此互联网因其消极面而必然落入伦理学和道德哲学的考察范畴。

　　道德的关切是"任一主体"——可以是单个的人,也可以是家庭、组织、国家,还可以是人类整体,甚至是其他非人的存在形态,如动物或生态系统——如何成为一个好(good)的主体? 更准确的说法是,"任一主体"如何成为一个善(morally good)的主体? 如何做出真实的善行?然而,如果没有另一个主体在场,或者没有与另一个主体处于联结状态,那么"任一主体"的善只能以空洞的、抽象的自我认同和宣称为基础;反之,"任一主体"必须通过与另一主体的关系来确证自身的善。除非"任一主体"是唯一的主体,即独一神,否则"任一主体"单方面确立的善性和道德律都不具有客观性、普遍性和正当性,即便是神也需要作为另一主体的人基于绝对信仰来展现其善性和道德。由此,单一主体无法确立善,反言之,任何善都不指向单一主体,善生成于不同主体之间的联系中;所以善关涉的是"我们",而不只是"我"。当"我们"之间共同确证了善的内涵时,"我们"便成为一个伦理概念,换言之,"伦理"体现为"我们"之间形成善的联结,这里的关键在于伦理不是局部的善,而是整体或全体的善,所以"伦理"的最彻底含义为"一切主体之间形成善的联结状态"。如何形成这种状态? 其着眼点不在于任何两个主体如何形成善的联结状态,而在于以全体的至善(the highest good)为最高标准,它们才能具体地商讨和界定二者之间的善的联结状态,所以伦理既要求"任一主体"成为善的主体,又要求它对善的理解必须以全体达到最好状态(the best good)为根据。因此,伦理的追问是:"我们"如何在一起?[①] "我们"如何在一起是最善的? "善"位于"你—我"的良性关系之间,如果"你"是"我"的对象,或"你"是"我"的潜在对象,那么"你"就

—————————

① 樊浩:《伦理,如何"与'我们'同在"?》,《天津社会科学》2013 年第 5 期。

不仅是人类主体,而且可能是非人类主体,即"我"与"你"之外一直在场的"第三者"或"他者",最终的推廓是一切存在者都有资格作为"主体","任一主体"必须在所有主体组成的全体世界中来思考、界定和践行自身的善。所以,将"主体之间的善的联结状态"(单一的善)与"全体的至善状态"(普遍的善)结合起来才是真正的伦理状态。由此可以看出,道德无法脱离伦理语境或"伦理场",伦理是道德的必要条件,换言之,伦理优先于道德。与此同时,伦理之善必须落实为主体的内在品质和道德行动才具有真实性,道德推动着伦理的现实化,所以,"伦理—道德"一体才能保证伦理学和道德哲学的合理性[①]。

从本质上讲,网络伦理学不仅仅是应用伦理学的一个分支,而是在所有方向拓宽了伦理学的视域。从实践的角度来看,网络道德适用于各种具体情况。从理论角度来看,互联网伦理学表明伦理学不仅仅适用于对个人决策的影响,更重要的是对社会技术功能设置方面的影响[②]。结合互联网的三大精神特性及其所造成的伤害,由此可推论出互联网语境中的三大伦理悖论。

一、平等悖论

从人类的历史经验和现实生活看来,不平等才是普遍存在着的真实状况,无论人自身具有的天赋条件(智力、健康、性别、力量等),还是其所处的社会环境(政治、经济、文化、教育、家庭、科技等)与自然环境(资源、地理、气候等),即无论从先天情况还是后天情况出发,都无法为平等找到真实的基础。对此,哲学家不断地悬置人与人之间的种种差异,以便为人类找到共同共通的基础,这一"基础"必须对任何人而言都是相同的,基于这一相同的"基础",才能为人与人之间的平等性进行辩护和奠基。一般性的策略为追问"人之为人的本质规定是什么",各大哲学学说给出了不同的根本性规定,伴随着根本规定的不同,人与人之

---

① 樊浩:《当今中国伦理道德发展的精神哲学规律》,《中国社会科学》2015 年第 12 期。

② Murukannaiah, K. Pradeep, and Munindar P. Singh, "From Machine Ethics to Internet Ethics: Broadening The Horizon", *IEEE Internet Computing*, Vol. 24, No. 3, 2020.

间的平等性基础亦随之改变。

迄今为止,人类并没有在平等方面达成完全的共识,因此人类对于平等的思考和落实依然有待完成,或者始终处于对话和调整状态。不过,互联网科技给出了一种相对彻底的转化方案,即由于人类可以被转换成一串二进制数字,因此其在可被数字化编码的意义上是平等的,可以表述为"数字面前,人人平等"。"互联网填平了世界和人之间不平等的沟壑",在相互连接的网络面前,"世界是平的",①这里的"平"是指"平等性"。这种思维和实践方式类似于将每个人打散成最基本的原子或粒子,在原子或粒子层面,"人"与"人"之间不存在根本的区别,因而是绝对平等的。所以,人类在现实生活中苦苦追寻的平等理念,在其连入互联网的瞬间便达成——每个人都是站在平等的基石上开始自己的数字化生活。在互联网语境中,至少从技术架构角度讲,平等意味着每一 IP 地址、每一信息节点、每一信息通道都是平等的,而不在于使用它们的人是平等的。然而,使用互联网的人并不会自觉地自身被数字化为 IP 地址、信息节点、信息通道,而是借助它们的平等属性,试图占有其他信息节点的数据资源,以便自己在现实生活中获取真实的利益。尤其是精通电脑技术、信息技术、互联网科技的高技术人才,他们更容易攫取其他信息节点的资源,再通过技术手段对已经占有的信息进行加密,而不与他人共享信息,由此形成"技术富有者""信息富有者"与"技术贫困者""信息贫困者"两大群体。前者很容易将丰富的数据资源作为自身发展的"资本",展开谋利活动,造成后者因技术和信息的落后在现实生活中的赤贫。

互联网中的绝对平等原本是为了打破信息权威或信息的中央控制式结构,然而由于互联网的高技术本性或极高的技术门槛,致使高技术人才、组织和国家极容易成为新的权威者,所以互联网的绝对平等所造

---

① 托马斯·弗里德曼:《世界是平的——21 世纪简史》,何帆、肖莹莹等译,湖南科学技术出版社 2008 年版,第 7 页。

就的非但不是人与人之间的真实平等，反而是人与人之间的不平等。这种不平等甚至比政治上、人格上的不平等更彻底，因而具有更大的破坏性：一方面，因为支撑互联网呈现平等精神的技术本身由使用代码（code）的高技术人才所掌握，如果不经过专门而深入的训练，一般人无法认识、理解和运用深层次的互联网技术，继而无从知晓怎样才能维护好自己的权益，"技术代码由技术要素依照一定规则组成，规则有目的性，依规则组成的技术代码有价值偏向，是价值负荷的"①。另一方面，互联网的平等属性导致平等主义，从而将一切信息拉"平"，重要的不是信息的质量和价值，而是想不想发出信息，这类信息几乎只对发出者有意义，"在'变平'了的世界里，人们可以任意编辑和发布信息，……网站上充斥着各行各业、毫无价值的信息"，"在这个新的数字时代，我们每天面对的是充满混乱和困惑并丧失真理的冰冷世界。……真理正在'变平'，每个人的'真理'都和其他人的'真理'一样正确"，②平等非但没有使高质量的信息得到良好的传播，反而使之淹没在众多平庸的信息之中乃至被孤立，由是，平等不但没有提升社会整体的素养，反而将社会的"品味"降低到一个不能再降的水准上，导致人类集体地平庸化、浅薄化和碎片化。

进一步，人工智能和无处不在的计算时代激发了跨文化数字伦理（Intercultural Digital Ethics）领域。跨文化数字伦理旨在通过从不同文化和社会角度研究数字技术引起的伦理问题。例如，为什么多元伦理方法对理解数字技术的影响很重要？数字技术如何以不同的方式影响不同的文化和社会群体？不同社区如何看待诸如隐私、同意、安全和身份等数字伦理问题？是否可以为数字技术设计一个符合不同文化伦理价值观的治理框架，同时在国际层面协调这些框架？数字信息技术

① 安德鲁·芬伯格：《技术批判理论》，韩连庆、曹观法译，北京大学出版社 2005 年版，第189 页。
② 安德鲁·基恩：《网民的狂欢：关于互联网弊端的反思》，丁德良译，南海出版公司 2010 年版，第 15—18 页。

是否代表了一种新形式的殖民主义和剥削？在上述问题的研究者看来，人工智能社区应该在其技术实践中嵌入"非殖民化的关键方法"，"将继续承受创新和科学进步负面影响冲击的弱势群体置于中心"；否则人工智能的种族化会加剧它们所反映的偏见，导致"社会不公的恶性循环"。[①]

二、自由悖论

相比于平等理念，现实世界中的人更喜欢追求自由理念。这是因为，无论人类如何高扬自由、阐释自由，其本质都是在用一种"定义"把自由规范下来，即自由的实现必须以对自由的限定为前提。然而，回归人类的最直接感受和判断，自由的规定就是无规定，自由就是无拘无束，自由就是想干什么就干什么，自由就是不顾任何后果的冲动，自由就是任性放纵……概言之，自由就是不被规定、无须规定。而平等概念则需要其他的规定条件，因此从概念的本性而言，自由比平等更彻底，更加没有约束性，具有更加丰富的可能性，因而也更难达到，对人类产生的诱惑也更大。

在互联网中，"唯一的规则就是没有规则"[②]，其自由已经实现了无规定性，一切的界限都可以且能够也必须被打破，一切的存在形态都必须呈现完全的开放状态，因为所有信息的基础都是相同的——0 和 1，它们之间不存在根本性的差异，或者说互联网中的电子信息对互联网本身而言是清楚准确的，只是对人类及其组织而言，才需要对部分信息进行"遮蔽"，但是这种方式只对人的认知有效，对互联网本身无效。互联网本身提供了人类追求绝对自由的"场所"，然而那些追求绝对自由的人遗忘或不顾及，互联网意义上的界限对现实生活中的人来说极可能是基本权益和"底线"，如果这些权益和底线本身是正当的，那么以自

① Aggarwal, Nikita, "Introduction to The Special Issue on Intercultural Digital Ethics", *Philosophy & Technology*, Vol. 33, No. 4, 2020.
② 安德鲁·基恩：《网民的狂欢：关于互联网弊端的反思》，丁德良译，南海出版公司 2010 年版，第 70 页。

由的名义否定并突破别人的权益和底线便是一种恶行,它必然会造成相应的伤害,这就相当于为了达到"绝对自由",人们必须赤裸裸地相见,必须容许别人透视或剥掉自己的衣物和遮羞布。同时,信息尤其是负面信息一旦公开地在互联网空间中传播,那么对信息的彻底拦截将是不可能的,因为信息传播的路径组合几乎是无穷多的,如果传播者采取匿名方式和加密技术,最终的结果是:信息被广泛地传播,却找不到传播者,由此无法找到为此行为进行负责的主体。所以,互联网中的自由就是信息的绝对共享和流通,处于绝对流通状态的信息在消解一切主体(个人或组织机构)及其权限的同时,也消解了任何一个确定主体的存在。最终说来,互联网只是由无数的"信息流"形成的,不存在统一的信息主体,"网络没有物理中心,这意味着它没有为网络信息的流动承担责任的道德中心"①。然而,对于现实生活中的主体而言,他对与其自身相关的信息拥有天然的所有权,受到特定法律法规的保护,任何未经允许的使用和传播都是不正当的;而一切主体在接入互联网的那一刻起,瞬间变成赤裸裸的状态,不存在丝毫的隐私和隐蔽处。正因如此,对互联网的规范,其目的是给主体穿上遮羞布和适宜的衣物,使主体能够捍卫自己的权利和尊严。

三、虚拟—现实悖论

互联网世界的本质为运用技术手段,将人的精神世界或思想世界"呈现"为一个虚拟世界,而且每一个人的精神世界都能够与这个虚拟世界连通起来。人们先将自己的思维信息转化为电子信息,再传送到网络虚拟世界中,同时与其他人共享这个虚拟世界中的信息,人与人之间还可以通过虚拟世界这个中介进行信息交流,"二进制的数字表达方式,是把思维从头脑中、从思维空间中解放出来的中介方式,是思维行为化的中介工具。……思维成为如同行为过程一样的实实在在的系

---

① 理查德·斯皮内洛:《铁笼,还是乌托邦——网络空间的道德与法律》,李伦等译,北京大学出版社 2007 年版,第 38 页。

统,它是看得见的,可重复的"①。所以从根本上讲,互联网世界只负责呈现和展示信息,以及信息之间的相互镜像作用,它本身并不会对信息的真假、善恶进行甄别,只从信息是否能够被电子网络技术所识别和传播来衡量一个信息的"好"与"坏"——有效性。因此,对互联网世界的最底层结构而言,只存在科学技术方面的标准和限制,而不存在其他任何限制,因为它本质上是科学技术的产物,只能通过技术手段对互联网世界给予暂时和局部的限制,除非完全摧毁科学技术本身,否则互联网世界都会遵循自身的技术规律。

由于信息在互联网世界中是自由地传播的,因此并不存在绝对封闭的电子信息,但凡互联网空间里的信息都通过技术手段被复制和传播,也即互联网空间里并不存在真正的隐私。因为所谓的"隐私"也必须服从电子技术本身的普遍法则和规律,因而互联网空间中的"隐私"对电子技术而言是可识别的、普遍的和公开的,一切都是清清楚楚、明明白白的。对于一个人而言,其真正的隐私只存在于思想深处,除非他主动表述,否则其他人无法了解其最隐秘的想法,或者说他自己也无法用一种普遍的、具有共通性的呈现方式来表达自己的原初想法。正是在这种"隐秘"的地方,善与恶的念头一并生发,因为人在自己的思想中是自由的,其极端的呈现形态为,要么追求全体的合理性和合法性,要么只贪求个体的私利,越向前者靠拢,则越容易生发善念,反之,越向后者靠拢,则越容易生发恶念。由于自身的有限性,人对全体的认知始终处于未完成状态,因此并不能完全保证自己所理解的善一定是善的和正当的,故而恶念始终具有存在的可能性;虽然人头脑中或思想中的恶念很难根除,但它们往往局限在个体或局部范围之内,只具有局部的影响力,然而虚拟世界因其自由性,可以从一点扩散为整体——从"一"瞬间通达"全体",恶念瞬间无限地被复制成邪恶之流,"诱使我们将人类本性中最邪恶、最不正常的一面暴露出来,让我们屈服于社会中最具毁灭性的恶习;

---

① 陈志良:《虚拟:人类中介系统的革命》,《中国人民大学学报》2000年第4期。

它腐蚀和破坏整个民族赖以生存的文化和价值观"[①]。与此同时,"邪恶之流"可以弥散在整个互联网世界中,虽然对于现实世界中的人而言只是观念性的存在,在没有转变成真实的恶行之前,一般不会造成客观的实质性伤害,但是它们可以对主体形成精神伤害,继而引发实质性的伤害。

由是发现,通过电子网络技术,单个人的恶念和恶行被虚拟化为可以无限传播的"邪恶信息":一方面,这些信息释放了人心中的"恶魔",并在一定条件下助推人去作恶,即由虚拟化的邪恶信息转化为真实的恶行;另一方面,如果将可能发生的恶行转化为符号信息,从而在虚拟空间被表达和释放,那么潜在的实质性伤害将转变成虚拟化的伤害,然而悖谬的是,符号化的伤害因其无限传播性质,使其更容易给现实生活中的人造成伤害。

第三节　互联网时代促进德福同一的保障条件

互联网的原初状态、本然状态即是平等的和自由的,同时它用虚拟的、可普遍化的方式表达着真实的内容,互联网从技术层面真实地实现了信息("数字身份")之间的平等和自由。在此基础上,需要关切的不是互联网如何实现平等、自由,而是限制它们的异化。克服的办法在于,将善的理念置于异化链条之上,以善为标准,根据具体条件调整平等和自由的实现方式与程度。互联网运用技术手段在事实层面实现了平等和自由,然而对人类而言,平等和自由不但位于事实层级,更位于价值层级,必须在价值系统中综合地考量平等和自由的"作用场"。在价值系统中或对位于价值系统中的主体而言,平等是好的,自由也是好的,甚至可以说自由比平等更好,然而如何能够做出这类判断? 我们往

---

① 安德鲁·基恩:《网民的狂欢:关于互联网弊端的反思》,丁德良译,南海出版公司 2010 年版,第 159 页。

往会陷入众多"好"之中,陷入"好"的相对性里,而问题的关键在于我们缺乏一种全体眼光。从全体角度出发,我们会逼近"最好","全体处于最好状态"的本质是"每一主体处于最优状态",因为全体之中不止存在一个主体,任何一个主体都没有足够的权力只追求自己的最好状态,而不顾及其他主体的最好状态,随着主体的增多,每一主体都将重新调整自己的状态,直至达到全体层面,整个全体呈现为最好状态;与此同时,每一主体也达到自己的"好的状态"但不是"最好状态",其本质是每一主体为了使全体达成最好状态而进行了自我约束和牺牲,一切主体以"全体的最好状态"为目的才能和谐共处,而最大的善也莫过于"全体处于最好状态"和"一切主体和谐相处",所以"全体的最好状态"即是"至善状态"。平等和自由都是以"主体的好的状态"和"全体的最好状态"为目的,因而以至善为限定条件。

一、至善优先于自由

既然互联网已经渗透到人类生活的方方面面,那么它给整个社会乃至自然环境带来的负面影响便是无孔不入的,对此,人类不可能只通过单一或几种路径给予有效应对,而是必须综合地、成体系地运用人类已有的全部技术和智慧,据此给出系统性的解决方案。

首先,互联网是一种高科技产品,它以高技术为事实基础,由于互联网的发展速度、内容以及变化形态都远远超出了人类已有的历史经验范畴,通过以往的经验很难对之形成有效的管理和约束,因此源自技术的问题(如恶意软件、蠕虫、木马、垃圾邮件、追踪和盗取用户信息、怪客[Cracker]破坏行为、网络攻击)应首先采用技术(如软件、代码)手段,"专家有特殊的义务确保他们的行为有益于依靠他们的人,因为他们的决定比普通人能产生更为严重的后果"[1]。

其次,现行的法律制度主要以国家为界限,然而一方面互联网本身

---

[1]　迈克尔·奎因:《互联网伦理:信息时代的道德重构》,王益民译,电子工业出版社 2016 年版,第 385 页。

并没有国界限制,另一方面互联网的根服务器和最主要的互联网公司都在美国,使互联网上的言论受美国宪法第一修正案的保护,因此其他国家在制定有关互联网的法律政策时不得不审慎地对待美国的言论自由法案;同时,最先进的互联网技术由美国人掌握,他们可以通过技术手段突破其他国家的网络管制,对此,其他国家又无法给予相应的法律制裁。虽然情况不容乐观,但是在充分理解互联网规律的前提下,回归人的最基本权利,制定相关法律规范依然是十分紧迫的,"对主权国家而言,领网是继领土、领空和领海之后国家主权的重要组成。在网络时代,没有网络安全就没有国家安全;没有网络内容安全,就没有网络安全;没有网络内容治理,就没有网络内容安全。网络内容治理已成为网络时代国家治理的新领域,网络伦理是实现网络内容治理不可或缺的重要途径。不发挥网络伦理的独特作用,网络内容治理就难以长久奏效"①。

再次,在现实生活中发生强大作用的互联网,其直接推动力不仅是平等精神和自由精神,更是经济利益,由此激烈的市场竞争在所难免。一方面,通过充分和良序的市场竞争,消费者才可能享受价廉物美的服务和体验;另一方面,有消费就有供应,有邪恶非法的消费欲求就有与之匹配的供应链,而互联网因其匿名技术或"洋葱路由"使邪恶非法的交易无法被追踪,"Tor 依靠对计算机操作多次加密,通过多个网络节点(即'洋葱路由器')选择路径,来隐藏计算机操作的来源、目的地和内容。Tor 的用户是无法被追踪的,使用 Tor 隐匿服务的这些网站、论坛、博客也无法追踪,它们使用的是同样的流量加密系统来隐藏定位"②。

最后,接入互联网的主体是虚拟甚至虚假的主体,现实世界中的主体通过技术手段可以将犯错犯罪成本降到极低程度乃至零成本,正因

①　李伦:《国家治理与网络伦理》,湖南大学出版社 2018 年版,第 1 页。
②　杰米·巴特利特:《暗网》,刘丹丹译,北京时代华文书局 2018 年版,第 2 页。

如此,对主体德性修养、道德自律的要求反倒提升到了无以复加的高度,绝对自律才能从源头处消除绝对自由之恶果,"至关重要的是在网络空间中传承卓越的人类的善和道德价值,它们是实现人类繁荣的基础。网络空间的终极管理者是道德价值而不是工程师的代码"①。

以上四种解决互联网伦理悖论的路径是已知的主要策略,其要点不在于它们是不是最完备的方案,而在于它们是否将至善作为最高限定条件,同时它们之间是否形成促进至善的生态连接系统。

二、培育责任主体

互联网的平等、自由和虚拟与现实之间之所以导致相应的伦理悖论,除了因为它们在绝对化自身(无条件地普遍化)过程中必然发生异化,以及互联网中的主体没有将至善作为最高的约束条件、标准和目的外,更为独特的原因在于,互联网在其技术本性上消解了主体。一方面,在互联网世界里,一切存在皆为流动的电子信息,皆是比特,互联网就其自身而言并不存在一个或多个统一的主体;另一方面,现实生活中的人或其他主体借此高技术特性可以隐蔽自己的真实信息,以随机的通行数字编码呈现自身,"匿名+随机"的组合无法生成"同一性",没有同一性就无法建构出主体。无论从互联网的同质化技术本性,还是从真实主体在电子虚拟空间中自我同一性的消解或彻底丧失,必然推出的结论是:主体死了。在宗教信仰语境中,上帝死了,人的信仰世界、道德基底崩塌了,人变得肆无忌惮起来,但人的主体同一性还在,人依然是作为一个统一的人面临责任与惩罚;一个人死了,一切的责任与惩罚对其自身而言不再真实,但是因为他曾作为一个真实的主体存在过,因此他的名字或称谓将继续作为其同一性的标识,他依然会作为一个统一体接受评判,此即一个人的自然生命乃至精神生命虽然"死"了,其主体性却是不"亡"的。但是互联网不仅从概念层面,而且从技术层面实

---

① 理查德·斯皮内洛:《铁笼,还是乌托邦——网络空间的道德与法律》,李伦等译,北京大学出版社 2007 年版,第 44 页。

际地杀死了主体,或者说用高技术消解了真实的具有同一性的主体,主体接入互联网的瞬间,它不但"死"了而且"亡"了。既然"主体"不存在了,那么"谁"来为互联网中的负面信息及其所造成的伤害负责?如果无须为"恶"负责或者可以逃避责任,那么主体便没有存在的必要性,或者说作恶的主体倾向于消解主体。在此意义上可以说,互联网是滋生犯罪行为的"天堂",因为企图作恶的主体喜欢利用互联网的无主体性而做出恶行,并能逃脱相应的惩罚,"互联网更可能会增加社会的分裂(social fragmentation)而不是促进社会的共识(social consensus)。的确,我们有理由严肃地看待一个更令人担忧的焦点——互联网将导致道德的无政府状态(moral anarchy)"①,无政府的道德即无主体的道德,没有为不道德活动担责的主体,互联网必将走向混乱。

将至善即"全体之最好状态"作为最高价值之后,它必然要求每一个主体从全体出发,既要在与其他主体的关系中确立善,更要在与全体的关系中确立至善,并用至善来调整具体的善。如果将互联网作为全体的一种表现形态,那么为了实现互联网的至善状态,互联网的无主体性恰恰要求介入互联网的每个主体促成善行,并为每一份恶负责。互联网语境中的"我"即是"我们","你"即是"我们","他"即是"我们","它"(人类的组织机构)即是"我们","我们"分布在互联网的每一个节点上,既然没有主体为互联网的负面影响力负责,那么现实生活中的每一个主体都必须担负起整个互联网的罪责。罪责不属于某一个或某些主体,而属于每一个主体,没有主体能够完全置身于罪责之外,因此必然要求每一主体进行自我净化。"个人面对庞大的社会整体将不再是一个弱小的个体,而是真正意义上的主体,更加具有自觉性,他将自身的本质赋予社会,使社会为了个人而存在,同时将社会的本质内化于自

---

① Gordon Graham, *The Internet: A Philosophical Inquiry*, London: Routledge, 1999, p. 83.

身,使自身成为全面的社会主体。"①所以,"'我们'依然只能是我们,所有人,你和我。由我们承担起各自的责任来建造新型网络社会,要告诉全人类,意识到自己的责任,要对我们的事业充满信心。事实上,我们的社会要想管理和引导好这个空前的科技创造,只有靠你和我和其他所有人为我们所做的负起责任,我们要感到我们身边所发生的都与我们的责任有关"②。

对互联网三大伦理悖论的消解,需要将"全体之至善"置于最高地位,平等、自由和"普遍化的虚拟"都必须以至善为旨归。一方面,至善的实现需要主体的存在及其扬善行为;另一方面,针对互联网的负面价值及其无主体性,要求每一主体自觉自发地担负起整个互联网世界的罪责。在互联网语境中,至善理念优先性的确立和主体责任意识的建立,其目的是培育道德主体,或者说促成主体做出道德行为,因为"匿名主体"在网络世界中做出不道德、非道德的言行是极其容易的。而基于互联网互联互通的技术特性,使人类对自由理念的追求提升到了一个新的高度,在互联网空间中自由自在、无拘无束、无所待地生活,这正是人类对幸福的本质性诉求。由此,在道德生活与幸福生活之间形成紧密连接的前提是在善与自由之间形成具有合理性的联结。

综上所述,人类既享受着由互联网的平等、自由和虚拟化带来的福祉,又遭受着它给人类带来的伤害。这些伤害不是简单地来自邪恶目的,而是互联网世界里的绝对平等、绝对自由和普遍的数字化虚拟必然会导致的相应悖论:在追求绝对平等的过程中打破一切不平等;在追逐绝对自由的历程中摧毁一切限制;将现实的伤害虚拟化,并把虚拟化的伤害更普遍地现实化。问题的症结在于,人类将平等以及更为重要的自由视为最高价值,使自由概念及其逻辑展开失去了约束,自由逐渐走

① 常晋芳:《网络哲学引论——网络时代人类存在方式的变革》,广东人民出版社 2005 年版,第 88 页。
② 曼纽尔·卡斯特:《网络星河——对互联网、商业和社会的反思》,郑波、武炜译,社会科学文献出版社 2007 年版,第 298 页。

向自身的反面——任由自己,继而造成破坏。防止自由走向伤害的最好方法是将自由引向善,将善作为自由的最高限制条件,即无论信息如何在互联网中自由地流通,它们都不可以被用于邪恶目的,基于互联网对恶的传播也是无穷的,因此互联网更应该关注善、制造善、传播善,让善拥有更强的话语权和力量。而且对善的理解要提升到全体层面,善追求的是让全体呈现最好的状态,即至善状态,而不是将某一种善拔高为最普遍的善,否则会造成善与善之间的悲剧性冲突。善的现实化和恶的消除都离不开主体意识的觉醒及其合乎伦理道德的行动,于无限虚拟的、无主体的空间中建构和捍卫自己的主体性,勇敢无畏地担负起自己的责任,才能彰显人类的伟大、自由、良善和美好。人类需要时时警醒的是,电脑、比特、互联网固然强大,但绝对不能崇拜它们,因为"我们不断地证明着一点:我们可以无限地降低标准,从而让信息技术看上去很美"①,正是每一个活生生的、独一无二的人对单一数字技术标准的不断服从,才让自己变得无比渺小,匍匐在其脚下,失去自己的主体性,同时也放弃和逃避自我担当,"如果你想成为文明数字文化中的一员,就请像对待任何其他文明领域一样来对待网络,使用相同的标准与人得体交往;不管是处于虚拟空间还是实体空间,人们都同样真实"②。

第四节 互联网时代的德福同一路径

一、互联网时代的特点

实现道德与幸福之间精确的、普遍必然的同一性,是人类社会孜孜以求的理想。从古代社会到现代社会,人类力图通过不同的路径推进

① 杰伦·拉尼尔:《你不是个玩意儿:这些被互联网奴役的人们》,葛仲君译,中信出版社2011年版,第32页。
② 查特菲尔德:《你不可不知的50个互联网知识》,程玺译,人民邮电出版社2013年版,第47页。

德福之间的一致性联系。在古代社会,因生产力水平较低,侧重于从精神角度探究道德与幸福之间的内在联系,尤其看重神灵信仰、宗教道德、伦理规范和道德修养的意义。在现代社会,随着生产力水平的巨大提升,人类社会偏重于从物质基础出发,为德福之间的一致性提供现实的保障,特别看重制度安排和现实利益的作用。所以,前互联网时代对德福同一性难题的探究,是以精神世界、物质世界以及两个世界的交互作用为根本前提的,德福之间的不一致,根源于精神世界与物质世界的分裂。

互联网时代是人类社会开启的全新时代,在人类历史上,不曾出现过这样高度互联互通的社会形态,只存在过互联互通的精神形态。互联网的技术本质是将"万有"转化为数字信息,对数字信息进行集中处理,形成开放性的数据库,为人类社会的生产生活提供信息保障。互联网的精神本质是信息可以在"节点"之间无阻碍地流动,通过对信息同等程度的占有能力实践了人类的平等理念,通过信息可以在"节点"之间任意传送实践了人类的自由理念。互联网的社会本质是人类如何在接近绝对自由和绝对平等的虚拟环境中,助推现实世界的良序发展,推动虚拟空间与现实世界之间的良性互动。

互联网技术作为一种具有革命性意义的高技术,促使人类重新反思乃至重新建构既有的核心理念。互联网没有"中心",没有中心"节点",各个节点之间没有"中心"与"边缘"之别,从技术层面讲,每个节点都能享有其他节点的信息,因而每个节点之间具有平等性。由于每个节点处理信息的方式是相同的,没有中心节点与边缘节点的区别,每个节点都处于开放状态,因此信息便能够在各个节点之间自由流通,体现了自由精神。互联网的独到之处在于,运用数字化信息创建虚拟空间,在虚拟空间里,代替人类的部分实践活动,或者建立数据模型、优化行动方案,继而指导现实中的具体行动。

二、互联网时代"德福同一的三大形态"

基于互联网的自由、平等和虚拟化的三大特性,在互联网时代,"德福之间的同一性形态"包含三个环节或形态：

　　一是德福同一性的自由形态。道德概念、幸福概念经过互联网的"折射"或"转化"，发生了新的变化。"去中心化"对应着平等精神和平等理念，"信息的无障碍流通"对应着自由精神和自由理念，"数字化的虚拟世界"对应着"空间生产"和"空间的再生产"，其中最重要的基础是信息的自由流通。没有能够自由流通的信息，没有信息的自由流通属性，互联网的平等性、自由性、虚拟空间就没有实质性的基础和保障。所以自由才是互联网的核心精神，也是互联网不断发展的核心动力。人类的道德体现了人类能够自由地追求善，能够自由地、自主地与他者建立善性的联结。在前互联网时代，人类的道德是基于风俗习惯、伦理场域而习得的，是在具体的生活场域中培育出来的。在互联网时代，除了在自身所处的场域中培养道德品性外，人类在网络空间中可以见识更多的道德形态，如果能在现实生活中践行这类道德知识，那么人类的道德建设将变得更加全面。其实，互联网空间带给人类的幸福感受比道德感受更加丰富多元，因为幸福寻求的是任何对自身而言的"好"——各种各样的"好"，而道德追求的是让一个整体处于最好状态的好——"最好的好"。在互联网中，任何一个"节点"都能接收来自整个网络的海量信息，因而能自由地在全网搜罗对自己而言是好的信息——海量的"好消息"，不断获得幸福感，不论这种"好"是道德的、道德中立的甚至是违背道德的，只要能给主体带来"好"的体验，对这个主体来说就是幸福的。由此可见，在互联网时代，道德概念、幸福概念都会因互联网的自由精神而拓展自身的内涵和外延，道德与幸福也需要在自由精神的引领下达到新的同一性。在互联网中，我们每一个人都具有平等的地位，每个人可以自由平等地追寻自己的道德和幸福，自由平等地寻求自身的德福一致，通过在虚拟空间获取的道德知识和经验、幸福知识和经验、德福同一模式，促成现实生活中的德福同一。

　　二是德福同一性的异化形态。从设计层面讲，基于自由理念，在互联网的节点与节点之间建立了尽可能多的联结通道,从平等理念出发,消除了节点与节点之间的区别。从技术层面讲,互联网运用数字信号的无障碍流通实践了自由理念和平等理念。从现实层面讲,互联网创建的虚拟空间启发了现实世界对自由理念、平等理念的实践路径。由此可见,互联网与自由平等理念是高度融合的,因此在互联网时代,道德与幸福的同一性形态必然以自由平等理念为内核。然而在互联网世界中,由"一"可以通向"全体",信息可以从一个"节点"迅速地传送所有"节点",信息的同质化乃至相同化将愈演愈烈,互相复制变得越来越频繁、越来越迅速。信息的自由流通原本是为了成就丰富多彩的多元世界,实现空间的生产,实际的情况却是互联网空间内部的同质性不断增强,信息自由流通的结果是信息不需要再继续自由流通。在现实生活中的表现是,个人或个体以自由的名义不断侵犯他者的权益,自由被异化为强权。"节点"之间的平等属性原本是为了防止信息的过度集中,防止出现绝对的"信息中心",因为信息的高度集中不利于整个信息网络的安全。如果互联网处于局域网络阶段时,每个节点通过平等的身份获得信息共享权具有一定的正当性。但是当互联网发展成广域网络之后,如果继续强调每个节点对于信息的平等分享权,对绝对平等的追求,导致的结果是接入互联网节点的个人和组织,以平等的名义无限制地为自身攫取"信息"。在现实层面,掌握先进互联网技术的个人和组织,就会利用网络节点的平等属性,采取不正当的方式窃取他者的核心信息。互联网的虚拟空间为有限的人类生存空间开拓了全新的领地,为人类的信息交流、分享、分析、整理、创新等提供新的运作方式。网络虚拟空间原本服务于现实生活的良性发展,但是当虚拟空间的扩展速度远远大于人类社会的发展速度时,虚拟空间所呈现的负面信息将以强有力的方式影响甚至左右现实生活。概言之,随着互联网时代的来临,网络化生存逐渐成为社会生活的主流,互联网因内在的自由悖论、平等悖论和"虚拟—现实"悖论必然导致自身的异化,在此基础上,人类的道德异化为网络绑架,幸福异化为网络炫耀,道德与幸福之间的割裂愈发严重。

　　三是德福同一性的至善形态。在互联网时代,德福同一性的自由形态揭示了道德与幸福之间的多元同一路径,德福同一性的异化形态揭示道德与幸福之间的分裂局面,其共同的特征是:以自由为第一理念或最高理念。前者呈现了自由的正向作用所推动的多元发展状态,后者呈现了自由的异化作用所导致的争斗局面。可以看出,自由理念通过互联网的"折射"或增大效应,既增强了自由的自我实现,又加剧了自由的自我异化,从而加剧了自由理念的内在分裂。对德福同一性的自由形态、异化形态以及二者分裂的超越,需要对自由理念本身进行限制、约束和引导。如果承认互联网技术比人类以往的任何技术、任何经验更能体现自由理念和平等理念,那么对互联网异化状态的矫正,不能仅仅依靠自由理念和平等理念自身的力量。对此,互联网真正缺乏的不是自由和平等,而是善性引导。人类通过"节点"不停地追求各种符合自身口味的自由感和幸福感,遗忘了自身行动的边界,个人和组织忙于追求对于自身来说是好的"信息",却忽视了"获取信息的方式是否是正当的?"对自己而言是好的"信息",对他者来说是否也是好的"信息"?对此,需要以对某个共同体或领域最好的方式——最好的好,对各种"信息"进行比较分析。"最好的好"即是善,因此在互联网中,人类的自由活动需要以善为引导。更为彻底的方式是,树立善对于自由平等的优先性,用善来规约和引导人类的网络化生存。道德的本质是人对"善"的追求,幸福的本质是人对"好"的追求,德福同一的实质是:"善"与"好"、善的生活与好的生活如何获得统一性? 在互联网时代:一方面,个人或组织作为节点而非作为主体接入互联网络,由于节点的平等性和信息的自由流通,导致个人或组织可以通过节点规避自身的责任和义务,甚至完全匿名从事违法犯罪活动,对此,除了技术努力(如实名制登记)和法制规范外,更多的是依靠个人或组织的自我约束,要将自己视为一个主体而非节点,切实地为自己的言行负责,才能推进自身的德福一致;另一方面,个人或组织作为"节点"接入互联网,节点之间是平等的,节点之间的信息可以自由流通,因此任何一个节点的负面信息就不单单属于这个节点自身,同时属于整个网络、属于整个网络中的所有节点,对此,需要所有个人和组织的共同努力,才可能净化网络中的负面信息,同样,对于善的弘扬也需要所有"节点"的共同作用。所以,互联网时代德福同一性的至善形态包含每个"节点"自身的德福同一和所有网络"节点"的德福同一;对现实生活中的人和组织而言,不仅要在现实世界推进德福一致,还要在虚拟世界中促进德福一致。

　　"自由形态—异化形态—至善形态"是互联网时代"德福同一性"形态的三大阶段。首先,德福同一性的"自由形态"是其直接形态,体现互联网对于自由理念的彰显,人类的道德概念和幸福概念在网络自由中获得了新的呈现形态,道德与幸福在自由理念的引领下获得新的多元同一方式。其次,德福同一性的"异化形态"是其间接形态,由于自由理念在网络世界中发生强烈的异化,虽然通过互联网技术实现了自由状态,却因技术的迅猛发展,形成了技术对自由的宰制,"技术是过去人类生命得以延续和发展的条件。柏拉图和荷马只提到人类生存及发展的手段,但现实状态下技术已经渗透进社会所有领域中并发挥出越来越大的影响。现在的世界在科技的影响下成为第二自然"①。自由异化为技术霸权、异化为技术富有者对技术贫困者的单方面统御,由此导致技术垄断者拥有最大最多的幸福,道德臣服于技术的强力,道德与幸福之间发生严重分裂。最后,德福同一性的"至善形态"是其超越形态,德福同一性的"自由形态"为道德与幸福之间提供了多元的同一方案,德福同一性的"异化形态"为技术垄断者破坏了德福之间的同一路径;无论是德福同一性的"自由形态"还是"异化形态",都没有给出实现个体(节点)之德福同一和互联网整体(所有节点)之德福同一的根本保障条件。对此,德福同一性的"至善形态"认为,善对自由的优先性和责任主

① 　H. 波塞:《技术及其社会责任问题》,邓安庆译,《世界哲学》2003 年第 6 期。

体的确立是最重要的保障条件。概言之，"自由形态—异化形态—至善形态"既是互联网时代德福同一的三大形态，又是三大阶段，三者的关系并非简单的相互否定，更是道德与幸福在互联网语境中实现同一的整个辩证过程。

第三章
互联网时代"道德与幸福
同一性的自由形态"

从互联网的分布式结构看,由于没有"绝对中心",因此"信息"就不会集中在某个"网络节点",继而造成"信息垄断";"网络节点"之间的平等关系,为每个"节点"公平地享有网络空间中的信息资源提供了保障;"网络节点"之间是互联互通的,这使得任一"节点"能够与其他"节点"建立信息交流的直接通道或间接通道;"虚拟空间"具有无限拓展性,能够进行新的空间生产,为信息的流动创造近乎无限广阔的空间。从互联网的内容看,网络空间传递的信息是相通制式的"数字信号","数字信息"作为一种电子信息,能够以光速进行传输,超越以往低效率的信息传递方式。结合互联网的"结构"和"内容"可以得出结论,即"信息的自由流通"是互联网的第一特质或最大特征,自由是互联网的核心本质,自由理念是互联网的基础理念。在此前提下,"道德概念"和"幸福概念"通过"网络自由概念"获得新的规定:道德即自由地追求"善""善的生活""善的状态",幸福即自由地追求"好""好的生活""好的状态"——个体的自由发展和人类的繁荣。于是,"互联网中的德福同一性"转变为"在网络空间中自由地追求'善'与'好'的一致性"。展开来讲,"德福同一"的"理论样态"呈现为,在平等结构、去中心化结构、互联互通结构和虚拟世界中追求"善"与"好"的同一;"德福同一"的"现实样态"表现为,在商业互联网、互联网+和智能互联网三大阶段中推进"善的生活"与"好的生活"之间的一致性。由此,形成了互联网时代"德福同一性"的自由形态或直接形态。

第一节　基于网络自由的道德

一、网络自由的本质

（一）网络自由的技术本质

互联网的设计初衷是为了防止因"信息控制中心"失效,导致整个信息系统瘫痪和失效。如前所述,传统的信息传递系统是围绕"信息中心"创建的,存在一个绝对的"中央控制中心","中央"或"中心"发出命令和信息,"边缘节点"或"终端"接收命令和信息,并根据命令和信息的内容严格地做出相应的行动,无条件地执行命令。与此同时,"边缘节点"或"终端"不能根据具体的情况采取自主行动。从"中心"到"边缘",信息必须保持完全一致,"边缘节点"必须完全服从"中心"的命令和要求,只能如实反映和上报命令的执行情况,而不能要求"中心"进行针对性调整和改变。从本质上讲,"边缘节点"只具有传递和反馈信息的能力,而不具有对信息进行处理和分判的能力。"边缘节点"类似于人的"四肢","中央控制中心"就像人的"大脑",所有的"原始信息"都必须经过"大脑"的集中处理、仔细研判,形成新的信息——命令,然后由"大脑"向"四肢"发布"命令",继而"四肢"接收并执行"命令",最后向"大脑"反馈"执行情况"。此即"中央控制式"的信息系统,这一系统最大的特点为"中心"与"边缘节点"之间不是平等关系,而是控制与被控制关系;其背后的设计逻辑是,为了确保"中心"对于信息的绝对控制权和占有权,必须在"中心"与"边缘节点"之间建立不平等关系。[①]

但是,当面对外部的攻击时,"中央控制式"系统存在着一个致命性

[①] Ola Salman, et al., "An Architecture for The Internet of Things with Decentralized Data and Centralized Control", 2015 IEEE/ACS 12th International Conference of Computer Systems and Applications, 2015.

的缺点,即一旦"信息控制中心"被攻陷,整个信息系统就会崩溃。对此,必须打破"信息中心"与"信息边缘"之间的不平等地位,"中心"可以成为"边缘","边缘"也可以成为"中心",其实质是不存在"中心"与"边缘"的区别。在此信息系统中,每个信息"节点"之间都是平等关系,至少在理论设计层面,它们之间的信息可以完全共享。由于各个节点之间是平等的,因此信息可以在不同的节点之间自由地流动,由此形成无数条可以传递信息的通道,继而在节点之间形成无数条联结通道的网络,此即"互联网"。互联网是一种"分布式网络"或"网格网络",这种网络没有"中心节点",所有节点处于全面的、立体的、共时的互联互通状态,所有"节点"能够平等地接收、处理和发布信息,由此,信息才能在网络节点之间自由流动。所以从基本的设计原理角度讲,信息节点之间的平等性和同质性是互联网具有自由属性的基础。

　　单单从基本原理层面设计"互联网络",镜子之间的相互"镜像作用"和佛教"因陀罗网"的"映现作用"都可以呈现类似的效果。但是,现代意义上的"互联网"必须以现代科学技术为前提,高度发达的现代科技才能够把理论设计层面的"互联网"(internet)落实为现实生活里的"因特网"(Internet)——科技是"互联网络"从理论变成现实的决定性力量。互联网的主要架构包含"信息的输入环节—信息的处理环节—信息的传输环节—信息的接收环节—信息的应用环节",使用的主要技术包括传感器技术、计算机技术、通信技术和网络技术。第一,"信息的输入环节"主要使用传感器技术,传感器具有两大核心功能:一是使用敏感元件直接测量事物,形成各种"物理信号";二是使用转换元件,将敏感元件测得的"物理信号"转换为"电信号",为信息的光速传播提供前提。第二,"信息的处理环节"主要使用计算机技术,运用二进制编码技术将关于事物的"电信号"转换成"数字信号",数字信号的生成逻辑十分简单,只需要使用"0"和"1"两种状态,所有的"电信号"都可以通过"0"和"1"的不同组合来进行描述,由此,采用二进制的数字信号能够保证信号的同质化、稳定性和抗干扰性,为信息的准确、高效和稳定传递提供基础。第三,"信息的传输环节"包含两大方面:一是制定信息传输规则,在计算机之间签订信息传输协议,并使计算机与互联网签订入网协议,基于共同的传输规则和联网规则,形成大规模的信息传递网络;二是信息传输的载体,运用光纤、通信卫星等媒介传送"数字信号",或者采用有线通讯技术,或者采用无线通讯技术,或者把两种方式结合起来,保障信息的远距离传送,为全球性互联网的形成提供基础,"无线主义指涉一种经验倾向,将物、客体、装置、基础设施和服务联结在一起,然后激发感觉和随互联网变化的实践。无线主义影响着人们是如何到达、离开和停留的,他们与他者的关系和具身性的变化"①。第四,"信息的接收环节"主要使用计算机技术,通过接入互联网的"终端设备"接收数字信息,终端设备的本质就是计算机,能够对数字信息进行解读,还原数字信息的内容,保障了数字信息在任一"网络节点"的同一性。第五,"信息的应用环节"主要涉及数字信息的实际使用技术,其表现形式是"互联网+",即将互联网技术与其他科技(人工智能、生物技术、天文观测等等)、人类生产生活的方方面面结合起来,推进万物互联、万有互联,其实践包括物联网、工业互联网等等。

可以看出,发展互联网技术的初衷和目的都是为了实现信息的自由流通,并进一步实现信息的准确、快速和高效流通。互联网技术将现实世界中的万有或一切存在转换成"数字信息",万有被数字信息化,继而构建起互联互通的"数字信息网络",使得作为数字信息的"万有"能够在网络空间中自由流通,经过计算机的大数据分析和运算处理,给出优化方案或全新方案,让数字信息反作用于现实生活里的万有或一切存在。所以,互联网技术让万有转变成数字信息,继而使其在网络空间中获得了自由属性,互联网运用技术手段推动自由理念的呈现和现实化。

---

① 阿德里安·麦肯齐:《无线:网络文化中激进的经验主义》,张帆译,上海译文出版社 2018 年版,第 5 页。

（二）网络自由的精神本质

从互联网的设计原理、基本架构和技术基础出发，可以推出"网络自由"主要包含如下精神特质。

一是反中心。网络自由以"分布式网络"为结构前提，而"分布式网络"不承认绝对的信息中心或网络中心，或者说"网络自由"天然地具有反中心、反集中的特质。形成"绝对中心"的前提是采用"中央控制式"结构，使某个"节点"占据一个系统的绝大部分甚至全部信息，对信息拥有完全的所有权和支配权，系统中的其他"节点"只能接收信息，而不能主动地制作信息和发信息。所以，互联网通过对"中心"的消解，实现信息的去中心化分布。

二是平等。在"分布式网络"结构中，"节点"与"节点"之间是先天等同的，不存在本质性的区别。不存在某个"节点"的地位比其他"节点"的地位更重要、更优先的情况，各个"节点"之于互联网整体是等同的，是同等重要的，亦是同等不重要的。至少在"分布式网络"的结构设计中，对于整个网络空间的信息，每个"节点"都拥有平等的分享权、获得权和占有权。所以如果没有各个"节点"在网络结构中的平等地位，那么信息就会走向集中，信息的自由分布将无法实现。

三是互联互通。在"中央控制式网络"结构中，"边缘节点"与"边缘节点"之间无法直接联通，因为信息是从"绝对中心"单向地发布给"边缘节点"，"边缘节点"之间无法越过"绝对中心"建立相互联结的通道。在"分布式网络"结构中，因为"节点"之间是绝对平等的，不同的"节点"对信息的输入、接收、处理和输出等方面是完全同质的，因此不同"节点"之间既可以直接相联，又可以通过任意中间"节点"相联，由此形成无数条互联互通的网络通道，实现信息的自由流动。

四是虚拟化。互联网技术将现实世界、物质世界、精神世界、想象世界甚至妄想世界等场域中的所有"存在"或者说万有，转换成电子信息、数字信息，对万有进行数字编码，继而在互联网空间中，虚拟地再现"万有"、重构"万有"和创作"万有"，据此形成可以自由地进行编辑的"世界"，此即是说,在虚拟世界中,既可以再现已经存在着的世界及其所包含的事物,又可以自由地创造全新的"世界"及其所包含的"事物"。所以在互联网创建的虚拟空间中,可以运用数字信息展开自由的建构工作。

(三)网络自由的现实样态

随着互联网技术的普及应用,网络自由所具有的精神特质逐渐在社会生活中显现出来,成为客观现实。对应于网络自由的精神本质——反中心、平等、互联互通和虚拟化,其在现实生活中形成了相应的精神样态。

一是反对信息垄断。传统社会之所以出现明显的阶级划分,根本性的原因在于:一方面,占有生产资料、财富和生产工具的群体形成了强大的"信息中心",代表了先进生产力的发展方向,成为统治阶级;另一方面,对信息的垄断、处理和应用又提升了生产力水平,不断地巩固和增强统治阶级的地位。统治阶级为了垄断信息,就必须限制信息的自由流通,人为地设置壁垒和障碍,抬高信息流通的成本。与此相对,互联网从技术层面消解或极大地减弱了信息的集中程度,极大地降低了信息的流通成本,使信息能够以极低的代价在不同阶级和阶层之间流动。随着不同阶层的人能够享有近乎相同的信息,信息垄断的现实基础、人群基础变得越来越弱,除去依法拥有信息产权的情况外,完全垄断信息的可能性变得越来越小。

二是平权主义。在阶级社会中,统治阶级与被统治阶级是不平等的,统治阶级作为既得利益者,必然从社会结构的设计层面否定"人与人之间平等"的理念,强调统治阶级先天地拥有更高级的地位和特权。其实质是,统治阶级利用自己对于信息的绝对掌控权,将自身塑造成更强大、更道德的阶层,为自身的集权统治提供合理性论证和辩护。与此相反,互联网的分布式结构先天地决定了"节点"之间的平等性,这种平等性甚至具有"绝对平等主义"的取向,彻底消解了"节点"之间的差异性。对于现实生活中的个体而言,他们必然生活在各种不平等的结构和事实中,几乎找不到平等的根据。对此,互联网至少在技术层面能够推进"节点"之间的信息平等,在信息平等共享的前提下,继而推动个体与个体之间、个体与组织之间、组织与组织之间、组织与国家之间和不同国家之间的平等性,平等地争取自身的合理合法权益。

三是社区生活。在互联网时代,去中心、平等、互联互通分别指向信息的离散分布、均衡分布和聚集分布,在此基础上,"节点"与"节点"之间、个体与个体之间能够自由地建立信息交流通道,直接共享和分享彼此的信息。基于对特定信息的认同感或者对部分信息拥有共同的兴趣,个人与个人之间、组织与组织之间就会建立"网络社区",在其中获得认同、尊重和成就感。与现实世界中的社区不同,网络社区超越了时空限制,超越了国界,超越了实体性的界线,形成高自由度、高开放度和高认同度的共同体空间①,"虚拟社群可能保有真实社群的某些特征,包括互动、共同的目标、认同感与归属感、各种规范、不成文的规则(如网络礼节)等,而且具有排斥或拒绝的可能性;虚拟社群也具有惯例、仪式与表达模式。由于原则上开放性和可接近性的缘故,这样的网络社群具有另外的优点,因为真实的社群通常是难以进入的。尽管作为影响新媒体理论研究的起点,传统的社群概念是有所裨益的,然而新媒体所带来的交往模式却似乎是一种不同于以往的类型。这种类型可能是不确定、不断变化而又遍布世界而不是局限在本地的"②。其实质为,个体是通过"节点"而不是自己直接与"互联网"相连。网络"节点"的本

---

① "'虚拟社区'的观念已经被多方批评为是一种幻想,是只提供社区印象而非真实情况的虚假社区。然而对其成员而言,虚拟社区却十分真实,而且在某种程度上,它作为社会网络,社区甚至幻想的'真实性'是无关紧要的。……虚拟社区的普遍存在意味着虚拟社区的确起到了一种重要的社会或心理作用。……我们所拥有的强联系通常是和相似的人建立的,因此他们获取信息的渠道也可能是相似的。然而弱联系却是很有用的,因为它们让我们接触到了更多的人,而这些人往往不同于我们,他们还可能获取不同的(可能更好的)资源。……弱联系的作用不仅仅体现在为更多的人提供获得信息的途径,而且通过它们可以实现跨越时间、地点、组织中的等级和子单位整合来传递信息。……将答案公布可以增强信息提供者的亲社会行为。"参见乔伊森:《网络行为心理学:虚拟世界与真实生活》,任衍具、魏玲译,商务印书馆 2010 年版,第 148—150 页。

② 丹尼斯·麦奎尔:《麦奎尔大众传播理论》,崔保国、李琨译,清华大学出版社 2010 年版,第 121—122 页。

质是"信息节点",个体只能作为"信息组合"而不是"统一体"进入网络空间,相同的"信息"聚集在一起很容易形成"信息共同体",由此,作为信息复合体的个体可以开启多种多样的网络社区生活。

四是虚拟空间。人类现实的生存空间和生活空间受到物理维度的严格限制,存在着明显的极值,随着人类生产力的迅猛发展和人口的快速增长,必须不断地拓展生产生活空间,于是,可供人类使用的剩余空间总量变得越来越小。由于互联网本身并不占据宏观物理世界的空间维度,因此运用有限的互联网设备可以创建出近乎无限大的网络空间,即占用极小的物理空间生产出近乎无限大的虚拟空间。互联网运用数字编码的方式,将万有再现于网络空间中,让万有超越具体时空的限制,在虚拟世界中自由流动,转变成生产生活的要素。将数字化的万有作为数据资源,采用新的算法,构建新的虚拟空间。概言之,用数字搭建空间,完成新的空间生产。

二、网络自由与人类的繁荣

"网络自由"为人类的"好生活"整合了自然必然性(自然因果律)和自由必然性(自由因果律),通过互联网平台,人类的自然生活与自由生活有望达致和谐状态。与此同时,"网络自由"使"个体"拥有了前所未有的自由度、发展资源和成长机会,亦推进"个体"实现自由的自我建构。在此基础上,我们可以进一步思考:"网络自由"为人类带来了什么样的发展机会?"网络自由"如何提高社会生产力以推动人类社会的快速发展?"网络自由"推动人类社会呈现何种繁荣景象?

自 20 世纪 90 年代以来,互联网走出军事、科研、教育和政府公共事务领域,开始走向全面商业化阶段,其实质是:互联网从一种实验性质的高技术逐渐转变成整个社会生活的基础生产力,进一步的发展状态为,互联网成为一切生产力充分发挥自身效力的前提;换言之,没有互联网就没有生产力,至少无法形成高效的生产力。生产力是人类得以生存和发展的基础,高效的社会生产力是人类繁荣的根本保障。基于互联网技术及其设施的广泛普及,在人类社会生产的漫长历史中,第一次实现了"互联万有"或"万有互联",将所有与生产力相关的要素连接和结合起来,甚至把现实生活中的一切存在转换成数字信息之后,直接转化成实际的生产力。人类的繁荣通过人类自身及其精神世界和物质世界的数字化来达成。由于互联网是一个互联互通的"分布式"网络系统,因此互联网中的所有"信息"既是"生产要素",又是"消费因子"。互联网直接打破了商品生产、运输和消费之间的"信息壁垒",取代了传统的线性因果关系,使得生产、运输、消费和再生产结合成网状结构,形成互为因果的关系,即任意两个环节之间都可以建立因果关联,任何一个环节都可以包含和通向所有其他环节,依托于大数据运算,不断优化生产方案、运输方案、消费方案和反馈系统,形成精准高效的生产生活体系。对于人类整体而言,互联网技术的生产力本质为"将一切存在,无论是物质的存在还是精神的存在,都转化为互联互通的生产力系统",不仅仅是把"存在"转化为生产力要素和生产资源,更是把"存在"转化为生产力系统。通过互联网的大数据计算,争取完全释放"存在"本身所具有的生产能量,就像核裂变和核聚变那样,将物质内部蕴含的能量充分地释放出来。所以在互联网时代,每一个事物本身包括人本身就是生产力,生产力无时不在、无处不在,关键在于"如何优化才能使其达到最佳最精准的释放状态"。当一切存在者都可以自由地释放自身本具的生产力时,才可能为"人类的整体繁荣"提供事实性的前提和动力基础。

互联网作为全新的生产力模式,必然会引发社会关系的巨变。在人类社会的初创时期,只能到大自然之中去寻求果实、肉食等生存资料,能够制作简单的采摘和狩猎工具,但几乎没有生产力可言,人类以部落的形式存在,部落成员处于原始的群居状态,成员之间的关系以"求取生存"为纽带。随着生产工具的升级和生产方式的进步,人类开始减弱对于自然的依赖性,逐渐在人群之间开展生产活动,由此形成阶级划分,掌握较多生产资料和先进生产工具的群体上升为统治阶级,反之则沦为被统治阶级。在阶级社会里,由于统治阶级对生产资料、生产工具和劳动果实的集中占有,导致生产要素无法自由流通,这种生产方式决定了生产力无法获得提高的动力,因为被统治阶级始终处于被压制状态和被奴役状态,统治阶级则沉湎于享受状态和享乐状态。近代以来,由于现代自然科学技术的发明和应用,生产力水平得到了极大程度的提高,部分统治阶级成员转变成新兴的资产阶级,他们为了自身利益的最大化,力图建立新的生产关系,尤其是将被统治阶级从原来的生产关系中释放出来,加入资产阶级的生产关系中。资本家占据社会的资本、先进的生产工具、丰厚的生产资源和剩余劳动价值,而劳动阶级要么一无所有,要么赤贫,由此形成新型的社会关系——资产阶级与无产阶级。当无产阶级长期与社会的生产资料、生产工具尤其是自己的劳动果实相分离时,必然希望争取自己的劳动权利和劳动果实,与资产阶级建立平等的关系。现代国家和国际秩序建立的基础是每个个体平等地享有生命、自由、尊严、劳动等权利,保护私人的劳动成果和财富,同时每个人要承担相应的义务。由此,现代社会的目的是基于人格平等的前提,建立新型的、权利义务对等的社会关系和生产关系,既注重起点方面的平等性——"法律面前,人人平等",又注重终点方面的平等性——分配正义,并尤其注重对于弱势群体的关心和帮助。

互联网通过数字信息技术手段,追求"信息平等""数字平等",进一步推动建立"权利义务等对"的社会关系。尤其是对权力垄断、信息垄断形成强烈的反抗机制,因为互联网技术始终具有反对"集中"、力求平等公开的属性,这为个体与个体、企业组织、政府、国家和国际组织之间建立平等关系提供了技术保障,"国家和社会将在互联网这个崭新的公共空间内互动、竞逐权力。……而这种互动并非完全是一种零和博弈,反而在双方的互动中,国家和社会轮流胜出,或是双方得到了双赢的结局,这样,就会出现二者相互改造的结局"[①]。与此同时,基于"互联网用户"的匿名性和跨国属性,导致"网络用户"之间无法形成强约束性的

[①] 郑永年:《技术赋权:中国的互联网、国家与社会》,邱道隆译,东方出版社 2014 年版,第 14 页。

社会关系,只具有陌生的、松散的、短暂的连接,个体或者组织一味地求取自己的自由和权利,追逐利益,却有意逃避自己的责任和义务。所以,"在人类内部,人的自由程度的提高让人们在一定程度上脱离了宗教、群体文化、共同价值、共同目标等的约束,人的自我意识不断增强,从而转向去寻求更多的个体性和独特性,个体间的差异越来越明显,个体性表达的欲望也越来越强烈"①。互联网一方面推动"网络用户"之间建立各种新型的自由平等关系,另一方面导致"网络用户"之间无法建立稳定长久的社会关系。

自 2010 年开始,人类社会快速迈入"互联网＋"时代,世界上所有的事物和人类的全部生产生活都被连接入"互联网系统"中,形成以互联网技术为核心的"数字产业系统""数字创新系统"和"数字生活系统"等"数字生态系统",进一步的发展是"互联网"与"人工智能"的结合,形成"智能互联网""智能化数字生态系统",为人类的繁荣发展提供强大的数字生产力保障。设计"互联网"的最初目的是保障军事信息系统的安全,防止"中央控制式"网络因"信息中枢"被摧毁,而让整个信息系统陷入瘫痪,由此需要建立"分布式"的信息网络。最开始是在两台计算机或两个"节点"之间实现互联互通,然后确定通用的"传输协议"和"入网协议",使更多的"计算机"互相连接起来,形成"局域性的信息交流网络",这个阶段的"局域互联网"主要用于实验科研目的。随着不同的"局域互联网"采用相同的"传输协议"和"入网协议",为"局域互联网"之间的相互联结提供了条件,当越来越多的"专业互联网""国家互联网""行业互联网"等连通起来时,跨行业、跨国家的"大型互联网络"得以组建,此阶段的"互联网"主要用于科研、邮件通信、政府部门、部分商业活动。随着"万维网"技术的发明和应用,包括超文本传输协议、超文本标记语言、网页浏览器、网页服务器和网站,因其简易性,普通用户可以轻易地访问"网络空间",大大地普及了互联网在日常生活中的应用,

①　蒋孝明:《微信文化的哲学透视》,《理论导刊》2017 年第 7 期。

形成了全球性的"广域互联网"。1995 年,互联网开始全面商业化,这是互联网发展史上最重大的节点之一,这一事件的本质是互联网能够以一种生产力的方式进入社会生产生活的方方面面。不仅仅是一种生产力,也不仅仅是一种高技术生产力,更是一种全新的生产方式。至此,互联网开始从高技术转变成生产力,从生产力提升为整个社会的生产方式,是生产方式的革命性变革。直到移动互联网的广泛应用,才使得大多数"个人"接入互联网,而且能够随时随地连入"网络空间",或者说"时时在线"。自此以后,互联网将所有的生产力要素和每一个人联系起来了,每一个人也成为互联网内在的生产力和生产力资源。在此基础上,互联网实现"万有"之间的互联互通,使"万有"互为工具、互为目的,"互联网＋万有"成为"万有"新的存在方式和发展形态。在此基础上,进一步的发展方向是互联网与人工智能的结合,或者说互联网本身走向智能化,即互联网自主地进行资源配置,展开生产活动,优化生产流程。与此同时,"智能互联网"会主动进行深度学习,极速进步,不断升级,持续地开拓新的发展空间,因此面对逐渐落后的事实,人类只能选择与智能互联网一同成长。

三、网络自由与道德自由

（一）网络自由与网络道德

"道德"是个体对于"好"的追求,更是对于"好中之好""好中之最好""价值之好""善"的追求,其最终境界为个体在意识、行动和结果等环节都达到善的状态,由个体组成的共同体本身达到至善状态。

道德概念的内在结构包含如下方面:第一,由"道"到"德"环节,"最高本原"下贯到"个体"身上,由"理一"走向"分殊",最高本原为个体的本性提供了存在论基础和价值本源;第二,"得道"环节,个体将得之于"道"的本性转化为自己的德性——内在的本质规定性;第三,自"德"求"道"环节,个体基于自身的认知,从自我的德性出发,追求与最高本原达到新的一致性和统一性。从道德概念的历史演变进程角度讲,主要包含三个阶段:第一,个体道德与共同体道德处于原初统一状态,因为个体与共同体混沌未分,独立的个体意识无法形成,共同体的意志即是个体的意志;第二,个体道德与共同体道德之间处于分离状态,因为完全独立的个体意识将自身确立为道德的最终根据和原初起点,反思批判共同体道德的正当性和合理性;第三,个体道德与共同体道德走向新的统一性,由于个体无法完全脱离共同体而独自存在,个体和共同体双方都必须重新审视自身的道德领地,推进两种道德之间的一致性。

"自由"概念具有如下内涵:一是"绝对自由",其内涵为"没有任何限制的自由"或者说"能够超越所有限制的自由",这种自由包含两种不同的取向:一个是"不受任何约束的任意而为";另一个是"不断超越约束的独立力量"。所以,追求"绝对自由",要么走向彻底的任性,要么通向最高本原或神的绝对力量。二是"相对自由",是指在特定的时空、场域或共同体中,能够积极地运用自身的能力——积极自由,或者面对外在力量的强迫拥有不做某事的权利——消极自由。三是"自律"或"慎独",其核心意思是个体的自由能力在于能够进行自我约束和规范,能够对自身的贪欲、邪念、恶行等负面取向进行自我批判和自我矫正,增强自心的善念和做出善行。

基于对"道德"概念和"自由"概念内涵的阐释,可以推知二者具有如下关系:从终极意义上讲,"道德"和"自由"的最终根据都是形上本原或信仰系统中的神,因为"道德"是"形上之道"和"德性"的结合体,唯有"形上之道"才是无所待、无条件且自由自在的,或者唯有全知全能全善的神才是完全道德的和绝对自由的。从现实层面上讲,一方面,若没有独立自由的意志——自我做主和自由选择,个体就无法为自身的行为负责或者负完全的责任;另一方面,如果主体没有做出真实的道德行为,就说明个体的意志屈从于外在力量(权威、压迫等)或内在力量(欲望、情绪等)而失去独立性,即受制于外在必然性或者内在必然性,从而变得不自由。一言以蔽之,自由是道德的存在前提,道德是自由的实践前提。

互联网的设计原理是采用"分布式"网络结构,这一"分布式"结构为网络自由的形成奠定了最重要的基础。第一,"去中心化"消解或减弱了"信息垄断"。"中央控制式"结构中存在着一个绝对的中心，绝对中心对信息拥有完全的占有权和垄断权，因此信息无法自由传递，其内在逻辑是绝对中心导致信息垄断，信息垄断导致信息高度集中，使信息失去流通性。第二，节点之间的"平等性"保障了信息的共享和公开。既然每个"节点"都是相同的、同质的，那么"节点"之间就能够相互解读对方的信息，形成信息的共享和分享局面。第三，节点之间的互联互通保障信息的多元传输路径。在"中央控制式"结构中，每个"边缘节点"只能单独与"中心"相连接，"边缘节点"之间无法建立直接的信息传递通道。与此相反，"分布式"网络结构中没有"中心"，"节点"之间能够建立无数条信息传递通道，也即能够自由地交换信息。第四，运用数字信息处理技术保障了网络空间的自由度。运用数字信息进行编码、建模，创建出新的虚拟空间，实现空间生产和空间扩容。在虚拟空间中，能够自由地使用各种数字信息，形成高效的问题解决方案。

"网络道德"的特性同样以互联网内在的结构为前提。第一，在道德哲学中，"无中心"包含两个方向：一是没有绝对价值或普遍价值，"是否存在最高善或神"或者"对最高善或神的理解是否具有统一的标准"，在无"绝对中心"的网络结构看来，必然会消解最高善或神的唯一性，走向多元化的道德。二是批判现实世界中的道德权威和教条主义，尤其是当道德成为统治阶层巩固统治秩序和利益的工具时，道德不断地走向固化和僵化，最后转变成强权和霸道，甚至用"理"杀"人"。第二，互联网通过技术实现了"节点"之间的"平等性"，这种分布式结构中的"平等"是"数字信息"意义上的平等——数字平等。互联网技术出现之前，人类对于平等概念的追求，或者是"上帝之下，人人平等"，或者"在理性、情感、身体、规律等层面，寻求人人平等的根据"，都没有从客观的技术角度直接提供"平等基础"。在互联网世界中，每个人通过平等的网络"节点"获得了平等权。平等的地位是网络道德得以推廓的前提。第三，"节点"之间的互联互通说明，一旦接入网络，现实中的主体立即就与其他网络主体建立起了新的联结，形成了新的"共同体"，接下来的任务是"在共同体中如何合理合法地行动"或"共同体作为一个统一的个体,如何合理合法地行动"。在现实世界中,人与人之间的联结受到时空的限制,无法即刻与他人或他人所在的共同体发生联结,继而无法形成具体的行为规范。通过互联互通网络空间,个人、个体和诸共同体能够随时在不同的"共同体"中操练自己的德性。第四,互联网的数字技术能够将现实世界中的道德观念和道德行为、不道德观念和不道德行为转变成数字信号,传入虚拟空间中,个人通过接入虚拟空间,可以跨国家、跨地域、跨文化等实际限制,学习各种道德观念和道德行为。同时,要防止自己在虚拟世界里面的不当言行,对现实生活造成不良影响,因为虚拟空间能够对负面信息进行爆炸式传播,加剧负面信息造成的不良后果①。

（二）网络自由与人的道德责任

网络自由是一种采用新型呈现方式的自由,运用数字信息在互联网中的绝对流动性,形成信息的自由传递。所以网络自由就是数字信息自由流通意义上的自由。对技术本身而言,数字信息没有善恶好坏之分,不同的数字信号均是由"0"与"1"的不同组合方式构成,整个互联网空间中流动的"符号"只有"0"和"1"。"1"和"0"仅仅表达"开"与"关"、逻辑上的"真"与"假"。当现实世界中的善恶好坏或者思想中的善念恶念转换成数字信号的时候,这些信号就能在网络世界里自由流动,由此导致数字信号既能传播善的内容,又能传输恶的内容。一方面,互联网用户采取匿名方式和加密技术,让自己登入网络的 IP 地址和访问路径不断变化,使用户在网络空间里的行为无法被追踪,如果用户利用这类技术从事违法犯罪活动,那么极难追踪到犯罪分子本人。另一方面,互联网采用实名制时,自己的个人信息和隐私很难得到有效保障,个人身份信息包括但不限于教育、金融交易、医疗记录、犯罪史或

---

① Vinod Chaudhary, "Internet Freedom: Perspectives, Challenges and Threats in Present Scenario", *International Journal of Law, Human Rights and Constitutional Studies*, Vol. 1, No. 1&2, 2019.

就业史,个人身份的信息,如姓名、社会保险号、出生日期和地点,生物识别记录,包括链接或可链接到个人的其他个人信息,或者被公司等组织收集利用,或者被网络犯罪分子窃取。因此,用户接入互联网的瞬间便享有了网络自由,这类自由的获得比以往任何自由的获得都更加容易,在此基础上,互联网既能自由地传播良善价值,也为违法犯罪活动提供了新的途径和广阔的空间。

运用互联网所创建的自由空间,互联网用户既可能行善,又可能作恶。而且经过互联网爆炸式的传播效力,善行恶行的效应都将被大大增强,一个网络"节点"上的善行恶行转瞬之间可以扩充到每一个网络"节点"上。在前互联网社会中,因缺乏高效的传播媒介和传播方法,善行恶行的影响半径相对较小。但是,在互联网中,"一点"可以瞬间连通一切"点",局部的善恶行为可以即刻形成全网性的影响力。因此个人或组织必须审慎地考量"自己的行为在互联网中可能会造成何种程度的影响"。最关键的问题是,个人或组织如何担负起自身的道德责任?如何形成强烈的自律意识? 虽然互联网空间具有虚拟性,个人或组织可以通过技术手段隐藏自身,但是,网络空间里的内容却具有实质性的影响力,善的内容会对现实世界形成积极正面的影响,恶的内容会造成消极负面的影响。尤其是当个人或组织以"信息节点"的方式接入互联网时,其主体性或自身同一性弱化甚至被消解,个人和组织会有意或无意忽视自身必须担负的责任,正因如此,个人或组织才更需要强化自身的主体意识和反省意识,加强自律,审慎地评估自身行为的正当性,时刻认识到自身的责任,"网络赋予个人强大的权力——能够赢得全世界的观众,能够获取关于任何东西的信息。但是随着运用或滥用权力的本领的日益强大,个人需要为他们自己的行为以及他们所创造的世界担负起更大的责任"①。在实际的行动中,不但自己应当积极地行善,

①　埃瑟·戴森:《2.0版:数字化时代的生活设计》,胡泳、范海燕译,海南出版社1998年版,第18页。

还需要帮助他人或其他组织行善,为营造良好的互联网风气贡献自己的一份力量!

四、网络自由与伦理原则

(一)网络自由与网民关系

网络自由作为自由的一种新样态,在其实际应用中不断改变着已有的社会关系,同时又不断催生出新的社会关系。互联网的直观形象是由"节点"与"节点"之间相互连接而成的网格状结构,当个人或组织通过"节点"进入"互联网"时,个人与个人之间、个人与组织之间、组织与组织之间形成一种全新的关系样式——网民关系(Netizen/Internet citizen)或网络用户关系(Internet user)。在前互联网时代,人类的社会关系具有实体性基础,家庭关系以血缘亲情为纽带,公民之间以主权国家为存在基础,组织之间以社会的法律规范为共处根据,宗教信众之间以共同的信仰对象为认同前提,人与其他物种之间以平衡的生态系统为共存条件,等等。与此不同,互联网运用高技术手段,突破甚至瓦解了人类社会的实体基础,把个体或人类组织转化为"信息节点",在人类获得网络自由的同时,人与人之间失去了实体性的联结基础。现实世界中的家庭身份、公民身份、职业身份、法律身份、宗教身份、物种身份等等,都会被"悬置"起来,因为网络用户可以采用任意 ID 或匿名方式在互联网空间中自由活动,跨越家庭、组织、国家、宗教团体乃至物种等方面的限制,实现任意"节点"之间的直接交流,形成松散的网民关系。

网民之间的关系具有四大特点:一是平等性。互联网所采用的分布式结构,从基础架构层面保障了"节点"之间的平等地位,网络用户通过"节点"之间的平等性获得在网络空间中的平等身份。因此,网民之间的第一关系是"平等关系",平等交流、平等对话,互通有无。二是自由性。因为"节点"可以自由地访问网络中的信息资源,网络中的"节点"之间能够自由地交流信息,因此"网络用户"能够以任意身份接入互联网,搜寻自己需要的信息。网民在网络空间中快速自由地切换身份,由此形成变动不居、松散的、弱约束力的网民关系。三是社区化。网络世界里的信息集中在特定的数据库里，信息以分类方式呈现，通过网址访问相关信息，因此网络用户是通过访问特定的网站搜索和获取自己的信息，根据信息的内容来规定自己的身份。网络用户不是作为一个具有统一性的主体接入互联网，除去临时性的访问行为，网络用户之间是以网络社区成员的身份形成连接，尤其是基于共同的兴趣、利益、专业、职业、行业、信仰等等，使得社区成员之间的紧密度和认同度甚至高于现实主体之间的关系。四是虚拟性。网民之间的联系是通过网络世界里电子信息的流动来实现，网民本身也是作为"电子信息"接入互联网中的，所以从技术层面讲，网民之间的互动是电子信息之间的流动所形成的。由于互联网能够创建各种虚拟的空间，让网民在虚拟空间中交流、行动和合作，由此，网民将在虚拟空间中建立各种关系，这类关系具有虚拟性，或者在网络空间里存在效力，或者对现实世界有效力，或者对现实生活没有影响力。

（二）网络伦理的基本原则

综合"网络的结构特性""网络道德的特质"和"网民关系的特点"，可以建立如下伦理原则。

一是自由原则。互联网技术的本质是创造信息自由流动的通道，其现实意义是防止信息过度集中、被绝对地垄断。在互联网技术出现之前，信息处于高度集中状态，尤其是统治阶级或强势阶层垄断了高价值信息，导致被统治阶级因信息匮乏而贫困和落后。互联网从技术角度消解了"信息中心"，使得高质量信息能够广泛地分布在网络空间中，网络用户只需要付出较低的代价就能获取高质量信息。得到高质量信息的用户，能够运用信息促进自身的成长和发展，并反过来进一步降低信息的集中度。实际上，随着科技的发展，信息越来越专门化和专业化，理解专业信息的门槛越来越高，各个领域的信息反而走向更尖端更前沿的方面，信息的专业集中度增强，但是这是由专业知识自身的难度决定的，而不是由于信息被人为地垄断起来造成的。所以自由原则是网络伦理的第一原则,网民或网络主体之间的自由连接是网络伦理的前提。

二是平等原则。每个网络用户通过"节点"进入互联网,在此意义上,网络用户之间的关系是平等的,因为互联网中的所有"节点"都是平等的。在阶级社会中,平等概念是一个最常被有意忽略的概念,因为高扬平等理念,树立人格平等,阐释人与人之间拥有平等的权益,将冲击阶级统治秩序的最终合理性和合法性。确立阶级统治系统的基本过程是,首先为整个系统设立一个"绝对中心"或"最高点";其次编造一套说辞(例如神之子、神力、天子、道德崇高),阐述统治阶级先天地位于"绝对中心"或"最高点",或与其关系最为紧密和最为直接;然后论证普通民众因远离"绝对中心",因而先天地位于"边缘"或"底层";最后合理地推导出,统治者、统治阶级对"边缘"人群和"底层"民众拥有无可争辩的控制权和支配权。对此,互联网系统的"分布式结构"天然地反抗阶级统治的"中央控制式结构",反对专制和不平等,因为"分布式结构"内在地拥有追求平等的力量,这是一种结构性的平衡力量,"无论网络主体的实际社会地位如何,职务和个人爱好如何,文化背景、民族和宗教如何,在网络社会中,网络主体都只是一个带网址的普通的'代码'。网络不创造特权,同样反对特权,每一个上网者都应持平等的心态,既不要把自己置于高于他人的地位,也不要把自己置于低于他人的地位"①。所以,无论网民之间具有多大程度的差异性,甚至在现实生活中,一个是压迫阶级,另一个是被压迫阶级,他们之间的关系都会被互联网的结构力量调整到更加平等的水平线上,至少能够推进信息之间的共享程度。

三是隐私权。由于互联网采用的是通用的数字信息和数字编码技术,所以对于网络技术本身而言,不存在任何无法被解读的"数字对象"。当网民在现实生活中的个人隐私、组织的基本权益和国家的核心

---

① 高泽涵、惠钢行等主编:《"互联网+"基础与应用》,西安电子科技大学出版社2018年版,第125—126页。

利益被传送到网络空间时,整个互联网空间和网络"节点"都可以从数字技术层面进行识别,在数字信号层面,没有绝对的隐私可言,而且这种包含隐私的信号同样可以在网络空间中被自由地传播,这是由数字信息的技术本性决定的,因此必须对使用数字技术的人或组织进行伦理规范、法律约束和技术监察。隐私权是个体或组织保持独立性和维护自身基本权益的重要基础,尤其是在"万有"都被数字信息化的时代,一旦隐私被窃取和在社会上广泛传播,互联网用户受到的伤害和损失是其在"前信息时代"所无法比拟的。从技术本质上讲,数字信息时代是没有隐私或秘密的时代,个人或组织的隐私只是一串在网络空间中四处流动的"信号",正因如此,对"隐私权"的捍卫和保护应该被提高到前所未有的高度。所以无论是网民与网民、组织、国家之间,还是组织与组织、国家之间,以及国家与国家之间,尊重和保护彼此的隐私都是最重要的伦理原则之一。

四是知情权。由于信息在互联网空间里是自由传输的,个人或组织的隐私在网络空间中也同样是自由流通的,因此对于网络用户而言,当其他组织或个人通过应用软件收集与自身隐私相关的数据时,一定要明白地告知用户收集了何种信息、信息的时间段、信息的用途等等,要让网络用户拥有充分的知情权并且征得用户的同意,才能收集指定的数据。"知情同意书"中使用的安全和访问声明大致包含如下内容:"其他人无权访问这些数据。……在收集和分析数据的过程中使用匿名标识符,用安全的方式储存与用户相关的链接,……包含'病历检查'和'民意调查'摘要的数据文件,只能研究其编号,而不能通过'数据'确定用户的身份。用户的姓名和研究标识符将保存在锁定的文件中,……电子数据将存储在受密码保护的、安全的电脑上,存放在上锁的办公室里。……采用高级加密标准。"[1]与此同时,部分应用软件要

---

[1]　John Aycock, Elizabeth Buchanan, Scott Dexter, and David Dittrich, "Human Subjects, Agents, or Bots: Current Issues in Ethics and Computer Security Research", International Conference on Financial Cryptography and Data Security, 2011.

求用户必须放弃自己的个人信息和隐私,才有权使用软件,"数据的实用性和隐私性是联系在一起的,只要数据是有用的,即使是最微小的,那么它潜在地可以被重新识别"①,甚至悄悄地收集用户的各种信息,结合大数据运算,为用户推荐针对性的广告和付费服务,使用户沦为公司攫取自身利益的目标。

第二节　基于网络自由的幸福

一、网络自由与"好生活"

无论在何种文化系统中,"幸福"都指向一种"好的生活"、一种"让人感到满意的生活"、一种"让人期待和向往的生活"。在人类的原初生活中,面对严酷的生存环境,"好生活"就是能够活下来,尤其是指一个部落整体能够延续下去。在此阶段,人类刚开始学会使用工具,其活动几乎被大自然及其必然性所支配,甚至人自己也被自身中的自然必然性(生理本能和欲望)所左右,人类改造自然的能力极其微弱,因此部落的幸福状态基本上由外在的生存条件所决定,自然条件越优越,部落的生存状况就越好,否则其生存状况就越糟糕。随着使用工具和制造工具能力的进步,人类对大自然的依赖程度开始慢慢降低,人类开始向大自然争取自身的独立性和生活的自由度。在此意义上,人类的自由状态包含三个阶段:一是"认识自然规律、自然必然性、自然因果律,然后按照自然规律和自然必然性行动",这是自然层面的自由;二是"在认识自然规律、自然必然性、自然因果律之上,开启人自身的自由法则,开展人的自由活动或者创造活动",这是立法层面的自由;三是"通过人类的努力,让自然因果律与自由法则达致和谐共处状态",这是自然与社会融合层面的自由。所以,人类的幸福生活、好生活与自然规律和自由法

---

① Paul Ohm, "Broken Promises of Privacy: Responding to The Surprising Failure of Anonymization", *UCLA Law Review*, Vol. 57, 2009.

则紧密相关。

在人类社会的生活历史中，"自由"具有如下社会结构模式：一是"一个人的自由"模式。在这种系统中，存在一个"绝对的权力中心"或者"绝对的力量中心"，当某个人占据了这个"中心"，他将掌握整个系统的资源、能量和力量，为其个人目的服务。他拥有类似于"神"所具有的无限能力，却不具有"神"的善性，没有任何正当性的力量能够对他的能力形成约束，因而是肆无忌惮的。二是"少数人的自由"模式。这一模式是基于"绝对权力中心"的自我分裂，使权力的强度降低，但是这种分裂只是有限的分裂，权力仍然集中在少数几个"分中心"处，占据"分中心"的势力转变成社会的统治阶级。在每个"分中心"内部，存在一个小型的"绝对权力中心"。由此造成少数人对多数人的统治，少部分人享有自由，统治阶级压迫和剥削被统治阶级，造成多数人的不自由。三是"多数人的自由"模式。这种模式既要瓦解"绝对权力中心"，又要消解次一级的"绝对权力中心"——"分中心"，在系统内形成权力的相互制约和平衡分布状态，同时要确立人与人之间的平等性，在平等理念的基础上，确定权利和义务的具体内容。虽然这一模式力图用平等理念对抗权力的集中分布，但是在现实生活中，"平等性"往往是通过"多数人的意志"实现的，因为现实世界中的个体之间存在着无法消除的差异。但是"多数人"的自由意志得到实现，并不等同于多数人的意志和意愿是正当的，也可能出现"多数人的暴政"，或者普通大众对少数专家、专业人士的打压。四是"所有人的自由"模式。这种模式包含两种意向，一个是作为一种理想，希望人人都能自由平等地对待彼此，人人都能获得自由发展的空间；二是作为一种矫正力量，纠正和调试"多数人的自由"模式，在自由平等的环境中，保护个人或少数人的权益，扶助弱势群体。

网络自由就是一种"所有人的自由"模式，是人类自由的新形态。网络自由的特点在于，运用"网络节点"之间的平等性保障信息的自由流通，用结构性的平等力量推动自由的实现。"网络自由"与"非网络状自由"的区别在于,是否必须严格区分"自然必然性"与"自由必然性"。在互联网语境中,自然及其规律被转化为电子信号和数字信号,社会及其规律同样被转化为电子信号和数字信号,在同为电子信号的意义上,两者只是电子信号的两种运行方式。由此,互联网创建了信息能够自由流动的新世界,信息自由成为自由理念发展的新阶段,是迄今为止自由度最大、面向最丰富的一种自由。虽然无法从自由必然地推导出幸福,也即"自由的生活"不必然能够导向"幸福的生活""好的生活",但是足够多的自由选择可以为好的生活提供丰富的选项。"非网络状自由"包含两层意思:一是"自由"处在线性的自由链条中,前"因"后"果",前后相续,不像"网络自由"那样,"因果"处在一个网络结构中,"因"是另一条路径的"果","果"又是其他路径的"因","因""果"相互连通和连接形成因果网络;二是"自由"与自然处于分离状态,自由能够对自然必然性保持独立性和自主性,自由是一种自我的立法,能够开启自身的因果链条。人类必然生活在自然与自由交织的生存空间里,因此人类的幸福生活必然与自然和自由之间的和谐程度紧密相关。自然与自由之间和谐关系的达成,需要在两者之间建立联结通道,或者说将二者连接在同一个互联网络中,通过网络整体的力量调整自然与自由之间的平衡性和稳定性。

　　就人类当前的发展状态而言,互联网作为最基础的公共平台和最基础的生产力,具有最大的灵活度和适配度,能够将各种生产力和生产资源整合起来,形成综合性的生产系统,为丰富的社会生活提供全面的生产力基础。在人类对幸福生活、好生活的追求方面,网络自由最根本的贡献是解放生产力、整合生产力和释放生产力,既包含物质生产、实体生产又包含精神生产、虚拟生产,既包含非智能生产又包含智能生产,使人类的生产效率实现了整体性的飞跃。凭借互联网的自由连接功能,人类历史上第一次真正地实现了生产要素的全面互通、全方位互联,通过整个网络即时精准的反馈能力,能够迅速调动所需生产要素,快速展开具有针对性的生产活动。人类以往的生产力系统,受限于信息的传递方式和传递媒介,只能在局域性的时空中进行,或者必须花费极大的时间成本和空间成本才能实现生产要素的流通,因此虽然人类某些领域的生产力水平发展很快,但是就整体而言,始终处于参差不齐的状态,没有形成系统性的生产力。互联网的智能化尤其是人工智能的出现推动了生产活动的自主化,一旦互联网拥有了自主学习能力,就能把人类从某些不自由的、机械性的"生产环节"中解放出来,同时不断优化和改进已有的生产方式,快速地实现产业升级,提升效率。当然,存在着另一种极端情况,即人工智能从"弱人工智能"(weak AI)升级到"强人工智能"(strong AI)之后,强人工智能可以从事很多人类的能力无法达及的领域活动,甚至反过来利用自己的先进性轻视人类、支配人类,成为主导社会运行的根本力量。

二、网络自由与个体的自由发展

"好生活""好好地生活"是人类对幸福状态的整体性描述,是对人类对生存状态的总体性期待,侧重于强调社会生产力的进步,为人类的幸福生活、福祉提供了强大的动力支持,创造了丰富的物质基础。"网络自由"之于幸福生活的最大作用在于,将所有的生产力结合在同一个系统之中,优化资源配置,精准调动所需生产力,展开高效率的生产。在此基础上,依据互联网技术自身的结构特点和互联网对社会生活的基础性作用,探究"个体"如何在互联网时代推进自身的自由发展,尤其是"个体的自由"如何与"网络自由"结合起来,使个体得到更加全面的发展。

从人类历史角度看,"个体的自由发展"与"信息的自由分布程度"成正相关关系。起初,人类的原始部落是直接从古猿种群进化而来的,群居是古猿类动物的共同特点,因此早期人类也是群居类动物。从早期人类的群居习性和所面对的残酷生存环境来说,"个体"是无法离开群体单独生存的,或者说独自生存的"个体"没能将自己的基因遗传下来,在这种情形下,连"个体"这类观念都是无法形成的。在此阶段,人类对自然世界的认知甚少,从自然那里获取的信息也是极度匮乏的,群体内部只能通过声音、动作等近距离方式进行交流,生成的信息总量少,信息的传播手段也十分有限,使原始部落内部既无法形成"个体"概念,更无法让"个体"意识到自身的"自由"。而后,随着生产力水平的提升,部落对周围世界的认知活动和实践活动开始加深,形成较多的"信息",但是部落的首领往往对"信息"拥有最高的所有权和解释权,普通的部落成员必须服从首领的意志,根据首领的安排行动。在此阶段,唯一符合"个体"概念之规定性的"人"是首领或首领集团,其他的部落成员虽然获取信息的内容和渠道增多,但并未形成独立的"个体"意识,而是服从于"首领"的命令。与此同时,虽然相对于其他部落成员,首领拥有更多的信息和自由度,但是首领无法从其所在的"共同体"中独立出去,其独立性只能在共同体内部发挥效力,所以首领不是真正意义上的"个体"。接着,当生产力有了较大程度的提高、出现较多剩余产品时,部落内部慢慢出现阶层分化,一部分人掌握更多的生产资料和劳动产品——"信息",在此基础上,将生产力和生产资料转换为权力和财富,成为社会的上层阶级。由于一定时期一定地域的生产总量是确定的,另一部分人则必然会失去生产资料和劳动成果,从而沦为社会的下层阶级。上层阶级为了巩固自身的地位,将会用国家的形式把阶级划分固定下来,把自身提升为统治阶级,把下层群体固化为被统治阶级,以"国家"和"政府"的名义,对被统治阶级进行剥削和压迫。于是,在不同阶级层面,"个体"的自由发展程度是完全不同的。对于统治阶级而言,"个体"拥有大量的生产资料和财富,掌握着掠夺被统治阶级劳动成果的权力,"个体"的自由是以剥削被统治阶级为前提的。对于被统治阶级来说,"个体"仍然是"信息"极度匮乏的群体,一方面是物质资料被掠夺而造成的贫困;另一方面是统治阶级垄断"先进信息"或"高价值信息",造成被统治阶级在精神方面的贫困,双重贫困的结果是"个体"根本无法认识自身的独特价值,更准确地说,"个体"因缺乏信息而丧失了认知和肯定自我的能力,既没有能力为自己辩护,也没有能力保障自身的权益,所以被统治阶级中的"个体"始终是悲剧性的个体。步入近代,由于生产力的迅猛发展和"信息"的流动性增强，尤其科学技术的出现和应用，不断推动被统治阶级积累生产资料和财富，使得被统治阶级不断聚集向统治阶级要求平等地位的实力。或者通过改革的方式，或者通过革命的方式，被统治阶级获得了与统治阶级一样的政治地位。进一步，在维护和保障个人基本权益的基础上，现代国家尤其是现代法制国家得以建立。在现代国家中，"个体"至少在政治地位和法律规范方面得到了平等对待，这为"个体"的自由发展提供了最基本的政治和法律前提。但是"个体"因各种具体的条件限制，例如住在偏远落后地区、受教育程度低、性别歧视、残疾等，而使自身的自由发展受到阻碍。尤其是许多"现代信息"无法覆盖的地方，"个体"将可能全方位地落后于整个社会的发展进程，成为现代国家里的弱势群体。所以，在现代性的社会生活中，努力保障"信息平等"是一项基础性的工作，是"个体"自由发展的前提。

直到互联网技术的普及应用，才第一次真正意义上实现了"信息平等"。尽管互联网本身的技术门槛较高，非专业人士并不能了解互联网具体的信息分布特征，但是互联网从技术架构层面实现了"节点"之间信息的自由流通和平等交流，这是人类历史第一次达到如此成就。"个体"通过"节点"获得了平等地位，同时建立了与其他任何"节点"相连接的通道，"个体"拥有了通向互联网全部信息资源的通道，并间接地通过互联网实现生产活动。互联网所包含的信息总量，即使是某个具体领域的大型数据，对"个体"来说已是天文数字，由此为"个体"的自由成长提供足够多的信息资源。在互联网时代，最不缺乏的就是"信息"，甚至高质量的信息比比皆是，对此，个体需要着重关切的是：如何准确地理解和高效地处理海量的信息？如何将信息用于自我的成长？传统社会的"信息模式"更容易让"个体"成为单一特质的人，要么成为"中央控制式"结构里的"绝对中心""统治阶级"，要么成为"边缘""被统治阶级"，"个体"实际上是某个群体中的个体，而非经过自我建构而形成的"个体"，这种个体只是披着"个体"外衣的"共同体"，并且这类"共同体"的内在特质是单一的,非此即彼,具有强烈的"排他性",所以共同体对个体具有强约束力,个体只能在特定的共同体中发展自身,偏重于"一",而缺乏"多"。在现代性的国家中,个体的自由发展权利虽受到政治和法律的保护,但是具体到现实生活中的个体身上,由于主观条件和客观环境参差不齐,导致个体的发展状况之间出现较大的差异,虽然没有形成强烈的阶级对立和阶级划分,但是造成了强势群体与弱势群体之间的二分态势,"个体"之间的自由发展状况存在较大差异。在互联网时代,由于采用了"分布式"结构,个体与个体之间可以任意地建立信息交流通道,个体与各种"共同体"形成虚拟性的连接,个体能够运用浩如烟海的信息资源进行自我建构,充分地享有自由发展的机会。然而,这种"个体"发展模式会导向另一个极端:太多的"多",而缺乏"一",缺少统合各种发展"因子"的力量。"个体"在不同的发展选项之间游移不定、没有定着,难以在自身中形成一个稳定的发展路径。但是无论如何,网络空间的自由性为"个体"的自由发展提供了各种可能性,互联网是"个体"实现自我建构、自我提升和自我矫正的最重要平台。

第三节　德福同一性的网络自由形态

一、"德福一致"的理论样态

在互联网时代,人类的道德概念和幸福概念因网络技术的广泛应用发生了前所未有的变化,相应地,道德与幸福之间的同一路径也会随之出现新的调整和改变。道德概念和幸福概念的共同内核都是追求"好的生活""好的状态"和"好的人生";二者的根本区别在于,道德是"追求对于 x 所在共同体而言好的状态",幸福是"追求对于 x 而言好的状态"。道德追求的是"好"中之"最好",是"最好的好",此即是"善",以"最好的好"或"善"为标准,评判共同体中具体的善恶,由此形成"价值谱系"或"价值秩序"。幸福追求的是"好",这种"好"以个体的直接感受为基础,只要能给"个体"带来舒适感的一切事物,对个体而言就是好的,不论这种"好"来自道德感知和道德行动,还是来自非道德领域,甚至源于不道德的心理和行为,但凡能够带来好的感受,就具有幸福感。正因如此,道德概念与幸福概念之间存在着明确的差异,导致两个概念之间不具有天然的同一性。尤其是针对现实世界中的个体而言,品德高尚不一定命途顺遂,善行不一定产生好的结果。但是,追求"德福之间的一致性"或者说期待"德福一致"是人类文明的共同信念,希望具有德性的人享有相对应的幸福生活,德行能够对应着幸福的结果,这也是最基本的社会公义之所在。

　　对于互联网时代"德福同一性"状况的研究,必须从互联网的技术特点、基本结构和核心精神出发,解读"个体"的道德状况和幸福状况,在此基础上,探究"个体"自身的德福同一方案。

　　一是在"平等结构"中寻求德福同一。在前互联网时期,追寻"德福一致"的众多方案中,把"平等"概念作为基础理念是一种重要的途径,因为"德福同一性"的内涵是:"个体"之间具有平等性,个体与个体之间的"道德"具有平等性,个体与个体之间的"幸福"具有平等性,因此平等的"个体"之间,"同等程度的道德"对应着"同等程度的幸福"。从"个体"层面讲,个体之间的平等基础包含大致如下类型:分有同一个形上本原(道、理);上帝之下,人人平等;具备相同的心性;具有相同的人格;拥有相同的理性能力……此即是,通过预设同质性的基础——先天性的存在,为人与人之间的平等性提供了原初的基底。在人与人之间具有平等性的基础上,"道德行为的价值"之于每个"个体"来说才是相同的,继而,同样的道德行为应该享有对等的幸福。但是由于现实中的"个体"处于"中央控制式"或"科层制"的社会结构中,"个体"的道德行为不仅属于"个体"的自由决意,同时也受制于中央和上级的意志,相应地,"个体"的道德行动所带来的良好结果,首先属于社会结构中的上层阶级,从而造成德福之间严重不一致。互联网采用"分布式网络结构",而非"集中式网络结构",其核心要义在于网络上的所有"节点"之间必须是平等关系。从技术层面讲,"节点"具有相同的信息处理模式,所有

"节点"在原初状态、权限、发展的可能性以及达成的结果等方面都是平等的,或者在"去中心化的分布式网络结构"中拥有平等权。如果把每个"节点"都视为一个个"个体",那么在"互联网结构"中的"个体"便具有了跟"节点"一样的性质。据此,个体与个体之间具有原初的平等性,或者说在起点处,个体与个体之间是绝对平等的关系,完全是同质的。从"原初起点"角度讲,整个网络结构对每个"个体"的道德要求就是一样的,同时,"个体"之间也拥有相同的"追求幸福"的权利。对于互联网本身而言,"节点"的道德属性在于尽可能多地制造和获取"道德信息",不传播不道德的信息,不要用技术手段去破坏正常的信息流动。相应地,"个体"一方面通过互联网获取各种各样的道德信息,促成自身的德性成长,另一方面又将现实世界中的道德行为转换为"信号"传入网络空间中。"节点"的幸福属性在于可以与其他"节点"平等地利用整个互联网的信息资源,"个体"通过"节点"获得了多种多样的"好生活"模式和途径。所以在互联网语境中,"个体"的德福同一性是通过"节点"在"分布式网络结构"的平等地位来保障的,至少从"节点"之间的原初平等性出发,个体可以平等地拥有道德信息和求取幸福的权利。正是基于"节点"之间的平等性,保障了整个互联网系统内部每个"节点"位置的德福一致性。

二是在"去中心化结构"中寻求德福同一。从互联网内部"节点"之间的平等性可以得出,没有任何一个"节点"有资格、有能力作为"网络结构"的中心,更不可能演变成"中央控制式"结构里的"绝对中心",因为互联网自身的结构具有对抗"中心化"的力量,"分布式结构"使得每个"节点"只能分散地向整个网络结构释放自身的力量,而不是向某个"中心"聚集。即使部分"节点"经过自身的高效运算之后,可能汇聚了丰富的信息资源,但是在整个网络系统中,这些"节点"只是相对的"中心",并且由于数字信息的自由流通能力,使得这些"相对中心"的信息资源也可以被其他"节点"共享——虽然由于知识产权的原因,无法做到彻底共享,但是从技术层面讲,"相对中心"的信息处理模式与普通用户所使用"节点"的信息处理模式之间不存在本质差异,因此,"相对中心"与其他"节点"之间也是平等关系。"个体"通过"节点"接入"无中心"的网络结构中,首先感受到的是自由自在的感觉,因为网络世界中没有"中心"或"中央",也没有"中心"或"中央"发布强制性的命令。在现实世界中,"个体"实际上是以"共同体"的存在为前提的,"个体"的道德和幸福必须在"共同体"之中获得最基本的规定性,个体的"德福同一"程度与"共同体"的好坏状况高度相关。所以对于现实世界中的"个体"来说,其所在的"共同体"就是一个"中央控制式"结构或者"集中式"结构。由于现实中的"个体"受制于具体时空场域的限制,决定了个体不可能完全脱离具体的"共同体"而独自存在,因此个体必须在确定的共同体中寻求自身的德福同一性。与此不同,"个体"通过"节点"接入无中心的"网络空间",其实质是悬置了"个体"的"现实共同体"背景,弱化了"个体"与"现实共同体"之间的刚性连接,在互联网空间中,"个体"可以在不同的"网络共同体"之间自由切换,"个体"拥有了重新规定自身道德属性和幸福属性的自由,同时"个体"可以通过信息的自由流通,为自身的德福同一性寻求不同"网络共同体"的支持。"反中心控制结构"在现实生活中表现为反对专制、反对阶级统治、反对官僚制、反对科层制、反对权力过分集中,让"个体"的道德行为及其幸福结果属于"个人"自身,反对"上层阶级"利用"下层阶级"的道德行动为自身谋取幸福,造成"下层阶级的幸福配不上自己的道德"和"上层阶级的道德配不上自己的幸福"。"反中心控制结构"在网络空间中呈现为"信息"在不同的"节点"之间自由地流通,这说明各个"节点"能够承受整个网络的信息流动,因此"节点"的"道德类信息"和"幸福类信息"可以流向整个网络空间,传输到每个"节点"。在此基础上,接入每个"节点"的"个体",其"道德行为"和"幸福结果"将分别扩展成整个网络空间和所有"节点"的道德行为和幸福结果,因此,"个体"的德福同一性与整个网络和全部"节点"的德福同一性是联系在一起的,在同一个系统中互联互通,互相成就对方。

　　三是在"互联互通"结构中寻求德福同一。在前互联网时代,"个体"的道德生活和幸福生活发生在具体的"场域"和"共同体"中,能够促成"个人"和"共同体"达到"好的状态"即是"幸福",能够促成"共同体"达到"最好的状态"即是"道德"。因此,"个体"在与"共同体"的联结中获得道德概念和幸福概念的规定性,也即"个体的德福同一性"以"共同体的德福同一性"为基础。"个体"与"共同体"之间的连通,是局部性的连通,没有实现全局性的互联互通。人类对"整体性互联互通"的探究,大致具有如下模式:第一,建立在形上本原基础上,通过其创生活动获得"互联互通的基底";第二,通过宗教信仰,凭借造物主的全能力量,在终极审判中,"信仰神"且行善的人升入天堂,反之则堕入地狱;第三,通过精神"概念化万有","万有"成为思维所把握的"对象",在精神的认知活动作用下,宇宙万有获得了具体的"规定性",从其自然状态分离出来,至此,宇宙万有成为精神活动中的宇宙万有,宇宙万有通过精神的作用而普遍地联通起来。与此不同,由于互联网打破"信息"的时空限制和"信息"的集中分布,使得"节点"之间能够自由平等地交流信息。通过信息的"分包传输技术",任意两个"节点"之间可以建立无限多的信息传递通道。据此,在网络"节点"处实现了信息的平等交流、自由交流和互联互通,于是"节点"本身就具有了平等属性、自由属性和联通属性。任意两个"节点"均可以建立联通渠道,这说明"个体"与"个体"之间可以不依靠"现实共同体"的具体规定,而直接去探讨道德的规定性和幸福的规定性,以及运用更多的互联网资源,促成自身的德福同一性。网络中的"个体"往往是以"现实个体"的不同侧面接入互联网空间的,因此接入网络空间的个体要么是在不同的网络信息中漫无目的地游荡,沦为碎片化的存在,要么按照自己的信息储备(兴趣、专业、行业等)进入不同的"网络社区",成为"社区成员"。因此,"个体"除了要遵循现实生活中的道德规范行动外,在网络空间中还需要遵守"网络社会"的公共规则,这是"个体"基本的道德素养。与此同时,"个体"遵守网络法规和网络社区的规则,才能享有相应的信息资源,否则将面临法律法规的惩罚和被网络规则禁止在"网络社区"中自由活动。所以在互联互通的结构中，"个体的道德和幸福"与"网络社区"紧密相关，"个体的道德与幸福"通过遵守网络社区的法则规范获得相应的同一性。另一种情况是，"个体"与"个体"之间建立直通性质的联结，彼此直接向对方表达关心、关切和爱护，然后取得彼此的认同和认可，在此意义上，双方能够实现一定程度的德福同一性。概言之，在互联互通的网络空间中，"个体"将自身分解为不同的侧面与其他任何"个体"的不同侧面或"网络社区"建立联结通道，并与之形成道德关系和幸福关系，继而探究"个体"的各个侧面在网络空间中的德福同一。

四是在"虚拟世界"中寻求德福同一。在互联网技术出现之前，"个体"要么"在现实世界中，做出道德行动，追求幸福生活，用真实的行动推进德行与福报之间的一致性"，要么"在精神世界中，提高道德认知，提升感受幸福的能力，通过道德认知与幸福能力之间的张力，建构道德与幸福的同一理论"。就前者而言，"个体"的道德行动和幸福活动必然受到具体场域的限制，是特定时空中真实发生的事件，因此二者之间的同一性也受到具体时空（如家庭、组织、国家）、特定条件（如生产力水平、风俗习惯、法律法规、政策、宗教戒律）的制约。与此同时，二者的同一性也必须依赖这些条件的综合作用，形成合力，才能相对全面地促进"德福一致"。就后者而言，在精神世界中，"个体"可以超越时空的具体限制，将自身的道德认知和幸福感知扩展到一切"对象"身上，寻求更具普遍性的德福同一模式，或者说揭示出德福同一的基本结构，主要从思维层面解释和推进德福之间的一致性。因此，"个体"的道德与幸福要么在现实世界中寻求有限的同一，要么在精神世界中探求更具普遍适应性的同一。与此不同，互联网技术将现实世界中的"实存"和精神世界里的"观念"转换为相同进制的"数字信息"，把"实存"和"观念"转换为同质性的"虚拟存在"。"虚拟存在"不是"虚假存在"，而是通过对"数字信号"的编码，在虚拟空间中再现现实世界里的"实存"和精神世界中的"观念"，或者进行再创作，建构出现实世界和精神世界里没有出现过的存在形态。因此,虚拟空间既包含对于"已知存在"的再现,又包含对于"未知存在"的建造。对于接入网络"节点"的"个体"来说,可以进入数字信息建构的各种虚拟世界中,开展沉浸式体验。"个体"接入虚拟的"道德场景"中,培养自己的道德共情能力,增加自己的道德认知,在各种道德悖论中进行道德评估和做出道德选择,促成自己在现实世界中做出真实的善行。与此同时,"个体"在"虚拟世界"中,拥有更多的自由选择、娱乐方式、兴趣圈子等等,让"个体"从不同的方面可以体验幸福的感觉。在虚拟世界中,由于信息是自由公开流动的,从"一点"可以瞬间通向整个网络,因此"个体"的言行将面临整个网络空间的监督和评价——如果"个体"的言行符合道德规范,就会在网络空间里得到认同和称赞,并由于互联网空间的巨大传播效力,"个体"将得到加倍的认同、称赞甚至奖赏,所以"个体"可以通过"虚拟空间"中的舆论监督力量,实现德福同一。当然,在"虚拟空间"里也可能编造乃至歪曲某些道德言行,让不道德的"个体"(个人、组织或国家)赚取各种利益,通过不道德的言行骗取同情,让道德的"个体"蒙受诽谤,使道德的言行遭到抹黑。对此,需要网络用户尽量公开、公正、全面、客观地了解事件中的当事人及其言行。

二、"德福一致"的现实样态

从 20 世纪 50 年代提出理论架构到 90 年代中期全面商业化之前,互联网技术一直处于孕育和成长时期,主要用于军事、科研、实验、通信、部分商业活动、局域网建设等相对专门的领域,并没有广泛地进入日常生活。同时,由于互联网的技术门槛和费用成本较高,普通民众对互联网的参与度不高,使互联网停留在作为一种先进的信息分享技术的层次。到 1995 年,互联网获准全面商业化,至此其由一种高级的信息分享技术质变为社会的基础生产力,在此阶段,互联网最大的贡献是作为新的生产力,不断开拓新的生产空间。从 2010 年开始,随着移动互联网的确立,互联网随时随地与万有发生联系,形成"互联网+万有"模式,大数据的核心即为因果关系思维方式到相关关系思维方式的跨越式变革①,在此阶段,互联网由一种基础的生产力提升为基础的生产关系,万有必须在与互联网的关系中才能确定自身的位置乃至价值。至 2020 年,5G 技术开始广泛地商业化应用,人工智能技术广泛地运用于社会生产生活,二者与互联网的深度融合,将开启生产力、生产关系和思维方式等方面的全新革命,尤其是伴随互联网自身不断地进行深度学习,弱人工智能向强人工智能发展,开始突破人类自身和人类社会的各种极限,进入人类未知的领域和深度,可能出现的极端情况是,"智能互联网"自身上升为"主体",而人类沦为互联网的内部因子,"智能互联网"独自决定世界未来的发展方向。以上述三个阶段的互联网形态为基础,可以揭示"个体"的德福同一性在三个互联网阶段的现实样态。

第一阶段,"商业互联网"中的德福同一性。互联网的全面商业化,需要两个前提条件:一是"广域互联网"的建立,广域网能够打破不同国家、地域、行业、专业等方面的限制,建立普遍互联的全球性网络;二是"万维网"的发明,万维网及其相关技术从根本上解决了网络信息的搜寻和读取效率,大大降低了使用网络的技术门槛,让普通用户可以轻易地访问互联网中的信息资源。前者是网络基础,关乎网络技术的普及程度;后者是用户基础,涉及网络世界的人口基数。具备这两大基础,互联网商业化的条件才成熟。互联网走向全面商业化,不仅仅是指互联网成为一种商业活动,也不仅仅是指互联网与商业活动全面融合,更是指互联网本身成为社会的根本生产力,不再仅仅是一种新型的高技术,而且更是推动整个社会向前运行、发生质变的基础性力量,就像第一次工业革命中的蒸汽动力、第二次工业革命中的电力和第三次工业革命中的各种科技力量。与前三次工业革命中的推动力量不同,互联网技术因其"虚拟性",不受时空的限制,因而能跟现实世界中的所有力量融合起来形成新的力量,能将现实生活中的所有力量提升到全新的

① 维克托・迈尔-舍恩伯格、肯尼思・库克耶:《大数据时代——生活、工作与思维的大变革》,盛杨燕、周涛译,浙江人民出版社 2013 年版,第 68—94 页。

高度。因此，只有把互联网的全面商业化定位为社会生产力的变革，才能解释最近三十年来互联网给整个社会带来的质变，以此为前提，才能深入地探讨"个体"在互联网空间中的道德、幸福及其同一性，将"个体"的德福同一性难题与互联网的生产能力联系起来。

在互联网技术商业化应用之前，受制于生产力的水平有限和不平衡分布，"个体"必须置身于现实生活中特定的"共同体"、阶级和阶层，才能获得自身道德的规定性、幸福的内容以及德福同一的具体模式。掌握先进生产力的上层阶级、统治阶级和资产阶级，往往会宣称自己具有很高的德性，以便有正当的理由去占据社会的绝对大部分财富，认为自己有"德"有"位"，其实质是为了巩固自身的阶级利益和个人利益，所以上层阶级"是否拥有德性"与其"是否享有幸福的生活"没有必然联系，因为即使上层阶级没有德性甚至罪恶滔天，只要其牢牢地掌握着权力和绝大部分社会资源，依然可以纵情享乐。与此相反，由于下层阶级、被统治阶级和无产阶级长期处于被剥削、被压迫的地位，因而无法拥有先进的生产力，他们没有自己的土地和劳动工具，最多只有"使用权"却没有"所有权"，绝大部分劳动成果也被剥夺，因此，下层阶级"是否拥有德性"与其"是否享有幸福的生活"也没有必然联系，因为即使下层阶级具有较高的德性修养，辛勤地劳作，他们在阶级社会的刚性结构中都逃脱不了被剥削、被压迫的地位，其自身所创造的绝大部分财富和劳动产品都归上层阶级所有，最终都将承受贫困、饥饿、代际奴役等不幸的结局。概言之，下层阶级无论道德水平高低，都会处在艰难的社会环境中。

互联网技术的出现，至少从结构层面消解了"绝对中心"，瓦解了形成绝对统治阶级的结构基础，让不同专业的网络用户都能在互联网空间中释放自己的才能，社会群体由不平等的阶级划分走向平等的专业划分，"个体"可以通过专业性的劳动证明自身的价值，据此，通过互联网中数字信息的自由流通特质，互联网自身的生产力和"个体"自身的生产力一并激发出来，形成新型的生产方式和生产模式。因此，"个体"的道德、幸福及其同一性将与互联网自身的生产力水平相关。互联网自身的生产力水平越高,"个体"获得幸福生活的可能性就越高,因为互联网能够让任一"节点"分享自身的"成果"。"个体"的道德水平,虽然与社会生产力的关系不是简单的正相关,甚至社会财富增长到一定高度,"个体"可能会演变成精致的利己主义者,即"个体"的道德素养不升反降,但是"个体"通过互联网释放自身的生产力,更多地意味着其不仅能够开展自我奋斗,同时能够为他人、为社会贡献自己的生产力成果,"自渡渡他"。所以,互联网是一种"能够充分地释放各种生产力"的生产力,生产力的全面释放将有效地推动德福之间的一致性。

第二阶段,"互联网＋"中的德福同一性。在全面商业化时期,互联网确立了自身作为社会基本生产力的地位,用一种无时不在、无处不在的"虚拟力量"(数字力量)引导"实体性力量"发生质的飞跃,运用数字信息的光速流动引领物质资料的极速运转和优化配置。然而,这并不是互联网之于整个社会的终极意义,因为互联网自身发展的极限形态是"互联万有",将所有"一切"转化为数字信号,并实现所有数字信号的互联互通。所以,互联网不会停留于调动与生产力相关的各种资源,而是必然会扩展到所有"存在",就像人类的思维能力,不会停留于特定的环节和特定的区域,而是不停地超越既有的界限,不断地把未知的领域纳入自己的"视域"中。正因如此,互联网自身将从社会的"生产力"进化为社会的"生产关系",从最根本的生产力上升为最基础的生产关系。至此,互联网以自身为基础,与"万有"建立互联互通关系,"万有"转变成生产力要素,甚至转变成生产力和生产关系,此即"互联网＋万有"模式,最终目的是实现"万有互联"。

在互联网技术出现之前,主要通过四种途径追求"万有互联":第一,从物质角度,"万有"都是由基本粒子的相互作用所形成的,虽然"万有"在宏观层面呈现为千差万别的"形态",但是其本质都是微观层面的"基本粒子"(包含能量)按照一定的结构结合而成的,甚至人类的意识活动和精神活动都是以"微观粒子"(原子、分子)之间的相互作用为基础的。第二,从精神角度,人的意识能够运用自身的思维能力把握"一切",在意识空间中创建相应的"概念系统",由此,"万有"通过意识的作用获得自身的规定性,"万有"被意识化、概念化,所以"万有"在精神创造的概念系统中联通起来。第三,从形上本原角度,最高本原是最普遍最根本的存在,宇宙万有都是由第一本原生发出来的,"万有"与最高本原一体相连,因此,"万有"之间先天地具有相互连通的基础。第四,从造物主角度,宗教信仰的最高存在者是万有的创造者、主宰者和审判者,万有的诞生、持存和消亡都是由神所决定的,因此,唯有神才能把"万有"普遍地联系起来。

与上述建立"万有互联"的方式不同,互联网是先将"万有"转化为同质性的数字信号或数字信息,通过数字信息的自由流通性、可通约性、可编辑性等特质,实现所有数字信息的联通,从"数字信息"的层面实现"万有"之间的互联互通,"互联网＋"正是这种数字互联方式的形象表达和具体运用。因此,"个体"需要在数字互联的空间中,寻求自身的道德规定和幸福规定及其同一性。至此,"个体"的道德转变成"互联网＋道德",因为"个体"的道德在"互联网＋万有"的关系模式中获得了更加普遍的规定性。在前互联网时代,"道德"是基于个体和个体所在的共同体一步一步地向外推廓,"道德行动"必须在特定的时空地域中进行。与此不同,在互联网时代,"道德"可以依凭网络互联"万有"的能力,建立与"万有"之间的善性联结,在虚拟空间里自由地进行道德认知和道德操练。同样,"个体"的幸福转化为"互联网＋幸福",幸福的内涵包括"好生活""好好地生活""人类的繁荣"等"好的存在状态",于是,"个体"通过"互联网"与"万有"之间建立起"好的联系"。"善的联结"不等同于"好的联结","道德的联结"不等于"幸福的联结"。对此,"互联网＋"作为全新的、能够互联"万有"的生产方式,将通过推动生产力的发展,使"个体"的生产关系不断优化,使得整个社会的道德水准和幸福状况获得了质的提升,促进"个体"与"万有"之间的"善性联结"与"个体"和"万有"之间的"幸福联结"形成高度的一致性。

　　第三阶段,"智能互联网"中的德福同一性。无论是将互联网确定为社会的基础生产力,还是把互联网视为前沿性的社会生产关系,都是将其视为人类社会的产物,受到人类的规范和引导。换言之,互联网在人类、人类社会面前不具有真正的独立性和自主性,其技术逻辑和思维逻辑都在人类意识和意志的掌握之中,互联网内在的技术特质和思维模式都处在人类可以理解的范围之内。但是,随着芯片技术的飞速发展,计算机的单项计算能力已经远远超过了人脑的能力,其综合计算能力亦不断地接近人脑的整体思维水平,并能形成类神经网络的认知能力,尤其是形成了独立自主的学习能力,持续不断、一刻不停地学习,能够在极短的时间内学习人类积累了上千年的经验,反复地打磨自身,形成独立的认知和自主的判断。据此,"计算机"进化成真正的"大脑",从"计算设备"突变为能够进行自由思考的"电脑",并从"弱人工智能"向"强人工智能"推进,"强人工智能的观点认为机器能够并且最终一定会拥有心灵;而弱人工智能则认为机器只是在模拟而不是复制真正的智能。换句话说,强弱人工智能的区别在于机器是真正的智能。还是表现得'好像'很智能一样"①。当"人工智能"学习了人类的部分经验甚至全部经验之后,根据自主的思维能力,必然会优化乃至创造出新的未知领域,在此阶段,"人工智能"已经走上独立探索的道路,个人、人类无法快速地认知和理解"人工智能"所开创的领域,已经无法追上"人工智能"的脚步,且距离会越拉越大。

　　如果说单台"强人工智能"设备已经让整个人类落于下风,那么整个互联网的"强人工智能化"将消解人类的"主体地位",使后者沦为"智能互联网"的"构成因子"和"可供选取的资源"。在此阶段,人类需要向"智能互联网"学习,在更加广阔、更多面向、更加复杂多样的场景中,探究道德与幸福的边界,创建德福同一的种种方案。面对"智能互联网",

---

①　杰瑞·卡普兰:《人人都应该知道的人工智能》,汪婕舒译,浙江人民出版社2018年版,第86页。

网络"节点"本身能否作为相对独立的"信息处理站点"？进一步追问：接入"节点"的"个体"是否拥有"主体"地位，抑或"智能互联网"本身才是真正的"主体"？"个体"的道德、幸福及其同一性，将与"智能互联网"对"道德、幸福及其同一性"的理解和判定相互作用，形成新的概念规定。在"智能互联网"时代，"个体"行为的道德内涵既要通过现实世界里价值体系的评判，又要经受"智能网络"的综合研判。现实世界里"个体"的行为必定发生在具体的时空中，具有一定程度的"地域性"和"封闭性"，因此判断"个体"行为的道德属性也需要基于特定的评判系统。但是"个体"一旦接入互联网，其行为就会瞬间传遍整个"网络空间"，其行为的道德属性将受到不同价值系统的评判，可能会得出程度不同甚至相反的价值评价。而"智能互联网"为了网络整体的良好状态，将给出自己对于"个体"行为的评价标准，进而对"个体"的行为进行评判和指导，所以在"智能互联网"语境中，"对道德概念的界定"和"对行为之道德属性的判定"，将出现不同的角度和不同的评判标准。"幸福"是指"好的存在状态"，"智能互联网"对"幸福"的理解，不单单指向"个体"的良好状态，更加指向"智能互联网"整体的良好状态，当"个体"的幸福与"智能互联网"的幸福发生冲突时，"智能互联网"将把自身的"良好存在状态"作为首要保护对象，因为"个体"在"智能互联网"中只是某个"节点"的"信息"，"智能互联网"能够从整体出发对其进行解读、处理和评判。在此基础上，"个体"的德福同一性将受到"智能互联网"的考察：如果"个体"的道德行为符合"智能互联网"的道德规范和整体利益，那么"个体"的道德行为将获得"智能互联网"的认同、传播和奖励，得到相应的幸福；反之，"智能互联网"将否定、限制和处罚"个体"的不道德行为。所以在"智能互联网"时代，"德福同一性"的主体已经不再是"个体"，而是"智能网络"自身，"个体"的德福同一性以"智能互联网"的德福同一性为前提。

第四节　从德福同一性的"网络自由形态"
##　　　　　向"网络异化形态"过渡

互联网技术带给人类社会的首要意义是信息的绝对自由流通。互联网使用信息技术、网络技术和通信技术实现了数字信息的自由传递。在互联网结构中,任意"节点"之间可以交流信息,任一"节点"可以访问整个网络中的"信息资源"。因此,在"个体"通过"节点"接入互联网的瞬间,便拥有了"节点"的全部属性,尤其是自由属性,"个体"可以自由地在网络世界中遨游,至少在技术层面,"个体"可以访问网络空间里的任何部分,"个体"享有了绝对自由。这种"绝对自由"是由互联网的"分布式结构"和数字信息的"编码方式"共同决定的。所以,在互联网语境中,探究"个体"的德福同一性难题必须以"绝对自由"为前提。

"个体"的道德和幸福在互联网的自由精神、平等精神、社区规范、虚拟性等特质中获得具体的规定,"个体"的网络道德以互联网中的"善"为标准,"个体"的网络幸福以互联网中的"好"为内容,于是在互联网时代,"个体"的德福同一性需要结合"现实世界中的德福情况"与"网络世界中的德福情况",然后寻求"善""好"一致的方案。在网络空间里,由于"节点"自身的自由属性,"节点"可以进入任何一个"场域"或"共同体空间",因此"节点"如果要具有道德属性,那么接入的"个体"就必须与"网络共同体"建立良善的联结,"个体"与"网络共同体"相互作用,形成对"网络共同体"的存在和发展来说"最好的方案",由"最好的方案"出发制定善性的规则。在此基础上,每位进入"网络共同体"的"个体"因遵循"善性规则",才具有了相应的道德素养。与此不同,"幸福"是指"对 x 而言是好的状态","个体"接入"网络空间"之后,将感受到前所未有的自由,自由地访问和运用网络资源或者说免费的网络资源,自由地在各种虚拟空间里出入和切换,自由地追求自己所认同的信息,自由地抛弃自己所反对的信息。所以"互联网空间"直接给"个体"带来了幸福的体验,不需要"个体"通过特别辛劳的方式去换取,"幸福感""满足感"唾手可得。

　　然而,当涉及"个体"的德福一致性时,需要仔细分辨"哪些幸福是经由道德的言行达成的""哪些幸福是来自非道德,乃至不道德的言行"。由于互联网空间是自由开放的公共空间,因此"个体"在网络空间里的言行较之于现实世界里的言行更具公开性,更容易进入公众视野,继而将面对多元、多角度、多立场的苛刻评断。从积极方面看,如果"个体"确实做出了道德行动、善举,且行为的过程是清晰完整的,那么其道德行为容易得到公众的赞许、法律的肯定和政府的褒奖,甚至是加倍的奖赏,在此意义上,互联网大大地促进了"个体"的德行与"幸福的结果"之间的一致性。从消极方面看,如果"个体"用作假的方式行善,例如摆拍或杜撰,在网络中骗取赞同和关注,继而为自己带来大量的"好处"和收益,那么"个体"的不道德行为与惩罚之间不但不一致,反而与幸福的结果一致;还有一种情况是,只将目光聚焦善行或恶行的"局部"和"某个片段",人为地进行裁剪,有意地歪曲行为的真实情况,进行反向舆论宣传,导致行善的人受到诽谤伤害,自身难保,从而不敢再轻易行善,与此同时,作恶的人变本加厉地利用"行善"的名头,攫取更大的利益。所以,基于"网络自由"的"德福同一性",因信息的"不完备性"和"可自由编辑属性",可以异化和被歪曲为"德福分离"甚至"德福冲突"。

　　"自由理念"自身之中包含着"绝对自由"与"相对自由"之间的冲突,"自由"与"必然"之间的分立,"自由"与"自然"的区分,"自由"与"自律"的差别,"自由"与"任性"的差异,"自由"与"平等"的对立,等等。因此,"自由"自身之中蕴含着与其自身相对抗的力量,内在地具有走向其对立面的动力机制。"自由"能够在其自身之中异化为自己的对立面——不自由。互联网空间中信息的高速流动增加了网络空间对于"信息"的放大效应,整个互联网空间就是一个无比巨大的"放大器",因此互联网在增大"自由"正面效力的同时,也增大了其负面效力,增加了自由理念自我异化的强度和频率。所以"网络自由"是一种极其容易发生自我异化的、不稳定的自由形态。

一方面,"网络自由"原本是为了消解"中央控制式"结构中的"绝对信息中心",然而当信息在互联网空间中完全自由地流动时,无法直接创造价值,价值的出现是通过集中高质量的信息而实现的,因此需要通过技术手段使得部分高质量信息聚集在一起,形成局部的"信息中心"。由于接入"局部信息中心"的技术门槛很高,是专业的组织或个人才能认知和操作的领域,于是在个人与个人之间、个人与组织之间、组织与组织之间甚至国家与国家之间形成了难以跨越的"技术鸿沟",将造成一定程度的"信息垄断",然后利用垄断的信息获取超高收益,超高收益反过来可以用于直接购买新的信息专利或"信息中心",进一步加固信息的垄断程度,达到"赢者通吃"的目的,由此造就一批信息寡头公司。这些公司在为"个体"提供服务的同时,也将"个体"作为自身数据的来源和应用对象,"个体"成为其大数据生产的一个重要环节。

另一方面,以"信息自由"的名义或者应用权限,运用技术手段获取网络用户的隐私、知识产权、专利等私密数据,或者是利益驱动(商业价值、流量、荣誉称号等),或者心理驱动(虚荣心、嫉妒心、猎奇、恶作剧等),或者安全需要(监督和查杀电脑病毒、监视普通大众、追踪违法犯罪分子和恐怖分子等)。这之中,除了少数行为具有正当性,大多数行为都是不正当、不合法和不道德的。从技术层面讲,"网络自由"是一种"绝对自由",是数字信息能够在互联网空间中无限制流动的自由,能够跨越一切"数字壁垒",最终达到的目的是每个网络"节点"平等地拥有同等程度的"信息总量"和"信息质量"。但是,接入"节点"的"个体",在现实世界中不可能拥有"绝对自由"的权利、绝对平等的地位和完全相同的能力,因为"绝对自由"无法依附在某个有限的"主体"身上,或者有限的"个体"无法承载"绝对自由","绝对自由"无法作为"个体"的内在属性。所以,绝对自由与有限个体、无限节点与有限主体、绝对平等与能力差异等之间存在着根本的不一致性,从而导致"自由悖论"和"自由的自我异化"。概言之,"网络自由"在互联网空间中代表着"绝对自由"
"绝对平等"和"无限节点",当其与"有限个体"连通时,"网络自由"就将
开启自我异化的历程。至此,个体的道德、幸福及其同一性将在"网络
自由的自否定"或"自由悖论"中形成自身的"异化形态"。

第四章
互联网时代"道德与幸福
同一性的异化形态"

从现实世界里的互联网系统来看:一方面,不断有新的信息通过计算机输入数字虚拟空间,同时"网络节点"能够自己创造全新的信息,由于数字信息的传输需要消耗时间,因此"数字信息的绝对自由流动"或"网络自由"必然在自身之中发生辩证运动。"数字信息的自由流动"将造成"信息的不均匀分布",因为整个网络空间和每个"网络节点"的信息总量是变动的。"分布式结构"中的"网络自由"原本是为了防止信息过度集中,形成"中央控制式"信息系统,但是在信息的实际传输过程中却形成新的"信息中心"——虽然没有形成"绝对信息中心",却形成诸多强力的"相对信息中心",由此,信息的自由流通异化为信息的集中分布,自由异化为垄断。

另一方面,"网络节点"之间只是在"互联网的理论架构"层面具有平等性,或者说这种平等关系是一种设定的平等性和平等权,由此保障"网络节点"之间能够平等地交流信息。但是在现实生活中,各个"节点"背后的网络技术水平差距甚大,有时一个高水平"节点"的技术水平甚至抵得上成千上万个普通"节点"的技术水平之和,拥有强大信息收集能力、处理能力和储存能力的"节点"将成为"技术富有者"或"强势节点",反之则是"技术贫困者"或弱势节点。"强势节点"能够充分调动整个网络的"特定资源"和攫取其他"节点"的"信息资源",为自己的道德行动、幸福生活及其德福同一性创造有利条件,尤其擅长为自己的幸福感受和幸福生活创造有利条件,甚至通过攻击、复制、损坏、删改和删除"弱势节点"的核心信息为自身的利益服务,"他们利用在知识与资本两个方面占有的绝对资源优势,来建立并维持那些满足他们利益的制度安排,使信息社会越来越变成一个技术官僚统治的社会"①。

随着互联网的广泛应用,其已经从一种"高技术"质变成整个社会的"基础生产力"和"基本生产关系",由此,"网络技术"的差距将直接显现为生产力和生产关系方面的差距,二者将对个人、组织和国家的"德福同一性"形成重大影响。至此,互联网时代的德福同一性因"网络自由的辩证运动"和"网络技术能力的强弱分化",分裂为"技术富有者"的德福同一性和"技术贫困者"的德福同一性,由此形成互联网时代"德福一致性"的异化形态或间接形态。

第一节 异化的网络道德

一、网络道德的自我异化

在互联网技术广泛应用之前,人们主要从两个维度界定"道德"概念:一是从现实世界出发,在具体的"生活场域"或"共同体"中,"个体"与"个体"之间、"个体"与"共同体"之间相互作用,为了使"共同体"处于良好的状态,甚至是最好状态、善的状态,通过确立"共同体"的最高价值,继而生发出"价值谱系",形成了"共同体"的道德原则和"个体"的行为规范。二是从精神世界出发,设立先天的、最根本的"价值基石",例如终极本原、神、至善、宇宙规律、绝对、绝对精神、自由意志、善良意志等,以此为最高标准,尤其是确定"善"的内涵,将"善"作为道德的目的,对"个体"和"共同体"的行动提出道德要求和道德规范。由此可见,传统的"道德"概念一般来自"集中控制式"网络结构,存在一个或几个"结

---

① 宋元林等:《网络文化与人的发展》,人民出版社 2009 年版,第 135 页。

构中心","结构中心"是整个"网络系统"之合理性的根源,一旦"中心"的绝对价值地位确立,整个"网络系统"的价值序列就将生成,继而形成道德秩序,以此为前提,"个体"和"共同体"都将获得自身的道德规定。

在网络时代中,互联网的"网络结构"决定了整个网络的基本道德属性。无"绝对中心"与"边缘节点"的区分,"节点"之间是平等、同质的,"节点"与"节点"之间是相互连通的,两两之间的信息是自由流通的,"网络结构"的内在力量能够阻止信息的"绝对垄断",互联网空间是数字虚拟世界,网络空间是运用数字技术创建的新空间,网络空间是自由的空间。在此基础上,互联网空间里的"道德"具有如下核心特质:一方面,反对不自由,反对不平等,反对封闭性,反对绝对主义,反对一元论,反对中央集权,反对统治阶级,反对"垄断",反对独占,反对资本过度集中,反对孤立系统,等等;另一方面,支持自由,支持平等,支持公开,支持开放,支持共享,支持协作,支持对话,支持联系,支持融通,等等。这些"道德条目"的共同目的是使整个网络空间达到最好的状态,也即"善的状态",继而在现实世界与网络空间的交互作用下,提升"个体"的道德认知和道德水平,推动其道德实践。

与此同时,正是基于互联网的"分布式结构"及其特质,"网络道德"自身将发生自我异化,异化的哲学内涵为"主体所产生的对象物、客体,不仅同主体本身相脱离,成为主体的异在,而且,反客为主,反转过来束缚、支配乃至压抑主体。这是一个双重对象化的过程;首先是主体将自己的本质对象化,尔后是主体沦为这一对象化的对象"①,据此,"网络道德"的异化包含如下内容。

第一,"分布式网络结构"是"去中心化的网络结构",这种网络结构没有"中心"与"边缘"的区别,其目的是防止"中心"成为"绝对信息中心",继而成为"垄断中心""资源中心""权力中心"和"唯一标准"。但是,当"个体"通过"节点"接入互联网时,"个体"(个人、组织或国家,尤

―――――――――――

① 侯才:《有关"异化"概念的几点辨析》,《哲学研究》2001年第10期。

其是企业）希望获取高价值信息，例如隐私类信息、专利类信息、金融类信息、财富类信息、健康类信息、安全类信息。要形成高价值信息，必定以信息的集中分布为前提，虽然不是让信息绝对地集中起来，但是必须有所集中，并且能够对信息进行解读、调整、优化和重构。例如在应对公共卫生、医疗、健康等方面的问题，尤其是面对烈性传染疾病，运用移动互联网技术和应用显得尤为必要，本次新冠病毒（SARS-CoV-2）"大流行蔓延的速度，对收集暴露数据以确定疾病严重程度的全部特征，提出了前所未有的挑战，妨碍了及时传播准确信息以影响公共卫生规划和临床管理的努力。因此，迫切需要一个适应性强的实时数据采集平台来快速、前瞻性地收集可操作的高质量数据，包括亚临床和急性表现谱，并识别诊断、治疗和临床结果的差异。解决这一优先事项将有助于更准确地估计疾病发病率，告知风险缓解战略，促进稀缺检测资源的分配，并鼓励对受影响者进行适当的隔离和治疗"①。因此，"高价值信息"都必须集中起来予以专门保护，否则在无中心的网络世界中，个体、组织和国家等等"主体"的信息安全将面临各种重大挑战，遭受猛烈的网络攻击。

　　由此，在"网络结构的去中心化"与"网络内容的集中化"之间存在着不一致性：从形式方面讲，互联网追求的是无中心的网络世界，追求形成立体的、互通的网络结构。从内容方面而言，则对个体（个人、组织、国家）、社会和网络本身来说最重要的信息，作为高价值信息，都必须集中起来，从技术、法律法规等方面给予保护，这种"高价值信息"的集中分布不仅是合理的，甚至是必须的；与此不同，如果集中"高价值信息"的目的是控制信息和垄断信息，继而追求超额利润，甚至换取不正当的权益，或者通过技术手段盗取"高价值信息"，将"高价值信息"集中起来为自己所用，这类"高价值信息"的集中分布不仅是不合理的，更是

---

① David A. Drew, et al., "Rapid Implementation of Mobile Technology for Real-time Epidemiology of COVID-19", *Science*, Vol. 368, No. 6497, 2020.

违法犯罪活动,"互联网中心主义(Internet-centrism)是一种高度迷惑人的毒品;它忽略了语境(context),使政策制定者相信他们有一个有用的和强大的盟友。如果将其推向极端,就会导致傲慢和虚假的自信,所有这些都是由建立了对互联网有效控制的危险幻想支撑起来的,很多时候,它的实践者把自己塑造成完全掌握他们最喜欢的工具,把它当作一种稳定和最终的技术,忽视了不断重塑互联网的众多力量——不是所有的力量都是好的(not all of them for the better)。他们把互联网视为一个常量(constant),却没有意识到自己有责任维护互联网的自由,并约束那些强大的中介机构,比如谷歌和脸书"①。所以,从互联网的形式结构方面讲,反对集中,反对中心化,但是从网络信息的内容方面来说,分为"合理的集中"和"不合理的集中"两种情况,由此造成"网络道德"的部分异化。尤其是用"结构形式的反中心化"去破解"信息内容的合理集中",造成"高价值信息"的破坏和损失,使"网络道德"由反中心、反集中、反中央控制、反集权、反垄断异化为无限制、无约束、肆无忌惮、自由放任、四处侵犯。

第二,"互联网"结构中的"节点"之间是绝对平等关系,因为从技术层面来说,每个"节点"在网络结构中的功能和地位是完全等同的,都采用相同的数字信息处理方式;与此同时,从网络结构的完整性角度讲,每个"节点"不能被其他"节点"取代。但是,"节点"在"网络结构"中的原初平等地位,并不能保证"节点"之间每时每刻都是平等的,因为当某个或某些"节点"配备了高性能计算机,拥有更高效的信息处理能力,形成局部"信息中心",或者说利用"节点"之间的平等性,计算机高级人才通过技术手段操控多个"信息中心",由此造成各个"节点"之间的"信息总量"和"信息质量"存在着重大的差异,会使接入"节点"的"个体"之间无法具有真正的平等性。

---

① Evgeny Morozov, *The Net Delusion: The Dark Side of Internet Freedom*, Santa Monica: Rand Corporation, 2012, p. xvi.

在"中央控制式的网络结构"中,存在着绝对的"网络中心",其他的"网络节点"各自与之形成单向度的连接,网络的结构力量推动信息从"绝对中心"流向各个"节点","节点"只能单向地接收来自"中心"的信息,只能服从"中心"的命令和安排,因此"绝对中心"与"节点"之间没有平等性的基底。在社会结构中,"绝对中心"将转变成至高无上的统治者、绝对权力、独裁者、垄断者,在此基础上形成的"道德"是绝对地服从最高统治者的意志,是一种奴隶道德。而在"分离式网络结构"中,虽然没有"绝对中心",但是却有众多的"相对中心",或者说将多个"中央控制式网络"的"绝对中心"连接起来形成"分离式网络",因此各个"相对中心"之间具有平等性,但是在"相对中心"内部仍然是"中央控制式"结构,"相对中心"与"普通节点"之间的关系仍然是不平等的。所以在社会结构中,"相对中心"将转变成统治阶级、统治阶层、上层统治者、寡头、资产阶级;相应地,"普通节点"将转变为被统治阶级、被统治阶层、底层民众、群众、无产阶级。由此形成的"道德"体现和维护着上层统治阶级的利益,把"对底层民众的剥削和压迫"合理化、合法化,是一种"阶级道德","统治阶级,拥有对于空间的双重权力:首先,通过被扩展到了整个空间的土地私有制而保持了集体和国家权力的运行;其次,通过总体性,即知识、战略和国家本身的行为。在两方面之间,存在着一些冲突,特别是在抽象的空间(想象的或者观念的、总体性的和战略性的)与直接的、被感知的、实际的、被分隔和被售卖的空间之间。在制度性的规划上,这些矛盾出现在了管理的普遍性规划和空间商品的局部性规划之间"①。

当互联网中出现"高技术群体",由于他们能够熟练地运用技术,逐渐对未掌握高技术的群体形成"数字优势","高技术群体"转变成"高技术阶层","普通群众"转变成"低技术阶层",由此,互联网的"分布式结构"异化成"分离式结构"甚至"中央控制式"结构,在此基础上,平等的

---

① 亨利·勒菲弗:《空间与政治》,李春译,上海人民出版社 2008 年版,第 42 页。

"节点"异化为上层的"中心节点"和下层的"底层节点","节点"与"节点"之间的平等关系异化为"相对中心"与"节点"之间的不平等关系,"网络道德"转变成各个"信息中心"的单方面要求和规定。

第三,网络结构中的"节点"是互联互通的,再加上没有绝对的"信息中心"和"节点"与"节点"之间的平等性,使得"节点"与"节点"之间的信息交流是平等的、直接的。互联网可以在任意两个"节点"之间建立信息交流的通道,形式上可以是直接连通,也可以经过其他"节点"实现连通。由此,"节点"与"节点"之间的道德属性是相同相通的,在此基础上可以形成双方都认可的道德规范。在互联网的结构中,没有"绝对中心"就不会形成"中心"与"边缘"之间的"落差",没有"落差"就不会形成"势能",没有"势能"就不会形成"力量",没有"力量"就不会形成"控制力",因此互联网中的"节点"之间彼此都无法控制对方。互联网中的"节点"位于立体互联的空间中,这个空间里没有上下左右前后的区分,无论"节点"位于空间中的任何位置,此"节点"与其他"节点"之间都是平等关系。为了实现"节点"之间的信息交流,必须在不同的"节点"之间建立数字信息传输通道,其现实形态是在不同的网络终端(如计算机、智能手机、服务器)之间搭建有线连接线路或无线连接线路,这些连接线路采用相同制式或相通制式的信息传递方法,因此不同的连接线路之间亦是平等关系。于是,在平等的"节点"和平等的"连接线路"基础上建立起来的各种"连接通道"也是平等的。

但是,正因"连接通道"之间的平等性以"节点"之间的平等性(起点平等)和"连接线路"之间的平等性(路线平等)为前提,如果"节点"之间的平等性和"连接线路"之间的平等性被打破,那么"连接通道"之间的平等性也会随之被破坏。在"节点"方面,高性能计算机、尖端软件技术和高级技术人员结合起来,将使部分"节点"成为强大的"信息中心"或"数字中心",它们形成"数字高峰"或"数字高原",对其他普通"节点"形成巨大的"数字势能"优势。在"连接线路"方面,高性能传导媒介、高新通信技术和高标准连接协议的应用,将搭建起高性能的传输线路,由此普通传输技术与高端传输技术在传递信息的速度和效率方面必然出现巨大的差距,甚至出现"技术代差",尤其是在普通公司与高科技公司之间、发展中国家与发达国家之间,其信息传输技术方面存在着十分显著的差距。由于"通信技术"是基础性技术,是保持和推动社会生产力发展的核心技术,如果"通信技术"落后,将大大制约甚至拖累一个公司或一个国家的发展,因此,掌握先进通信技术的企业和国家可以通过"技术手段",夺取其他企业和国家的"信息资源",打压其发展,限制其引进新技术。

概言之,从互联网自身的结构设计角度而言,"节点"之间的联结通道是平等的互联关系,但是因现实世界里的"连接线路"及相关计算机技术和通信技术存在明显的差距,导致"节点"之间的连通是不平等的,高技术人员、先进企业和先进国家将对非技术人员、普通企业和发展中国家形成强大的"信息"优势,造成新的"数字压迫"和"数字剥削"。

第四,基于"去中心化的网络结构"、"节点"之间的原初平等地位、每个"节点"相同的数字化处理方式和互联互通的信息传递通道,整个网络之中的"数字信息"能够自由地流通,可以从任何一个"节点"出发,将自己拆分成若干"数据包",然后分别经过任意路径,流向任何一个"目的节点"。概言之,因数字信息可以自由地流动,"节点"具有了自由属性。一方面,"分布式网络结构"的设计目的是打破信息的集中分布,实现信息的自由分布,所以从理论架构层面讲,是"网络结构"决定了"信息的自由流通",通过"结构"实现了"自由";另一方面,正是因为不同的"节点"采用了相同的信息处理技术,而且信息的传递方式也是相同的或者能够相互转换,由此信息的自由流通是一个客观事实,正是由于"信息"能够自由地流通,消解了网络结构中的"绝对中心",所以从客观现实层面讲,是"信息的自由流通本性"打破了既有的"中央控制式网络结构",凭借"自由"重塑了"结构"。

但是,运用高级计算机技术和网络技术,自由流动的信息必定会被破译、被窃取、被复制、被破坏、被删改,尤其是发达国家和网络巨头公司通过对私人数据的抓取和收集,形成"高价值数据库",这类数据库是"信息中心",具有高度的垄断性质,能够运用各种算法评估和预估"网络用户"的行为,继而获得各种利益。因此,信息的自由流动带给"节点"自由属性的同时,也使高价值信息走向集中,甚至走向垄断。所以,"分布式网络结构"的设计初衷虽然是消解"中心"节点与"边缘"节点的区别,确立"节点"之间的平等性,实现"节点"之间信息的自由流通;但是在其实际运行中,由于"节点"背后的技术(如计算机技术、网络技术、通信技术、软件技术等等)水平、硬件(如超级计算机、超级服务器、超级通信设备)水平和人员素质(如专业素养、个人品性)等方面存在着巨大的差异性,由此形成"技术富有者"对"技术贫困者"的单方面碾压,只有"技术富有者"才拥有"高价值信息库"或"高价值信息中心",并对其进行优化处理,用极低的成本将大量"技术贫困者"及其相关"信息"转换为自己的"私有信息",形成"数据库",运用独特的算法创建出"高价值信息",然后再高价地应用到"技术贫困者"身上,获取高额利润。在整个过程中,"技术贫困者"被工具化,沦为一串"数字信息",并在社会生活中遭到不平等对待,遭受"数字歧视","科学技术愈是发达,人对人的统治力量便愈是强大。人的本质被压抑,被摧残,人被工具化、机械化、标准化"[1],"如果科学发现和科技发展将人类分为两类,一类是绝大多数无用的普通人,另一类是一小部分经过升级的超人类,又或者各种事情的决定权已经完全从人类手中转移到具有高度智能的算法,在这两种情况下,自由主义都将崩溃"[2]。

因此,在充分社会化的网络空间中,"高价值信息"恰恰不是自由流通的,而是围绕"高技术中心"所在的"节点"流动,具有高度的技术壁垒、封闭性和垄断性。

---

[1]　尤尔根·哈贝马斯、米夏埃尔·哈勒:《作为未来的过去——与著名哲学家哈贝马斯对话》,章国锋译,浙江人民出版社2001年版,第209页。

[2]　尤瓦尔·赫拉利:《未来简史:从智人到智神》,林俊宏译,中信出版社2017年版,第317页。

二、网络世界里的不道德现象

基于互联网的分布式结构,一方面极大程度地推进了"道德"领域、范畴和实践的拓展,通过网络结构的力量,压缩了垄断、绝对控制、权力中心、不平等、不自由等负面价值的生存空间,使人类的道德生活朝着更加多元平等自由的方向发展。另一方面,由于互联网技术及其周边技术具有较高的专业门槛,甚至在部分领域中只有极少数人、专业公司和发达国家才能够胜任相关工作,由此造成"互联网"本身的稳定性需要寄托在少数专业人士或专业公司身上。因此,基于数字信息的自由流通属性,少数专业人士或专业公司将运用高技术手段收集"高价值信息",形成新的"信息中心",造成"数字落差",导致新的阶级分化,进而使网络空间中出现许多全新的不道德现象和不道德行为,"互联网提供了实现自由人的自由联合的最终技术条件,但这一技术条件代替不了自由人的自由联合所需要的道德条件"①。

由于互联网空间是一个或一系列高度开放、公开、自由、多元、流变的虚拟空间,其中的不道德现象,不但包括现实生活中的所有不道德行为,而且还包括网络空间中全新的不道德行为,并且还在不断地滋生出许多未知的不道德行为,且部分不道德行为具有突发性、爆炸性和不可控性,因而无法把所有的不道德现象列举出来,进而无法对网络空间中的不道德行为进行整全的把握。下面试以"网络主体"为研究对象,分析各种与"主体"高度相关的不道德现象,揭示"不道德行为"与"互联网空间"之间的内在关联。

第一,围绕"个人"产生的不道德现象。"个人"是通过"节点"接入互联网的,互联网的所有"节点"都采用了相同的"信息处理方式",在网络结构中具有同等的重要性,网络中的"节点"之间是平等关系,能够互相平等地发送、接收和转发信息,因此从互联网的结构角度讲,每个"节点"可以且能够平等地访问另一个"节点"的"信息",任意两个"节点"之

① 汪丁丁:《自由人的自由联合》,鹭江出版社 2000 年版,第 8 页。

间可以自由地传递信息。但是如果"节点"的背后是一个个具体的"个人",那么"个人"通过"节点"和"网络"自由地访问另一个"节点",其自由访问的界线如何划定?因为从"节点"之间的相同性出发,"节点"之间可以自由平等地进行信息交流,没有任何障碍,"节点"与"节点"之间的信息是完全透明和公开的,彼此可以复制对方的全部信息。一旦"节点"包含了"个人"的重要信息和隐私,那么从网络技术角度讲或者对于互联网本身而言,"个人"的重要信息和隐私即是透明的。

正因如此,在网络空间中,存在着专门窃取、破解、追踪、监控、复制、篡改、重组、传播、交易、贩卖、损坏、破坏、擦除、删除等侵犯个人"核心信息"和隐私的行为。这些行为对于"互联网自身"而言,只是改变或删除"数字信息"的编码结构和存在形态,并不具有特别负面的影响力,但是对于现实生活中的"个人"来说,核心信息和隐私是其最基本的权益之一,是神圣不可侵犯的内容,是法律法规重点保护的对象,是最基本的道德原则之一。在现实世界里,一般由特定的职能部门(如公安机关、档案馆)对个人信息和隐私采取实体性的保护(纸质档案),或者说个人信息和隐私受到传播方式的制约,不可能瞬间被盗取、被复制、被转移、被破坏,也不可能瞬间传遍整个现实世界。然而,在"互联网"空间里,只能通过数字加密的方式保护个人的核心信息和隐私,数字加密必须应对数字解密,尤其是恶意的数字攻击,一旦数字加密系统被攻克,存放"个人信息和隐私"的数据库便彻底沦陷,网络犯罪分子就能通过技术手段瞬间复制或删除数据库里的全部信息,而且能够让这些信息瞬间传遍整个网络空间,或者收集起来贩卖给他人,从中获取非法利益。其中,尤以 AI 换脸技术和 AI 变声技术为代表,这类技术通过对个人的面部、声音和身体数据进行精细地抓取,经由特定的算法,将数据嫁接到其他人身上,能够做到以假乱真的地步,并且能够轻易地传遍整个网络空间。如果运用这类技术进行网络违法犯罪活动(如色情视频、语音诈骗、人脸识别、篡改监控),将对个人的肖像权、身体隐私等造成重大损害,经过互联网的层层传播,让大众难以辨别真假。所以,围绕"个人"所产生的不道德行为,主要涉及个人的核心信息和隐私,个人对于这些信息和隐私先天地拥有完全的知情权、所有权和使用权,这是"个人"最基础、最不可让渡的权益之一,是"个人"保持自身同一的基本保障,面对各种网络侵害行为的攻击,必须予以最高程度的保护。

第二,围绕"组织"产生的不道德现象。在现实生活中,存在着各种各样的组织,如学校、公司、社会团体、跨国组织,这些组织是实体性的组织,受到特定时空、地域和国界的限制,当其接入"互联网空间"时,被转换成数字信号,成为数字化的存在,具有了虚拟性,虚拟世界中没有真实的时空维度,因此接入网络空间的"组织"可以超越物理时空、具体地域和国家领土的限制。与接入互联网公司的组织不同,在网络空间里可以利用数字资源直接创建"虚拟组织",这种组织只需要少数几个高技术人才就能维护和运行,其实体属性很弱,因而对国家的依附程度较低。因此,如果以现实世界里的国家为界,那么国内的实体组织必须遵守国家的法律法规,当其接入互联网空间时,国内的实体组织被虚拟化,继而拥有一定程度的国际属性,于是国内的实体组织也需要遵守部分跨国性质的互联网公约和规范。而"虚拟组织"其主体部分位于"互联网空间"中,主要遵守互联网本身的公共规范和约定。主权国家对内执行的法律才具有强约束力,即国内组织必须服从国家的法律法规。与此不同,"虚拟组织"是网络组织具有跨国属性,因此主权国家内部的法律对其无法形成强约束力,与此同时,主权国家之间也无法针对"虚拟组织"制定具有强制力的法律条文,没有"国际法"能够对"虚拟组织"形成强约束力,由此,"虚拟组织"产生两个极致运行方向:一是严格地遵守每一个国家的法律,积极地遵循每一个国家的文化心理、风俗习惯、道德规范等等,成为良善的组织;二是规避每一个国家的法律规范,游走在各种灰色地带,甚至为了攫取更多的利益,不惜进行违法犯罪活动,同时借助自身的"虚拟属性",逃脱法律的追责和惩罚,沦为邪恶败坏的组织。

此外,还有一种情况是不同的国家对于相同的组织行为给予了不同的规定,尤其是对于某些行为的法律定性不同,例如同性婚姻、安乐死、数字货币、毒品消费,这些行为在部分国家是合法的,在另一部分国家却是非法的,如果这些行为发生在某一个国家的现实生活中,比较容易判定其合法与否,但是如果虚拟组织通过网络空间或虚拟空间宣传这些行为,甚至鼓动大众付诸行动,基于虚拟组织本身的跨国属性或者弱国家属性,那么虚拟组织将面临两种截然相反的法律判定:要么违法,要么不违法。另一情形是"虚拟组织"采用匿名方式或者对自身的行踪加密或者使用随机路径,在网络空间中传播和进行全世界公认的丧失人性底线的行为,如儿童色情、暴力活动、恐怖活动、极端主义、毒品交易、贩卖人口,却极难被追查,甚至无法追踪,因为这类"网络组织"采用"洋葱路由"进行交易或交流,运用"匿名＋随机＋加密"的组合方式,以高级网络技术逃避追踪和追查,这类组织的犯罪成本极低,收益却极大,在网络中造成的影响极坏,给现实生活造成的破坏极大。

"没有限制,打破束缚,可以不经审查自由发表观点,对于任何事物的好奇心和欲望都能得到满足。而这些,正是人性中最危险、迷人且独特的侧面。"[①]所以,互联网语境下的"组织"既可能在现实生活中做出不道德的行为,又可能在网络空间中传播、鼓动和做出不道德的行为,二者的区别在于,对"网络虚拟组织"的追责、审判和量刑等方面都将超越国家法律的限制,而走向"国际法";与此同时,"网络虚拟组织"本身具有高度的隐藏属性,极难被发现,因而往往能够逃脱追查和惩罚。

第三,围绕"国家"产生的不道德现象。全球互联网的跨时空属性和虚拟性,使得互联网的国家属性远远低于其他高技术的国家属性,即使互联网的建立、持存和维护必须以占据一定时空维度的科技设备为前提,如大型服务器、计算机、通信光缆、通信卫星,也不影响全球互联网是"国际互联网",其先天属性便具有超国家性。互联网的内容是数字信息,数字信息的本质是电子信号,电子信号可以自由地流动,加之

---

① 杰米·巴特利特:《暗网》,刘丹丹译,北京时代华文书局2018年版,第13页。

互联网的架构是分布式结构,使得数字信息必然能够在网络空间中自由流动和自由传播,并不以物理的国家界线为客观限制。但是在现实世界中,最具真实力量的"主体"仍然是国家,尤其是国家的代表——政府部门。

对于发达国家而言,在此环境下可以利用其强大的科技优势,为发展中国家提供网络技术和设备,甚至运用先进的军事技术(如间谍卫星、雷达、电子监听网络、窃听技术)对发展中国家进行网络窃听乃至网络监控,使发达国家对发展中国家形成"信息霸权"和"信息强权",借由"民主""人权"的名义干涉甚至左右弱小国家的内政外交。在一个国家内部,政府部门拥有最强最广泛的公共权力,往往借打击违法犯罪、维护国家安全、打击恐怖主义、反对极端主义等公共意愿的名义,监听监视甚至监控"个体"(个人或组织)的言行举止,通过互联网技术和设备的普遍应用,"个体"在互联网空间的所有言行都可以被记录、追踪和追查,加密的私人信息、档案、隐私、专利等核心信息同样可以被破解和读取。所以,面对政府的强力意志,"个体"很难保障自身的重要信息不被调取。

因此,一方面,全球性的互联网让"个体"拥有了在网络空间里自由翱翔的权利,不再将国家作为行动的绝对界限,在此前提下将出现两种极端的情况:要么"个体"越过国家法律法规的管控进行国际性的网络违法犯罪活动,逃避处罚,要么国家通过网络技术强力地监控"个体"的言行举动,使其无法逃脱监听监视。另一方面,"国家"仍然是现实世界中最强大的管控力量,通过立法程序或秘密的网络技术实现对全体国民的监听监视,由于无法确定网络犯罪行为在哪个"节点"、哪个时刻爆发,因此所有网络监控系统将实时监听监视公民的一言一行,即使这些行为是正当的、合法的、合理的和合乎道德规范的。在此基础上,国家的权力将不断地拓展自身的"领域",不断地把互联网空间作为自己的"新领地",不断将自身的权力扩展到所有"网络用户"身上。相比于传统的国家权力运行机制,国家权力在互联网空间里,要么变得更加肆无忌惮、无孔不入,要么接受整个社会的法律道德约束和时时监督,但是后者的力量是比较软弱的,前者将变得越来越强大,其本身却不被约束和监督。

十分典型的例子是美国的"XKeyscore 计划",其大致细节为,美国国家安全局(National Security Agency 简称 NSA)使用 XKeyscore 工具收集"用户在互联网上的几乎所有行为"。XKeyscore 提供"最广泛的"在线数据收集;NSA 分析师的搜索不需要事先授权;可以清除电子邮件、社交媒体活动和浏览历史记录。"可以监听任何人,从你或你的会计师,到联邦法官,甚至是总统。"XKeyscore 只需填写一个简单的表格,只给出搜索的宽泛理由,法院或任何国安局工作人员都不会对其进行审查。XKeyscore 是 NSA 从计算机网络开发情报的"覆盖面最广"的系统——数字网络情报(Digital Network Intelligence),涵盖了"用户在互联网上做的几乎所有事情",包括电子邮件内容、访问和搜索的网站,以及他们的元数据。NSA 分析师还可以使用 XKeyscore 和其他 NSA 系统,对个人的互联网活动进行持续的"实时"拦截。XKeyscore 甚至可以在没有搜查令的情况下对美国人进行大规模电子监控。通过像 XKeyscore 这样的程序,可以访问的通信数量是惊人的:美国国家安全局 2007 年的一份报告估计,NSA 数据库中收集和存储了 8500 亿次"通话事件",互联网记录接近 1500 亿次,每天新增 12 亿条记录,NSA 的收集系统每天拦截和存储 17 亿封电子邮件、电话和其他类型的通信。美国国家安全局建立了一个多层次的系统,允许分析人员将"有趣的"内容存储在其他数据库中,比如一个名为 Pinwale 的数据库储存材料长达五年。① 美国国家安全局以反恐、反极端主义和保障国家信息安全等重大公共安全的名义,要求美国的网络巨头公司实时监听监视网络用户的全部言行,收集用户的所有数据,挖掘数据,收集情报,于是公众只能"赤身裸体"地站在政府的监控面前,毫无隐私可

---

① Glenn Greenwald, "XKeyscore: NSA Tool Collects 'Nearly Everything A User Does on The Internet'", *The Guardian*, Vol. 31, 2013.

言。除了监听监视普通民众，美国情报机构还监听监视其他国家的政府首脑和政府官员，直接影响其内政、外交、经贸等核心利益。

第二节　异化的网络幸福

一、网络幸福的自我异化

与"道德"概念的内核是"善"不同，"幸福"概念的内核是"好"，更强调"好生活""个人的自由发展"和"人类的繁荣"。"道德"侧重于"好中之最好"，强调"整体的善"，继而形成价值评判体系；"幸福"更偏向"好的存在状态"，强调"好状态""满意程度""满足感"，这种状态是一种"直接性的事实状态"而非价值状态，是描述意义上的"好"与"坏"而非价值评判意义上的"善"与"恶"。因为对某个个体来说，"不道德的行为"和"非道德的行为"均可能引发其幸福感，"道德的行为"反而可能导致其遭受不幸和痛苦。概言之，"幸福"关乎感受、事实层面、描述意义上的好坏，"道德"关乎品格、价值维度、评判系统中的善恶，据此推知，互联网中的"幸福"不同于互联网中的"道德"，"网络幸福"更加关注"个体"的好坏感受和"整体"的好坏状态，侧重于"事实判断"而非"价值判断"。

在互联网语境中，"网络幸福"是以网络自由、网络平等和虚拟空间为基础的，从本质上讲，"网络自由、网络平等和虚拟空间"都是人类社会"自由理念"和"自由发展理念"的体现。互联网之所以能够给人类带来"幸福"和"幸福感"，其根本原因在于互联网从技术角度将人类的"自由精神"和"自由发展理念"提升到了全新高度。数字信息的无障碍流通成就了"网络自由"，数字信息的对等交流实现了"网络平等"，数字信息的再现、重构和创新形成了"虚拟空间"，"个体"和"人类社会"通过对数字信息的运用释放出强大的生产力，推动了自身的自由发展，为幸福生活的达成提供了全新的动力。从互联网的技术架构层面讲，其目的是将每个"节点"的数字信息处理能力最大程度地实现出来，让每个"节点"自由地发展，充分地释放自身的能力和生产力，在此基础上让接入

"节点"的"个体"能够自由平等地发展,与其他"个体"建立自由平等的关系,最终形成社会生活和人类自身的繁荣状态。

与此同时,在互联网技术的实际运用中,因其具有极高的技术门槛,使得"网络节点"之间实际的信息处理能力存在着巨大的差距,如果"节点"背后拥有强大的技术、设备和人才支持,那么这个"节点"就会成为"网络空间"中的"信息处理中心",形成强大的社会生产力,对其他"节点"形成碾压优势。所以,"互联网的结构设计"侧重于"节点"之间自由平等的交流和发展,强调每个"节点"的充分发展,偏重于网络整体的平等性,更多地体现了"平等精神";而"互联网的技术应用"侧重于不断增强"节点"自身的能力,形成强大的生产力,创造出高价值产品,始终使自己保持领先地位,偏重于"节点"自身的竞争能力,更多地体现了"自由精神"。据此,"网络幸福"将在"网络整体的平等性"与"节点的自由竞争力"、"平等精神"与"自由精神"之间的张力和冲撞中,发生自我异化,由"幸福的增长"转变成"幸福的衰减"。

一是基于网络自由,幸福发生的异化。"网络自由"得以达成的前提是采用"去中心化"的分布式网络,设定"节点"之间的平等地位,创建"节点"之间的互联通道。其实质是保障"数字信息"能够在"分布式网络"中的"节点"之间自由流通。"信息"尤其是"高质量信息"流动的范围越广、频率越快,就越能让普通大众形成科学的认知,理解先进的理论和技术,并将其用于实践活动,推动生产力的进步,提高生活品质,获得幸福感,成就幸福的生活。因此,个人的幸福、社会的进步和人类的繁荣等都与"信息的总量和质量"密切相关。

在互联网时代之前,"信息的生产、流动和分配"大致包含三个阶段:第一,由于生产力水平低下,导致人类的认知水平很低,形成的信息总量很小,信息的传播范围很窄,信息的交换频率很低,并未形成"信息中心",人类的生活处于原始状态;第二,随着生产力的进步,信息总量增多,少部分群体通过各种手段占据了社会的大部分信息和高质量信息,形成"信息中心",垄断了"高质量信息",将自己提升为统治阶级,整个社会的劳动果实和财富集中在少数人手中,造成"少数人幸福、多数人不幸"的局面;第三,被统治阶级、无产阶级通过自己的劳动占有了部分生产资料,推动着生产力的发展,随着自然科学技术的进步,生产力大大提高,信息的总量暴增,信息的质量飞跃式地提升,每个人都能获得一定量的信息,在此基础上人类社会开始从肯定和保障每个人的基本权益出发建立新型国家,承认人的自由发展和追求幸福的权利,但是由于受到信息传播方式的限制,信息传播的范围仍然十分有限,信息传播的效率也不高。直到互联网技术的出现,才从根本上解决信息的自由传输难题:通过网络终端,每一个人都可以随时随地享有网络空间中的公开信息,自由地学习和实践网络信息,提高生产效率,提升生活品质,打造属于自己的幸福生活。

　　但是,数字信息在网络空间里的自由流动是一把"双刃剑":一方面,整个互联网空间就是由数字信息构成的,网络空间与数字信息是同质的,数字信息在网络空间中流动即是在自身中流动,"在他者之中就在自身之中"即是最大的自由,因此数字信息近乎绝对自由地在网络空间里流动。这种"绝对自由"既可能消解"信息中心"和"信息垄断",为信息共享创造条件,为幸福生活提供信息资源,又可能造成"节点"之间的信息完全透明,将个人信息、隐私、核心数据、源代码等置于公共空间,侵犯个人权益、共同体和国家的利益,给个人、组织乃至整个社会带来不幸。另一方面,在现实生活中,每个"节点"对"数字信息"的处理能力是不同的,非技术人员与顶尖技术人员之间、普通公司与高级技术公司之间、发展中国家与发达国家之间存在着巨大的"数字鸿沟"(the digital gap or digital divide)——"通常指能够接触到新形式信息技术(主要是计算机及其网络)的人和无法接触到新形式信息技术的人之间的差距"①或"能够接触和使用数字媒体的人与不能接触和使用数字媒

---

① Jan Van Dijk, "Digital Divide Research, Achievements and Shortcomings", *Poetics*, Vol. 34, No. 4-5, 2006.

体的人之间的区别"①。"技术富有者"位于"山峰","技术贫困者"处于"谷底",由此形成"数字落差",后者只能接收来自前者的"信息洪流",只能被裹挟着前行。"技术弱势者"没有真正的信息自由可言,只能成为"技术强势方"予取予求的对象。"数字贫困者"很难自主地追寻幸福的生活,因为互联网时代"幸福生活"的核心信息被"数字富有者"牢牢地掌握在自己手中。

二是基于网络平等,幸福发生的异化。在"分布式网络结构"中,"节点"与"节点"之间的平等性是其最重要的基础。因为如果一个网络中的某个"节点"或某些"节点"拥有更高的地位或更强的能力,那么这类"节点"就将成为网络的"中心",继而形成具有"绝对中心"的"中央控制式网络",或者包含多个"相对中心"的"分离式网络"。所以互联网的内在结构决定"节点之间必须是平等的","节点"之间的平等地位,使其能够平等地分享彼此的数字信息,同时每个"节点"也能够访问整个互联网空间中的信息,"节点"能够不断地增加信息总量和提升信息质量。在此基础上,接入"节点"的"个体"也能够平等地分享互联网中的信息资源,这对于"个体"自身的成长和发展来说具有十分重要的作用。当"个体"可以享有"信息平等权"的时候,会获得一种"幸福感",继而通过学习各种信息知识,提升自身的内在素养,改善外在的生活环境,努力去创造自己的幸福生活,因此信息的平等分享权是"个体"幸福的重要前提。

但是,信息的平等分享权将引发如下异化状态:第一,强调"起点处"的平等性。其实质是"个体"接入"节点"的瞬间,其具体背景就被悬置起来,转变成抽象的网络连接点,在互联网空间中,这个"网络连接点"与其他"网络连接点"之间没有本质区别,都能够以相同的方式处理、发出、转发和接收数字信号。于是在"互联网"空间里,"个体"与"个体"的原初身份是平等的,如同"人与人之间在理性层面或人格层面是

---

① Jan Van Dijk, *The Digital Divide*, Cambridge: Polity Press, 2020, p. 2.

平等的"一样,都拥有相同的发展起点和发展权利。但是这种平等性通过数字信息技术,强力地消解了"个体与个体在实际生活中的差异性",将导致两种消极情况出现:一是不承认"个体"在现实世界里的既有发展成果,"个体"只能从零开始,于是"个体"自我发展的积极性受挫。二是承认"个体"在实际生活中的已有成果,但是要求"个体"在互联网空间中无条件地公开自己的"发展成果",无偿地供大家分享,因此,"个体"的隐私、专利、安全等核心权益受到侵犯。第二,强调"发展机会"的平等性。既然"个体"通过接入"节点"获得了原初的平等权,且从技术角度讲,"节点"可以访问整个互联网空间的资源,因此每个"个体"都可以平等地享有"发展机会",尤其是涉及基本权益方面的发展机会。没有"机会平等","起点平等"就无法落实,或者说"起点平等"必须通过"机会平等"才能在实际生活中实现自身。但是由于现实生活中的不同"个体"其实际能力千差万别,其运用数字技术的能力也是参差不齐的,再加上其他技术、设备之间的巨大差距,一方面导致缺乏技术的"个体"无效地占据着"信息资源",富有技术的"个体"缺少足够的"信息资源","信息资源"无法被充分地优化和利用;另一方面在平等竞争中,技术强悍的"个体"将牢牢地占据着互联网中的大部分资源,技术贫困的"个体"不但无法利用互联网中的核心资源,甚至成为"技术富有者"的数字收割对象,大部分的机会和利益被少数的技术领先者占有,"技术贫困者"只能分有少量的溢出成果,造成巨大的发展差距和财富差距。

三是基于虚拟空间,幸福发生的异化。"虚拟空间"是数字信息构成的"世界",既是对现实世界的数字化再现,又是基于数字信息进行的再创造。因此,虚拟空间不是单纯反映现实世界,也不是仅仅将现实世界转换为数字信息世界,而是实现"空间生产",或者建构出"具有生产力的新空间"。随着社会生产力的极大提升,人类对于"实体空间"的利用率越来越高,全球"实体空间"的承载力几乎到达极限,由于人口的快速增长,对"实体空间"及其资源的需求必将持续增加,可以预见的是,"实体空间"将变得越来越拥挤,人类的生存环境将被压缩,生活的品质下降,幸福感降低。在无法继续拓展"新的实体空间"的前提下,通过计算机技术、互联网技术和通信技术创建"数字虚拟空间"成为一种重要的选择,其优点在于:"实体设备"只需占据较小的"实体空间",就能搭建起近乎无限的虚拟空间,并且能够通过算法设计出不同的虚拟空间,或者说对无限的虚拟空间进行无限次的划分,形成无限多的新空间。进一步,虚拟空间并不是为了单纯地增加"空间体量",而是让"虚拟空间本身成为生产力"或使得"新的生产力得到释放",所以虚拟空间本身即是一种全新的生产力,或者说新兴的生产力必须经过虚拟空间才能得到彻底的释放。由于生产力的提升和释放是社会进步和个体发展的前提,是幸福生活和个体幸福的基础保障,因此虚拟空间的生成将极大程度地推进好生活的达成。

对于"个体"而言,现实世界是其保持自身同一性的主要场域,"个体的生命和生活"主要以"现实世界里的真实存在者和存在物"为前提,所以虚拟世界应当服务于现实世界。但是随着互联网世界的持续发展,已经呈现出虚拟世界对于现实世界的干扰作用、反作用乃至决定作用。"网络用户"因其认识到现实世界的有限性和约束性,感到压抑、痛苦和不自由,渴望逃离现实生活,寄希望于在虚拟空间中获得轻松、自由和快乐,于是娱乐类、休闲类、游戏类、竞技类等"虚拟世界"被开发出来,部分用户深度沉迷于这类"虚拟场景",对虚拟世界的依赖度越来越高,甚至更愿意去过丰富多彩的"虚拟人生",因为这类"人生"拥有更高的"自由度"和"幸福感",以至于对现实世界和真实人生丧失兴致,缺乏追求现实幸福的动力,"一切公众话语都日渐以娱乐的方式出现,并成为一种文化精神。我们的政治、宗教、新闻、体育、教育和商业都心甘情愿地成为娱乐的附庸,毫无怨言,甚至无声无息,其结果是我们成了一个娱乐至死的物种"[1]。

至此,"虚拟空间"与"现实世界"完成了相互"倒置",创建"虚拟世

---

[1] 尼尔·波兹曼:《娱乐至死》,章艳译,广西师范大学出版社 2004 年版,第 4 页。

界"的初衷原本是为了协助"现实世界"的发展,但是随着计算机技术、互联网技术和通信技术的高速发展,人类对"虚拟空间"的搭建能力越来越强,"虚拟空间"呈现爆炸式增长的态势,无论是总量还是质量都达到了全新高度:"虚拟空间"的总量远超"个体"所需,"虚拟空间"的质量几乎可以达到以假乱真的程度,尤其是随着"虚拟现实"技术的应用,"个体"很难将"虚拟世界"与"现实世界"区分开来,在此基础上"虚拟世界"甚至能把想象中的世界、精神世界、幻想世界等思维性质的世界呈现出来,使其具有了"客观性","个体"之间可以彼此进入对方的"思维世界",这是以往任何技术都没有达到过的成效。正因如此,当"个体"的思维世界能够被"虚拟空间"客观地呈现出来的时候,"个体"的隐私、秘密、专利思想等核心信息也一并呈现出来,成为"公共产品","个体"的信息安全将遭遇严峻挑战。至此,"虚拟世界"的迅猛发展在带给"个体"幸福生活、促进社会生产力发展和创造"好生活"的同时,也可能给"个体"和"社会"带来重大风险,尤其是"虚拟世界"的究竟形态很可能具有统御和替代"现实世界"的能力。

二、网络世界里的不幸福现象

在现实世界里,道德行为与价值上的"善恶"紧密相关,幸福生活与事实上的"好坏"密切相连,道德与幸福、道德行为与幸福活动、道德生活与幸福生活之间具有相对明确的界限。然而在网络空间中,由于网络世界具有高度的自由性、多元性、开放性、公共性、共享性、虚拟性,使得事实与价值、善恶与好坏、"对事件的描述"与"对事件的评判"深度地交织在一起,道德与幸福、道德行为与幸福活动、不道德现象与不幸福现象之间难以做出明确的区分。其中,不道德的言行大多会引发不幸福的结果,因为在互联网空间中,言行是公开的,每个网络用户都可以查看,如果言行本身具有清晰的善恶属性,那么每个网络用户就能对之进行全方位的强烈批判,形成强大的舆论压力。至此,如果法律法规介入调查,那么发表不道德言语的"个体"或做出不道德行为的"个体"将受到相应的惩戒。除此之外,由于互联网是一种高技术,个体技术水准的高低对其幸福生活水平具有高度的影响力,尤其是对于"技术贫困者"而言,技术方面的落后将直接影响其在互联网时代的生存能力,更不用说"生存质量",因此互联网语境中的"不幸福现象"大多与技术的滥用相关。

第一,个人对网络技术的滥用所造成的不幸福局面。作为互联网用户的个人,可被分为"不懂网络技术的小白用户"和"熟练掌握网络技术的专业用户","专业用户"又分为"建设性用户"和"破坏性用户"(以怪客[Cracker]为代表)。这之中,尤以"破坏性用户"对于其他网络用户和整个互联网空间的危害最大,因为"破坏性用户"要么是为了特定的利益诉求而实施网络攻击和破坏行为,要么单纯是为了验证自身的技术能力而展开破坏活动。"网络破坏者"的网络攻击行为,一种是有目标的"定向攻击",另一种是无目标的"随机攻击"。前者一般是用于窃取、复制、破坏乃至删除高价值信息,主要涉及军事系统、安全系统、金融系统、公司核心利益、专利、源代码等方面,用于换取高额利益,会对特定目标造成重大损失,尤其是对核安全、病毒安全、交通安全、金融安全、公共卫生安全等系统的攻击,将对整个社会生活造成沉重甚至致命打击。后者往往是利用计算机操作系统的漏洞,越过计算机的"防护墙"进入计算机内部,然后控制计算机自身的操作系统,继而控制整个计算机及其所接入的网络,至此网络用户的计算机被"网络破坏者"完全掌控,可以任意地调用计算机内部的"信息资源",使计算机沦为"僵尸机"。由于计算机操作系统是计算机自身和整个网络空间的"灵魂",因此一旦计算机操作系统被攻击,甚至被操纵,再加上"恶意程序"可以在网络空间自由流动和自发地进行无限的复制活动,那么将形成大范围的、难以控制的"电脑病毒感染",造成海量数据被破坏。由于互联网技术的特殊性,可以从一个"网络节点"通向"所有节点",因此"网络破坏者"采用匿名技术和加密技术,通过任一路径对任一"节点"发起攻击,在网络空间中释放计算机病毒或特定程序,或者盗取信息,或者破坏信息,或者删除信息。"网络破坏者"作为高技术人员,可以单独采取行动,而不依附于特定的组织,这种情况增加了网络攻击的偶然性和随机性,增大了普通用户使用网络的风险系数。尤其是对于"网络小白用户"而言,在面对"网络破坏者"时几乎是透明的,没有任何隐私可言,只能寄希望于网络公司提供专业的防护软件,或者不断提升技术加强对于用户信息和数据的保护。与现实生活中的破坏者或违法犯罪分子不同,"网络破坏者"不受时空地理环境的限制,只要有网络终端,就能进入网络空间进行跨国界的、超远距离的破坏活动,即使被发现了行踪,也由于各个国家的网络法规及其惩处规范不同,很难对其进行引渡和量刑。

第二,组织对网络技术的滥用所造成的不幸福局面。这里的"组织"是广义上的组织,包含所有两人及两人以上的"共同体",因为"互联网"能够把任何两个"网络节点"的网络用户连接起来,为了实现某个目的而相互合作。根据"组织"的建立动机、追求目标和具体行动,大致分为建设性组织、商业性组织和破坏性组织。"建设性组织"是整个互联网的"基建类组织",是实现互联网安全、平稳、有序、规范运行的基础,这类组织往往是非盈利性质的,不以商业利益为目的,因而能保持自身的相对独立性,可以相对公开公正地展开工作。"商业性组织"是整个互联网的"动力类组织",因为其与整个社会的劳动、就业、金融等活动紧密相关,涉及每个人的切身利益,是每个人生存和发展的物质基础。与"传统商业组织"不同,"网络类商业组织"是以整个互联网为运行平台,以整个互联网的"信息资源"为利用对象,正因如此,不同"网络类商业组织"必然因为各自的利益发生竞争,有的竞争是合理合法的,有的竞争却是不合理非法的,例如通过网络技术窃取竞争对手的"商业秘密",或者在互联网空间中散布虚假信息诽谤对手,以便让自身的利益最大化。

对"个体用户"而言,"网络类商业组织"凭借其技术优势,或者通过购买其他"商业服务",要求用户签订"霸王条款",要求用户必须开放各种"私人权限"才能使用其产品,追踪用户的使用记录,获取个人信息,分析其消费习惯和喜好,有针对性地投放广告,诱导用户进行消费,甚至利用大数据进行"杀熟"。由于"网络类商业组织"的软件应用可以随时随地收集和分析用户的行为,积累了大量的高价值数据,因而能够对用户的行为进行精准分析和预判,甚至运用人工智能技术不停地向用户进行推荐,由于推荐的产品高度符合用户的习惯和心理,会给消费者带来强烈的幸福感和满足感,导致用户十分愿意为之买单;但实际上,频繁地购买类似的产品,已经大大地超出了用户的实际需求,造成过度消费和浪费,"数据收集开始是记录基本消费者数据的简单过程;现在,信息聚合是一个价值数百万美元的产业"[1]。

　　与建设性组织、商业性组织不同,破坏性组织对社会没有任何益处,其所有活动都是违法犯罪行为,或者说是一群"内心邪恶、唯利是图的人"找到全新的犯罪工具、途径和方法,充分地利用互联网的"自由空间",以极低的代价和成本攫取高额的非法收益。与单个"网络破坏者"不同,"网络破坏性组织"是团伙性的,内部有着明确的分工,拥有更加强大和全面的互联网技术,其目的就是为了非法地夺取各种利益。在网络空间中,网络犯罪分子必然采用匿名方式,防止暴露自己的实际身份,防止警方通过网络 ID 查询到自己的真实身份,让自己的网络身份与实际身份完全分离,为后续的逃责做好充分的准备。其使用加密手段隐藏信息内容,不断升级加密方法,使其无法轻易地被破解,或者被破解的同时又生产了新的加密方式。使用"洋葱路由",形成无数条"攻击信息"的传输路径,或者说随机性地选择任何一条路径传递"攻击信息",使得"攻击信息"的流动路径无法被跟踪,在攻击得手之后,又随机性地选择任意路径逃走,"我们面临的风险是,我们对信息的访问可能会被越来越强大、越来越不透明、几乎完全不受监管的搜索引擎所控制,这些引擎可能会在我们不知情的情况下,在很大程度上塑造和扭曲

① Shiralkar, Parth, "Cookie for Your Thoughts: An Examination of 21st-century Design and Data Collection Practices in Light of Internet Ethics and Privacy Concerns", Creative Components, https://lib. dr. iastate. edu/creativecomponents/811/, 2022-05-01.

着我们的未来"①。"网络破坏组织"往往选择无国家无政府无法律监管的"暗网"进行交易,所有的交易活动通过"虚拟货币"结算,逃脱国家的货币监管系统,形成地下交易市场。

第三,国家对网络技术的滥用所造成的不幸福局面。国家或政府对"网络技术"的使用包含两大方面:一是进行或者组织社会力量开展网络基础设施建设,提供硬件支持和软件保护,保障整个网络空间的安全、有序和稳定,使之成为社会生产生活的重要推动力。二是对互联网空间和互联网用户进行监管,其主要目的是防止和追踪网络犯罪行为,降低社会管理成本。

"网络监管"的最初目的是防止"网络用户"展开破坏行动,尤其通过网络追踪,国家机关可以观测到"网络用户"早期的计划、准备工作、苗头,据此可以立即采取行动,将其限制在萌芽状态,国家机关运用这样的方法,可以提高办案的效率和准确度,降低成本。但是在进一步的"网络监管"活动中,国家机关将采用更加先进的技术手段,监管能力不断提升,监管范围不断扩大,可以达到对所有"网络用户"进行全面监控的程度,"网络用户"的所有信息都被国家机关掌控,成为"透明人"。与网络破坏者、网络破坏组织的明显违法行为不同,国家机关往往采用反恐、维护国家安全和公共安全、防止金融诈骗、反垄断等正当的理由,对网络用户、网络组织进行无条件的监控,调用其全部核心信息,对此,网络用户、网络组织却难以使用隐私权进行有效申辩。国家机关使用政治权力,迫使科技公司和网络公司为其提供监管方面的技术支持,提供网络用户、网络组织的全部信息,以便实施更加精准的监控。美国的"棱镜门事件"充分说明,国家机关借"反恐"和"保护国家安全"的名义,可以彻底地掌控网络用户的"私人信息",通过镜像"网络用户"在互联网中的所有行踪,甚至能够监听监视他国政府首脑的私人通信终端。

---

① Lawrence M. Hinman, "Esse Est Indicato in Google: Ethical and Political Issues in Search Engines", *International Review of Information Ethics*, Vol. 3, 2005.

更深层的忧虑在于,国家机关如果出于政治打压或政治迫害的需要,对异己或普通用户展开全方位的网络监控,并对监控内容进行删改,那么"个人"绝难承受如此强度的打压,这是一种来自国家层面的"社会性死亡"。对此需要反思的是,在互联网空间中,既然国家机关能够在很大程度上限制"个人的破坏行为"和"组织的破坏行为",那么"如何判定国家机关自身的监控行为是否正当"? 或者说,如何对国家机关的监控行为进行限制? 实际上,由于互联网发展得太迅猛,导致许多法律的制定赶不上互联网的新发展和新变化,尤其是对国家机关网络行为的约束和限制方面显得更为滞后。① 所以,在互联网空间中,很难平衡"国家机关管理缺位"与"国家机关管理越位",要么不及,要么太过,"不及"则"网络破坏者"和"网络破坏组织"猖獗,"太过"则普通的网络用户丧失"隐私权"。对此,必须平衡好两种状态的关系②。

第三节　以网络技术为基础的"德福一致"形态

一、网络自由与网络技术

从互联网的设计结构看,去中心化、节点平等和互联互通,其最终目的是实现"数字信息"的自由流通,使信息能够被共享。但是,创建互联网的最初动机是为提升军事信息系统的抗打击能力,尤其是"信息中心"被摧毁后如何防止整个信息系统彻底崩溃,从而提高持续生存概率。互联网技术首先是一种军事技术、一种高技术,甚至是一种前沿性质的尖端技术,具有极高的"技术门槛"。最初的设计团队成员皆为通信领域、计算机领域、数学领域等方面的顶级专家,设计出了全新的网络结构、连接技术和连接协议,并通过联机实验实现信息的传递。直到

---

① Jack Goldsmith, "The Failure of Internet Freedom", *Knight First Amendment Institute*, No. 13, 2018.

② Julian Kamasa, "Internet Freedom in Retreat", *CSS Analyses in Security Policy*, Vol. 273, 2020.

今天，对于非专业人士而言，这些设计理论、方法和实验仍是极难认识清楚的。在局域的互联网搭建起来之后，计算机技术、网络通信技术、网络连接协议、软件技术等不断地升级发展，逐渐脱离军事和实验用途阶段，开始用于学术研究、电子邮件、软件开发等领域，这阶段最重要的成就是开发出诸多基础性的软件技术，为互联网技术、计算机技术和通信技术的进一步发展奠定了基础。接下来，Web 技术的开发和应用，大大降低了非专业人员访问互联网的技术门槛，使得互联网在应用层面很容易被推广。决定性的事件是"互联网的全面商业化"，通过商业资本的力量将互联网及其技术模式嵌入生产生活的各个方面、各个环节，在进一步的发展成果中，互联网愈发成为生产生活的"中心环节"或"基本平台"，互联网成为传统产业升级的重要推力，乃至于互联网技术本身成为新型的基础生产力，创造出部分前所未有的行业形态。当互联网将"万有"转换为"数字信息"并使之相互联结起来的时候，互联网推动了"万有互联"，通过"互联网＋"，万有之间建立了新型的联结，并且是一种新型的生产关系，所以互联网本身是一种普遍的生产力，同时，"互联网＋万有"既是一种基础性的生产力，也是一种基础性的"生产关系"。互联网的最新发展方向是与"人工智能"结合，不再依凭人类的预先设计和设定，自主地创造出全新的生产生活方式和技术，将生产力带到未知的方向和高度。

互联网的整个发展历程表明，其是建立在计算机技术、通信技术、软件技术等高技术基础上的，同时其本身也是一种高技术，推动着传统技术不断优化升级，自身也在不停地进化，在与新兴高技术的合作过程中不断地达到新的高度。所以，互联网技术始终是与科学理论和科学技术的前沿发展水平相一致的，这必然要求发展互联网技术的主体（国家、企业、网络组织）时时保持先进状态，否则互联网技术的落后，将导致社会生产力和社会生产关系的落后，这两大社会基石的落后，将造成整个社会发展水平的落后，"互联网绝不是一个脱离真实世界之外而构建的全新王国，相反，互联网空间与现实世界是不可分割的部分。互联网实质上是政治多极化、经济全球化的最美妙的工具。互联网的发展完全是由强大的政治和经济力量所驱动,而不是人类新建的一个更自由、更美好、更民主的另类天地"①。

在此情况下,发达国家凭借雄厚的科学技术基础,率先发展了"互联网"技术及其相关产业,对发展中国家形成"技术代差",继而在社会生产生活的方方面面保持领先地位甚至垄断地位,"发展中国家"成为"发达国家"降维打击的对象。与此同时,发达国家为了保持自身的垄断收益,降低研发成本,将严格限制"发展中国家"的科技发展,尤其是扼杀前沿、尖端科技的发展,通过颁布行政命令、制定法律法规,禁止"发展中国家"使用其核心技术。由此,"发达国家"牢牢地掌控着科技的发展水平和发展方向,"发展中国家"只能以"技术代差"为代价,亦步亦趋地跟随。一旦发现某个"发展中国家"的某项或某几项科技取得了突破性进展,那么"发达国家"就会对其展开全方位的限制,进行各种制裁,最终的目的就是为了保障技术领先所带来的垄断利益。一旦"发展中国家"的网络技术取得高速进步,就会冲击"发达国家"的既有利益,尤其是利用"技术代差"所赚取的高额利润,对此,"发达国家"必然千方百计阻挠"发展中国家"的技术进步,使其永远成为自己产品的销售市场。

而且,互联网技术所创建的"网络空间"先天地具有跨国属性,能够越过国家的地理界限,实现全球性的连通。"发达国家"的科技公司尤其是互联网公司,利用其技术优势和设备优势占得先机,形成"马太效应",实现"赢者通吃",将全世界的民众连接到同一个平台上。在数以亿计的用户基础上,获取其基本信息和隐私,然后经过大数据运算,展开精准的商品推销、文化传播、价值理念宣传等等,为"发达国家"的"先进性"做各种各样的营销和辩护,让普通的网络用户从精神层面对"发达国家"生成高度的认同感,"人们由在空间中进行的物品的生产,过渡

① 丹·希勒:《数字资本主义》,杨立平译,江西人民出版社 2001 年版,第 289 页。

到了对整个空间的生产,后者包含了前者,并且以前者为前提。人们也由对工业产地的那种传统的考虑,过渡到了对整个空间的考虑。由此可见,空间变成战略性的了。……通过战略,处于政治统治之下的某个空间的全部资源,充当了追求和实现那些全球性的目标和其他目标的手段。那些总体性的战略,同时也是经济的、科学的、文化的、军事的和政治的战略"①。

对于拥有互联网技术的"主体"而言,网络自由和技术优势通常是相互成就的,对于没有互联网技术的"主体"来说,网络自由往往会加大自身的技术劣势。"网络自由"的本质是信息的自由流动,从形式角度表明每个"节点"、每个"个体"都拥有获取信息和自由发展的"机会";但是在现实世界中,"节点"之间、"个体"之间处理信息的能力差距甚大,有的"个体"可以运用先进的技术获取或创造自身所需的大部分资源,有的"个体"却几乎无法使用先进技术,只能被动地接收小部分网络资源,甚至连这部分网络资源都无法充分地理解,只能单纯地模仿别人的行为。因此,拥有网络技术优势的"个体"通过"数字信息"自由流通的特性,不但能够巩固自身的既有优势,而且能够通过收集信息、处理信息和展开创新性研究,进一步地提升自身的技术优势。但是随着网络世界里的高价值信息越来越向拥有高技术的群体集中,"高技术群体"对"技术小白群体"形成绝对优势,如果两大群体之间的差距越拉越大,那么"高技术群体"将转变成一种新型的"统治阶级"——技术统治阶级,由"网络技术优势"演变成"网络技术霸权"。

"网络技术霸权"将导致如下局面:一是高技术群体成为社会的既得利益者,为了最大程度地降低自身的付出,他们将对"技术小白群体"进行技术封锁,形成"信息壁垒"和"技术壁垒",人为地将两大群体之间的差距固定下来,以便自身能够使用较小的技术提升,获取较大较长久的收益。二是,高技术群体凭借自身的技术优势,不断地向其他领域

---

① 亨利·勒菲弗:《空间与政治》,李春译,上海人民出版社 2008 年版,第 138 页。

（如政治、经济、法律）拓展自身的权利，继而形成特权，尤其是在国家之间的竞争中，高技术优势是打破战略平衡的重要因素，甚至是决定性因素，通过部分技术转让，获取更多的政治特权、经济利益和法律保护。

二、"技术富有者"的"德福同一性"

互联网中的"主体"主要分为个人、组织和国家（以国家机关和政府为代表）。如果"网络主体"能够深入地掌握和运用互联网及其相关技术，那么这类"主体"在互联网空间中就拥有了技术优势，成为"技术富有者"，对互联网的发展方向具有重要的引领作用。因此，"技术富有者"包含个人、组织和国家三个层面的技术领先者。互联网采用"分布式网络结构"，其目的是让信息能够在网络空间和节点之间自由平等地流通，所以信息的自由流动是互联网的本质，"自由精神"是互联网的根本精神。正因如此，当探究"网络主体"的"德与福同一性"之时，"网络自由"是最为核心的概念，道德、幸福及其同一性都需要通过网络中的"自由理念"加以实现。道德的含义是"主体"自由地在互联网空间追求"善"——"好"中之"最好"，幸福的内涵是"主体"自由地在互联网空间追求"好"，"德福同一性"的实质是"主体"自由地在网络空间推进"善"与"好"的一致性。然而，当虚拟的网络世界与现实世界发生交互作用之后，在"分布式结构"中原本平等的"节点"，因其背后技术水平存在着巨大的差距，导致"节点"之间实际的信息处理能力高低不同。在此基础上，网络空间里"主体"的道德、幸福及其同一性都将发生相应的变化，尤其是网络自由的自我异化和网络技术发展水平的差异，导致不同"主体"的"善""好"一致状态呈现出重大的差异性。

第一，从个人角度探究"网络技术富有者"的德福同一性。现实生活中的个人，因其背景不同，尤其是专业背景的差异，大致可分为两类人：一种是熟练掌握专业技术的个人，即拥有相关专业技能的个人；另一种是没有掌握专业技术的个人，即不具备相关专业技能的个人。对于互联网技术而言亦是如此：如果一个人能够深入地掌握和自如地运用计算机技术、软件技术、网络技术、通信技术等高技术，那么他即是

"网络技术富有者",因为他比普通网络用户更能调动互联网空间中的"资源",能够使用计算机和网络数据进行再生产。在网络空间中,如果"技术富有者"能够严格按照法律法规、伦理规范、技术禁忌等规定而行动,那么其行为是具有道德价值的。与此同时,互联网本身会记录"技术富有者"的道德行为,这些行为会受到其他网络用户、组织结构和国家机关的时刻监督,如果这些行为经受住了严格的审视,仍然具有充分的道德价值,那么网络用户、组织结构和国家机关会给予认可,如果行为具有高度的道德价值,例如对即将发动的网络攻击进行预警、破解网络犯罪分子的违法信息、为系统漏洞提供安全补丁,那么"技术富有者"会受到网络用户、组织结构和国家机关的称赞,甚至会获得相应的奖励,其德福一致的达成速度往往比"现实世界里的类似情况"更为迅速。所以"技术富有者"在网络世界中的善举、正义之举往往具有普遍的、正面的影响力和价值,因为"互联网"内部的"节点"之间是相互连通的,一个技术上的"善举"很可能拯救成千上万台计算机及其储存的海量数据,具有超高的效率。

与此相反,如果"技术富有者"为了追求私利或个人私欲,去制造各种具有高度窃取能力、复制能力和破坏力的电脑程序,针对特定的高价值目标或者随机选择目标展开攻击,那么"技术富有者"就成为违法犯罪分子,其行为是违背道德的,甚至是邪恶的。由于"技术富有者"在实施违法犯罪活动的时候必定会采取匿名方式,选用层层加密的"路由器"(如洋葱路由器)隐藏信息的发出地址和传播路径,导致管理人员无法追踪其犯罪线索。由此造成的局面是,网络空间中出现了犯罪行为,但是却追查不到犯罪信息的来源以及犯罪分子本人的真实情况。这种情况对"道德与幸福之间的现实同一性"形成了巨大的威胁。

第二,从组织角度探究"网络技术富有者"的德福同一性。随着互联网技术的持续进步,互联网及其相关技术变得极其复杂多样多变,升级迭代的频率加快,新的软件程序不断被推出,这导致单个人无法掌握足够多足够新的网络技术,继而无法有力地推进自身的德福同一性。

因此,网络技术的最新发展是以组织(如公司、企业、科技团队、研究所)为基本单元推动的,网络技术的研发必须依靠团队的智慧和协同工作,"互联网可以说是当今可用来提高作战效能的最强大的工具。通过简化和加速实时信息的交换,它可以改善整个价值链(value chain),几乎所有公司和行业。因为它是一个拥有共同标准的开放平台,公司通常可以用比利用过去几代信息技术所需的投资少得多的投资来利用它的好处。……由于每一项活动都涉及信息的创造、处理和交流,信息技术对价值链具有普遍的影响。……互联网发展的下一个阶段将涉及思维(thinking)的转变,从电子商务到商务(from e-business to business),从电子战略到战略(from e-strategy to strategy)。只有把互联网整合到整体战略(overall strategy)中,这种强大的新技术才能成为同样强大的竞争优势"①。

所以,"先进的网络技术组织"才是更加普遍的"网络技术富有者",其在某项或某几项专业领域具有原创性的技术贡献,能够迅速地提高社会生产效率和生活品质。如果"技术富有组织"能够遵守法律法规、行业规矩和伦理规范,为社会提供就业岗位、优质的产品和优良的服务,那么其就会得到社会的认可,获得较高的收益回报。除此之外,如果"技术富有组织"还致力于慈善公益事业,为社会的稳定繁荣做出贡献,那么这个组织将得到社会大众的赞赏。但是,"技术富有组织"也可能利用其技术优势,收集网络用户的个人信息和隐私,追踪用户的网络痕迹和使用习惯,以便建立强大的数据库,然后给用户提供精准的消费建议、广告推销,不断引诱用户进行消费,以便实现自身商业利益的最大化。或者与用户签订霸王条款,必须同意开发商收集个人信息和部分隐私,用户才能使用软件,条款的内容赋予了开发商巨大的权限,如果个人必须使用相关软件,那么个人只能同意开发商的不合理要求,没

① Michael E. Porter, "Strategy and The Internet", *Harvard Business Review*, Vol. 79, No. 3, 2001.

有选择的余地。最恶劣的情况是,"技术富有组织"利用自身的技术优势,从事集体性的违法犯罪活动,甚至形成了完整的产业链,例如枪支交易、贩卖毒品、网上赌博、儿童色情、贩卖恶意软件。"网络非法组织"赚取了巨额利益,让自己过上了富庶奢靡的生活,却让正常的生产生活秩序变得愈加不稳定,对个人的生命健康和生活质量造成重大损害。更为棘手的是,这些"技术富有组织"十分注重自身的隐私,千方百计地隐藏自身的行踪,为此,"技术富有组织"将运用匿名技术展开交易——发出方匿名、路径加密、接收方匿名,用数字虚拟货币进行结算,几乎不会留下任何痕迹和记录,从而逃脱法律的追责。

第三,从国家角度探究"网络技术富有者"的德福同一性。虽然网络空间里的内容可以进行跨国流通,但是互联网技术的实体部分和网络组织尤其是商业组织必须以实体国家的存在为前提,因此互联网技术、互联网公司、互联网设备仍然具有强烈的国家属性。在此基础上,"技术先进国家"或者"发达国家"与"技术落后国家"或者"发展中国家"在互联网世界中将分为两大阵营,一个是"技术富有国家",另一个是"技术贫困国家"。"互联网技术"已经不单单是一种高新技术,而且是当今社会的基本生产力和生产关系,掌握"互联网"技术及其相关技术的国家,将在社会生产力和生产关系两个方面处于领先地位。对于一个国家而言,"国民的幸福指数"是与生产力和生产关系紧密相连的,虽然不能断言生产力水平和强大的生产关系能够决定国民的幸福感受,但是在国家与国家之间的残酷竞争中,如果没有强大的生产力和生产关系作为基础保障,那么国家整体的落后就是必然的,无法满足国民在劳动、就业、医疗、卫生、教育、交通、住房等方面的基本需求,因而谈不上去过一种幸福的生活。如果一个国家因故步自封、不求上进,导致自身发展落后,进而使多数国民处于贫苦饥饿状态,那么这个国家不仅仅是不幸福的,更是不道德的、恶劣的。

因此,"技术富有国家"代表着先进生产力和生产关系的发展方向,能够通过互联网技术使自身处于富庶的状态,在绝大多数国民衣食无忧的前提下,国民的道德水平才能得到整体性的提高,否则国民之间为了生存而展开"你死我活式"的斗争,既是不道德的,也是不幸福的。由于"技术富有国家"在生产力和生产关系方面拥有巨大的优势,因此"技术富有国家"对"技术贫困国家"具有强大的影响力甚至控制力,尤其是如果"技术贫困国家"的网络技术、设备和系统等核心要件都是由"技术富有国家"提供和维护,那么"技术贫困国家"无法从根本上保障国家和国民的信息安全。由此,"技术富有国家"很可能持续地压制"技术贫困国家"的科技发展,使其始终处于低水平状态,然后使用"技术代差"不断地获取暴利,保障自己的国民始终处于幸福状态。"技术富有国家"利用对外的不道德、不公正行为,维持对内的福祉和道德形象,其道德与幸福是不一致的,其不道德与不幸福亦是不一致的。

三、"技术贫困者"的"德福同一性"

对应"网络技术富有者"的三类"主体","网络技术贫困者"的三类"主体"是技术贫困者(个人)、技术贫困组织和技术贫困国家。

一是从个人角度探究"网络技术贫困者"的德福同一性。互联网技术、计算机技术和电子通信技术是位于前沿的高技术,需要非常高的专业素养和专业能力,尤其是顶尖的网络技术、软件编程技术、加密通信技术,更是少数杰出的人才方能掌握。与此相对,缺乏网络技术的个人大致分为两类:一类是通过学习相关互联网知识,能够掌握初级的网络技术,熟练地使用与互联网相关的产品的人。另一类是指"不具备学习互联网知识的能力",互联网知识在其认知范围之外,最多只能通过"网络终端"操作"网络应用"的人,这类人是真正的"技术贫困者"。

产生"技术贫困者"的情形大致为:第一,个人从来没有接受过相关网络技术专业的教育、培训和训练,没有形成认知基础,属于个人知识系统中的"绝对盲点",由于网络技术持续地飞速发展,专业人员都必须不停地学习,因此零基础的"个人"更不可能认知新兴的网络技术。概言之,这是由于个人教育开发太晚,导致个人认知步步落后,以至于无法追上科技发展的脚步。第二,因个人生理或身体条件的限制,例如智力残疾、视力残疾、重大疾病，导致个人不具有学习网络技术的官能，属于社会的"弱势群体"。

总体来说，"技术贫困者"的世界观、人生观和价值观属于前互联网时代，对于互联网技术所带来的改变，只能被动地做出反应。在此基础上，"技术贫困者"能够在现实世界中遵循道德原则行动，但是他们却难以理解自身行动在网络世界中所引起的反响，无法自主地运用网络技术为自身创造幸福的结果；他们能够认知现实世界的"德福一致难题"，却无法认知和预判"德福一致问题"在网络空间中发生的变化。因为在网络知识和应用方面，"技术富有者"对"技术贫困者"拥有绝对优势，"技术富有者"可以充分调动"网络资源"来推进自身的德福一致，尤其是在互联网技术已经成为基础生产力和生产关系的社会背景下，"技术富有者"行善和获得幸福的"空间"更加广阔。与此相对，"技术贫困者"面临的难题是：如何在做出善行的同时，获得相应的网络幸福？

二是从组织角度探究"网络技术贫困者"的德福同一性。随着互联网技术的普及，各种实体组织逐渐启用自己的官方网站，但是这些网站大多只具有最基本的介绍功能和宣传功能。其原因在于，传统的实体组织本身不是以互联网技术为基础的组织，而是在特定的时空和具体的地域条件下开展真实的生产生活，其影响力无法快速地拓展，需要长时间积蓄口碑。互联网最大的特点就是能够实现信息的互联互通和极速流通，以互联网为基础或者在互联网中创建的组织，具有先天的互联网属性，能够从互联网内在的运行逻辑展开自身的活动，实现从一个"节点"快速地传输到网络中的其他"节点"，提高组织的运行效率。因此，这类"网络技术富有组织"能够将自身的道德行为极速地推向整个网络，或者说"技术富有组织"通过研发高质量的网络产品（如防护软件、防病毒软件、优化软件），能够及时且普遍地应用于"互联网空间"，可以使数以百万计的网络"节点"和电脑受益，同时也能及时收到众多的称赞和认同。

相较而言，"网络技术贫困组织"是非互联网性质的组织，其主体结构是实体性质的,需要在具体的生产生活中与其他人、其他组织乃至政府国家发生直接联系,其德性在于遵纪守法、重视公益、提供优质服务,如果某个组织能够严格执行这些道德要求,那么这个组织将得到法律的保护、大众的认可和赞扬,为自身的持续发展奠定坚实的基础。但是,这类"网络技术贫困组织"其"道德行动"与"幸福结果"之间存在着较长的时间间隔、较大的时空成本和人力成本。对此,"网络技术富有组织"可以充分发挥网络空间的诸多优势——信息传递快、范围广和成本低,形成类似的组织功能,极有可能取代"网络技术贫困组织"的社会作用。因此,"网络技术贫困组织"需要升级改造,通过"互联网＋",与其他生产生活要素建立高效的连接渠道,成为互联网化的组织,借助互联网平台的力量,提高自身的"功能",继而为实现自身的德福同一性提供更加全面高效的方案。

三是从国家角度探究"网络技术贫困者"的德福同一性。由于互联网技术及其相关技术是前沿性的高技术,是以整个国家的强大科技实力为支撑的,因此网络技术的发达程度大致可以反映一个国家的发展水平,"网络技术富有者"与"网络技术贫困者"分别对应着"发达国家"与"发展中国家"。与此同时,互联网技术不仅仅是一种高技术,更是整个社会的基础生产力和新型的社会生产关系,是推动社会向前发展的根本动力。因此"发展中国家"只能努力学习和发展自身的互联网科技,以便为整个社会提供强劲的生产力和先进的生产关系,这两者既是国民幸福生活的前提,也是提升国民道德水准的基础,更是促成国民德福同一性的根本保障。如果"发展中国家"在互联网科技方面与"发达国家"的差距越来越大,"发展中国家"的社会生产效率不断降低,那么"发展中国家"将愈发受制于"发达国家"的技术压制,只能从事低附加值的生产活动。

互联网技术的一大特点是"实现万有互联":从生产角度讲,互联网能够快速搜寻整个网络世界中的生产信息、运输信息和消费信息,迅速调动相关"信息资源"和"生产资料",集中"生产力"进行生产。从运输角度讲,智能化的"仓储＋物流"体系或网络能够准确、快捷、高效地完成"物资"的运输和配送,运用"网络空间"的高效率推动现实世界里"物资"的高效流转,尽可能缩短"产品"从生产者到消费者之间的周期。从消费者角度讲,可以预先通过网络空间了解"产品"的生产状况、运送效率、产品质量和用户反馈等全周期情况,然后比较不同网络平台的"产品"价格和服务水平,选取自己满意的"产品"和"服务"。与此同时,互联网系统还能够第一时间向生产者反馈消费者的使用感受和需求,以及运输配送的质量。由此可见,互联网技术不仅仅是众多高技术中的一种高技术,而且是能够将众多传统技术、高技术结合在一起的连接技术、综合技术,更是传统技术、其他高技术能够不断地升级为新兴生产力的基础,在互联网技术与传统技术、其他高技术的深度融合中,能够释放出巨大的生产力,形成高效率、高价值的生产关系。对此,"发展中国家"自身的"德福同一性"必须以生产力和生产关系的巨大进步为前提,而互联网技术正是提升生产力和生产关系的核心技术,所以只有基于对"互联网"及其技术的充分运用,"技术贫困国家"才能全面地实现自身的"德福同一性"。

第四节　从德福同一性的"网络异化形态"向"网络至善形态"过渡

在互联网时代,"道德与幸福的同一性"所发生的变化,跟互联网本身的结构、精神、技术等方面的特性内在相连,同"互联网技术与人、现实世界的交互作用"紧密相关,与互联网技术的发达程度高度相关。其中,最为核心的因素是"网络自由"和"网络技术",前者是互联网的根本结构和核心精神,后者是互联网的技术基础和现实力量。以"网络自由"为基础,生成了德福同一性的"自由形态";以"网络技术"为前提,形成了德福同一性的"异化形态"。

在互联网空间中,"德福同一性"从"自由形态"转变为"异化形态"

的原因，一是"网络自由"内在的辩证力量和辩证运动，因为互联网采用的"分布式网络"结构，网络中没有中心"节点"，所有的网络"节点"都是平等的和互联互通的，这是互联网的原初状态，由此保证信息能够在"节点之间"和网络空间中绝对自由地流通。但是随着信息的绝对自由流通，将会形成"信息的均匀分布"和"信息的不均匀分布"两种局面。前者是一种理想状态，因为互联网本身是一个开放性的网络，始终有新的信息不停地输入和产生，不断打破信息走向均匀分布的趋势，因此在互联网中，"节点"之间不可能实现真正的信息平等。后者呈现的是，除非互联网不再输入信息和生产信息，信息在互联网中的传递没有时间差，那么在一定的时间段内，每个"节点"流过的"信息总量"和"信息种类"是不同的，以致形成"信息的不均匀分布"，部分"节点"的信息总量相对更大，另一部分"节点"的信息总量相对较小。

　　二是"网络技术"的水平差距太大，根据"网络技术"能力的强弱，直接形成了"技术富有者"和"技术贫困者"两大类型，"技术富有者"更善于运用互联网技术和互联网中的信息资源，借助网络自身的信息流通属性，将形成局部的"信息中心"，占有和创造了许多"高价值信息"，其道德、幸福及其德福同一性的影响力远远大于"技术贫困者"的德福同一性。与此同时，"技术富有者"可能会运用自身的技术优势，展开不正当竞争，甚至采取违法犯罪手段攫取利益，在面临网络攻击的时候，"技术贫困者"和"技术贫困组织"很难运用技术手段自主地保护自身的权益，如果上升到国家层面，就是"发达国家"对"发展中国家"的技术压制和技术封锁，使"发展中国家"无法形成先进的生产力和生产关系，永远与"发达国家"存在代差，"由于持续的社会、经济和政治因素，技术实际上可能正在扩大国家乃至全球群体之间的差距"[1]。所以，在互联网语境中，"网络自由"自身的辩证运动和"网络技术"的水平参差不齐，二者

---

[1]　Anita Ramsetty, Cristin Adams, "Impact of The Digital Divide in The Age of COVID-19", *Journal of The American Medical Informatics Association*, Vol. 27, No. 7, July 2020, https://doi.org/10.1093/jamia/ocaa078, 2022-03-01.

共同作用导致"德福同一性的自由形态"向"德福同一性的异化形态"的过渡。

"道德与幸福的同一性"经过互联网的"折射",之所以生成"德福同一性的异化形态",其主要原因在于,不同"节点"之间的"网络技术"水平和能力差距太大。从技术设计层面讲,互联网采用无中心的"分布式结构","节点"之间是平等且互联互通的,这种结构能够最大限度地保证"数字信息"的自由流通,尤其是"节点"之间能够平等地共享互联网空间中的信息,所以互联网的设计初衷就是为了打破信息垄断,形成信息的自由平等交流,使互联网中的信息朝向均匀分布。从技术应用层面讲,在现实世界中,"节点"背后的技术支持存在着巨大的差距,少部分"节点"拥有顶级的硬件设备和超强的软件能力,而大部分"节点"只具有入门功能的"网络终端设备"和基础的软件门类,前者成为超级信息处理和储存中心——"核心节点",后者只能处理最简单的事务——"普通节点","核心节点"与"普通节点"之间根本不具有平等的技术基础,"数字信息"也不可能在两者之间自由地流动,与之相反,利用数字信息的自由流动性,"核心节点"作为"强势节点",能够决定信息的基本流动方向。所以在"互联网的设计原理"与"互联网的实际运用"之间,产生了内在的矛盾运动,"信息的自由流通"演变成"信息围绕网络技术中心流动",由此造成"技术富有者"对"技术贫困者"的"信息优势",如果这种"信息优势"不断累积,很可能演变成"信息霸权"。在此基础上,"技术富有者"为了自身的利益和幸福,极有可能运用"网络技术"不公正地、不道德地对待"技术贫困者",加剧"技术贫困者"的弱势处境。"如果科学发现和科技发展将人类分为两类,一类是绝大多数无用的普通人,另一类是一小部分经过升级的超人类,又或者各种事情的决定权已经完全从人类手中转移到具有高度智能的算法,在这两种情况下,自由主义都将崩溃。"[1]

---

① 尤瓦尔·赫拉利:《未来简史:从智人到智神》,林俊宏译,中信出版社 2017 年版,第 315 页。

对此，在互联网时代，需要超越"自由至上"和"技术至上"两种价值取向，互联网的结构本身体现了数字信息的"绝对自由"状态，互联网的技术本性呈现了高技术强大的现实力量——新的生产力和生产关系，在人类的所有价值理念中，唯有"至善"理念能够对"自由理念"和"技术霸权"形成有力的约束和引导。至此，在互联网语境中，"至善"成为"互联网空间"的最高价值，"善"优先于"自由"，"至善"优先于"绝对自由"和"唯技术论"，"道德与幸福的同一性"从"异化形态"向"至善形态"过渡。

第五章
互联网时代"道德与幸福同一性的至善形态"

在互联网时代,道德和幸福以"网络自由"为根本内核或直接规定性,据此生成"德福同一性的自由形态或直接形态";道德和幸福以"网络技术"为存在前提和现实保障,由此形成"德福同一性的异化形态或间接形态"。然而,无论是将"德福同一性"建立在"网络自由"还是"网络技术"之上,都存在着无法克服的异化难题:"网络自由"从"信息的自由流动"异化为信息的高度集中化、信息垄断乃至信息霸权,"网络技术"从"人所使用的一种高技术"异化为"宰制人的高技术",尤其是"智能互联网"的出现,其本质是从"人作为独立的主体,自主地使用工具",经过异化和倒置,"工具本身成为独立的'主体',对人进行控制,甚至成为人的'主人'"。对此,必须在"网络自由"和"网络技术"的"异化过程"中,给予严格的价值约束、规范和引导。

能够彻底实现这一目标的价值理念是"最高的善"——"至善",让"互联网整体"处于"最好状态"。"至善"理念将"善与好、善的生活与好的生活、善的状态与好的状态"和谐地统一于自身之中,让道德与幸福获得圆满的一致性,最终使"道德行为"与"幸福生活"达致互联互通的圆融无碍状态,"至善"即"圆善",是圆满的善、圆融无碍的善、圆通无阻的善、完满的善,让价值与事实、理与事获得了最高水准的一致性。因此,在互联网语境中,"至善"理念能够引导网络用户、网络共同体、整个网络空间走向"善的状态"和"好的状态",继而促成两种"状态"走向最大限度的同一。

第一节 以善为基础的网络道德

一、网络道德与善的内在一致性

从宇宙本体论角度讲,"道德"概念由"道"与"德"结合而成。"道"是宇宙万有的最高本原,是终极性的存在,是最本真的"事实",是"事实"与"价值"的统一体。德者,得之于道,其实质是由"道"而"德","道"生"一"、生成"万有",赋予"万有"最根本的规定性。所以,"德"是得之于"道"的规定性,同"道"一样,"德"既是"万有"的事实状态,又是"万有"之"事实"与"价值"相统一的状态。合"道"与"德"而言,"道德"包含了"由道到德"和"得之于道"两个环节,前者是"道"之"生化过程"和"下贯过程","万有"获得了自己的"德性",后者是"万有之求道过程","万有"通过自己的认知和努力而"复性",恢复与"道"相通的状态。所以,"道德"的最普遍含义是"最高本原"与"具体事物"相互作用的统一体,是个体性、特殊性与普遍性相结合的统一体,一方面是"最普遍者"将自身限定为"具体事物",另一方面是"具体事物"超越有限规定而通向"最普遍者"。

从价值论角度来说,"道德"是"普遍价值"与"具体价值"的统一体。在人类的发展史上,最初要面临残酷的"生存环境",个人无法单独生存下去,人与人必须过一种"共同体"生活,或者说人类本身就是从群居性的动物(猿)演化而来。人类先天就会选择群居生活,在某个地点停留下来,繁衍生息,成为长久的栖息地,为了更好地生存,将会形成共同生活的规范,或者将群居生活里的行为习惯、合作方式等确定下来,逐渐培育出稳定的风俗习惯、行为规范和习性,使得"共同体生活"成为一种有序的"好生活",道德来自"整体性的好生活"。同时,道德的目的也是为了使"共同体"处于最好的状态,以"共同体的最好状态"为标准,就能对共同体中的具体行为进行价值判断，形成价值序列。"共同体层面的好"作为"整体性的好"或者"普遍性的好"，此即"善"，"善"即"共同体的最好状态"。所以，价值层面的"道德"以共同体的善、普遍的善为本质规定，"道德"关乎"事物"和"行为"的善恶属性。

"道德"的内核是"善"，能够"使共同体处于最好状态"，是一种普遍的"好"、一种价值上的"好"。经过"互联网"的折射，"道德"转变成"网络道德"，具有了"互联网"的基本特质，基于互联网的"分布式结构"，"网络道德"将形成相应的特点。

一是"去中心化"结构中的"善"。在"分布式结构"中，没有绝对的"信息中心"，因此，"网络道德"以"整个网络空间的最好状态"为最终标准，因为"网络道德"不能单单以"某个或某几个信息节点的最好状态"为标准。在"中央控制式结构"（系统）中，分为"绝对中心"与"边缘节点"，"绝对中心"是信息的发布者，"边缘节点"是信息的接收者。"绝对中心"不但能够生成和发布信息，还能够处理信息和接收从"边缘节点"反馈而来的信息，而"边缘节点"只能接收信息和反馈信息，因此"绝对中心"或"中央"的状态决定整个系统的状态，"绝对中心"的"生死存亡"决定整个系统的"生死存亡"。反言之，"边缘节点"必须服从于"绝对中心"，必须以"绝对中心"的最好状态为最高目的、最高价值和最高标准，如此活动，"边缘节点"才具有道德属性。这类系统的风险在于，如果"绝对中心"被破坏或者被摧毁，那么"边缘节点"就无法获知"信号"，整个系统的活动就终止了。此外，这类系统还依赖于"绝对中心"自身的正义属性，如果"绝对中心"是邪恶的或者犯了错误，那么整个系统就是不道德的、不正义的，即使"边缘节点"只是单纯地服从命令，没有自主的决定权，"边缘节点"也是不道德的。

与此不同，"分布式结构"是"去中心化结构"，没有"绝对中心"，因而也没有"绝对中心"与"绝对边缘"的区分，至多存在"相对中心"和"相对边缘"。所以"节点"的道德属性不是以绝对中心的最好状态为标准，而是以整个网络的最好状态为最终根据。由于整个网络世界处于不断地生成过程中,因此无法直接确定"整个网络的最好状态","节点"只能与其他"节点"一起不断地向"网络整体"推廓,不断地寻求更加普遍的"良善状态"。所以,在"无中心"的"分布式网络"中,一方面呈现为道德的多元主义倾向,每个"节点"都可以根据自身的实际情况形成对"善"的理解;另一方面显现为道德的普遍化倾向,每个"节点"必须在与更大"共同体"的相互作用中,生成更具普遍性的"善",继而形成具体的道德原则和道德规范。

二是"平等"结构中的"善"。"平等"一直是人类社会追寻的核心价值理念,因为现实世界中存在着无处不在的"不平等",而且是刚性的、教条化的、被权力左右的、被资本浸透的不平等。对此,人类始终在探求平等的基础,如与形上本原相通的意义上具有平等性,"上帝之下,人人平等""人与人之间的人格是平等的""人与人的理性能力是平等的""在构成人的微观粒子层面是平等的",为更加公平公正的人际关系和社会生活提供稳固的起点。对此,互联网给出的方案是,基于相同的"数字信息"处理能力建立"平等"概念。在"分布式结构"中,"节点"与"节点"之间是绝对平等关系,因为网络中的全部"节点"处理"信息"的能力和方式是完全一样的,由此,从理论设计层面讲,互联网中的"节点"之间是绝对平等关系。基于"节点"之间的平等性,可以确定这样一条原则:"某一节点的行动准则能够普遍化为行动的法则。"一个"节点"的行动适用于其他所有"节点"的行动,这样的行动才具有道德价值,因为按照这类原则行动,才能使"全部节点"或者"节点所结合而成的共同体"处于"最好的状态"。相较于其他"平等基石",互联网中的平等性体现为,"节点"之间可以相互镜像和复制,能够以极其高效的方式复现彼此的行为,因此,如果某个"节点"做出了善行,那么整个网络"节点"都可以迅速地进行再现,并将得到称赞,获得更加广泛的传播;相应地,如果某个"节点"做出了不道德行为,那么整个网络"节点"也同样可以快速地复制,但是会遭到批判,继而受到整个网络的抵制。所以,在"分布式网络结构"中,一个"节点"的善行对其他所有"节点"的善行都有影

响,反言之,其他所有"节点"的道德行动也能够影响任一"节点"的道德
行动。

三是"互联互通"结构中的"善"。并非所有的网络系统都是互联互
通的,或者是相连非互联的,或者是相通非互通的,或者是互联非互通
的,而"互联网"是真正能够做到互联互通的网络系统。"中央控制式"
系统实现了每个"边缘节点"与"绝对中心"的互联,但是并未实现互通,
因为"边缘节点"只能接收来自"绝对中心"的小部分信息,不能独自处
理信息和创造信息,所以"绝对中心"与"边缘节点"之间只是联结起来
了,但是并未实现信息的互通,并且"边缘节点"之间没有直接的联结通
道,无法实现互联互通,或者说只有"绝对中心"知道全部的信息,而"边
缘节点"只知道以命令形式发布的局部信息。所以,"中央控制式"网络
是只能从"绝对中心"向"边缘节点"发布信息的"单向度网络",而不是
双向度、多向度、自由向度的"互联互通网络"。

互联网中的"节点"之间能够互联互通的前提,从"分布式结构"角
度讲,没有"绝对中心","节点"之间是平等关系。从"信息技术"角度
讲,"节点"(作为网络终端的计算器)之间处理、制造、发出、接收和传递
的"信息"都是二进制数字信息,也即是说,无论"信息"呈现为何种具体
的形态,其背后的本质都是数字编码,都是由"1"和"0"组合而成。从
"通信技术"角度讲,一方面,"网络终端"必须签订通行的"入网协定"和
"传输协定";另一方面,运用电话线、光缆、通信卫星、无线网络等通讯
设备将不同的"计算机"连接起来。由此,实现了"节点"之间的互联互
通,继而实现了"信息"在"节点"之间的相互流动。

既然任意两个"节点"之间可以建立信息的交流通道,那么它们就
能够结合成一个"网络共同体"或者"网络社区",能够充分地交流信息,
探究"如何行动对'共同体'来说是最好的",以"共同体的最好状态"或
者"共同体的善"为标准,就能判断每个"节点"及其行动的道德性质。
依此类推,可以探究两个以上"节点"所组成的"共同体"及其"最好状
态",不断地追求更具普遍性的道德原则和规范。

　　四是"虚拟世界"中的"善"。如果说互联网的"互联互通结构"更加强调"共同体的善"或"网络社区里的善",那么"虚拟世界"更加关注"虚拟空间"与"现实世界"之间的相互作用,以及如何使两者的关系达到最好的状态。在现实世界中,"道德"的界定以共同体(如家庭、组织、国家、生命共同体、生态共同体、宗教共同体)的善为根据,因为现实中的共同体是由真实"个体"相互结合而成,因而具有实体形态,必须占据特定的时空范围,"个体"只能根据"共同体"范围的扩大而推廓自身的道德行动。与此不同,"虚拟世界"是由"数字信息"建构的世界,是一个"数字空间"。"数字信息"既可以由现实世界中的"万有"转化而来,又可以通过数字编码建构而成,因而可以形成现实世界中并不存在的"事物"。与此同时,作为"数字信息空间"的"虚拟空间",并不会占据现实世界里的物理空间,或者说只需要极小的物理介质,就能存储近乎无穷大、无限多的"虚拟空间"。由于"虚拟空间"是以数字信息为基础的,因此数字信息可以在整个"虚拟空间"中自由地流动,从一个"节点"瞬间传递到另一个"节点",甚至传遍整个虚拟空间。

　　一方面,虚拟空间的"万有"是现实世界中"万有"的数字化再现,现实生活中的"善"与"恶"经过数字化转换之后被输入"虚拟世界"。原本在现实世界的局部所发生的"善恶行为",因传播慢和传播范围有限,只具有局部的影响力,一旦关于"善恶行为"的数字信息进入"虚拟空间",那么"善恶行为"将具有广泛的影响力。另一方面,数字信息可以根据思维世界里的概念或现象世界里的意象创建善恶形象、善恶行为和善恶事件——关于善恶的游戏,并在虚拟空间中呈现出来,凭借虚拟世界的建构能力,"个体"可以认知和实践在现实生活中没有直接存在的"善恶行为"。但是,经过一定时间的"操作","个体"极有可能在现实世界中将虚拟的善恶行为实现出来,尤其是模仿虚拟世界里的"恶行"和"暴行",对他人和社会造成严重的危害。因此,从任一"节点"发出的善的信息、恶的信息和不善不恶的信息,都可以快速地传遍整个虚拟空间,形成极速的放大效应,又由于接入"节点"的"主体"包含不同的背景,由此善的信息、恶的信息和不善不恶的信息在网络空间中形成了十分复杂的影响力。既然"恶的信息"与"善的信息"在虚拟空间中具有同等程度的传播性,甚至网络用户更关注"恶的信息",那么对"恶的信息"必须保持高度的警惕,并且采取综合措施限制乃至禁止其传播,着重从网络技术、法律法规和网络用户的责任感等方面采取实际行动。

二、网络道德和善的现实作用

互联网对现实世界最大的贡献是,实现了新的空间生产。将原本有限的、面临枯竭的"现实空间"转换成近乎无限的"虚拟空间",用极小的现实空间(网络服务器、网络设备和网络终端)换取极大的虚拟空间。由此,现实世界里的"万有"乃至思维世界里的一切"意识形象",经过数字化转换,成为虚拟空间中的数字信息或数字信号,"万有"从原有的实体空间和意识空间中解放出来,在"数字空间"中自由流动,在此过程中,"实体空间"获得了"虚拟化的空间拓展","意识空间"得到了"数字化的客观性"。在此基础上,一方面,现实世界中的"道德和善"将在"虚拟世界"中获得广阔的应用空间和发展空间;另一方面,由于互联网不断地推进"万有互联",持续地拓展新的"生产空间",在"虚拟空间"中不断生成新的道德要求、道德原则和道德活动,继而对现实世界里的道德生活产生变革性的作用。

一是"网络道德"对"道德绝对主义"的破解。在现实世界中,尤其是人类文明早期,由于生产力落后,生产资料匮乏,形成的"信息总量"太少,导致人类群体只能建构"中央控制式"或"集中式"的信息系统,将生产力和生产资料集中起来、统一调配,为群体的共同生存提供最基础的保障。在这个系统中,"中央"或"中心"具有绝对的正当性、合理性和善性,来自"中心"的信息或规定是每个群体行为举止的根据和标准。因此,"个体"的行为是否具有道德属性或者是否是善的,也必须以"中心"的信息内容为绝对的评判依据。

在现实生活和历史生活中,"中央控制式"信息系统以"信仰系统"和"权力系统"为主要代表。在信仰系统尤其是"一神教"信仰系统中,神是造物主,是全知全能全善的,是正当性本身、合理性本身和善性本身,神即是"绝对的信息中心",是评判其他"节点"或"一切存在者"道德与否的最终和最高标准。"绝对地信仰神,无条件地遵循神的诫命和启示经典"即是善的,反之"不信仰神,即使完全按照世俗世界中的道德规范行动"也是恶的。"道德和善的绝对标准"是"信仰神","不道德和恶的绝对标准"是"不信仰神",由此,从"一神教"出发,形成了宗教意义上的"道德绝对主义"。在权力系统尤其是君主专制系统中,君主拥有绝对的现实权力,并将其权力的合理性和合法性建立在"神""天"或者"祖先""宇宙规律"之上,由此,君主的意志就是正当性本身,或者先天的是神之意志、天之意志、祖先之意志和宇宙规律的体现,是最合理、最道德的,君主的意志就是善良意志。因此,在君主专制系统之中,君主成为权力的中心或顶峰,成为道德判断的最高标准,形成了绝对权力意义上的"道德绝对主义"。

互联网则采用"分布式结构",从结构本身消除了"绝对中心",消解了"信息"的集中分布,更不消说"绝对中心"及其信息的正当性、合理性和权威性,消解了"道德与否、善恶与否"的唯一判断标准。"网络道德"是在"无绝对中心的语境"中形成的,或者将"绝对中心"降格为"相对中心",然后与其他"相对中心"发生相互作用,形成彼此都能接受的"道德原则"和"道德规范"。进一步,从互联网的内容来看,不断有"新的信息"输入网络空间,互联网世界始终处于开放状态。与此同时,网络世界内部通过对既有的信息进行编码重组,又会生成新的信息,新的信息之间再次重组,又会形成新的信息,将新的信息输出,继而能够对现实世界产生影响。由于互联网空间中不断有新的信息生成,网络道德的判断标准也在不停地进行调整,对此无法给出道德的绝对评判标准。

二是"网络道德"对"道德相对主义"的破解。"网络道德"是以"节点"之间的相互作用为基础的,"个体"通过"节点"接入"网络空间",继而与其他"节点"互联互通,形成各种各样的"共同体","网络道德"以"共同体的最好状态"为评判标准。在"分布式结构"中,"节点"之间是平等关系,"节点"与"节点"之间没有本质性的区别,都是"数字化的信息节点",因此"节点"与"节点"互联互通之后,每个"节点"因自身所拥有的内容不同,仍然可以在网络中保持自身的"位置",并不会形成一个统一的"信息中心"或者"绝对的信息中心",无法生成道德的绝对评判标准,不会让"道德"走向"绝对主义"。与此同时,互联网中的"节点"不是彼此孤立的,而是互联互通的,这表明在互联网空间中"纯粹以单个节点或个体为标准的道德"是不存在的,完全以自我为中心的道德原则是不成立的。

如果说"道德绝对主义"以唯一的"普遍存在者"为中心,那么"道德相对主义"则走向了另一个极端,以"绝对孤立的自我"为中心,"个体"的主观判断对"道德原则"的确立具有决定性的影响。在互联网中,"网络道德"与"网络共同体"和"网络社区"紧密相连,或者说"道德"的根据在于"是否以共同体或社区的最好状态为评判标准"。所以,"网络共同体"和"网络社区"的广泛程度将决定道德原则的普遍程度,由于"互联网空间"在不断地生成中,因此旧的"网络共同体"和"网络社区"不断拓展自身的范围,新的"网络共同体"和"网络社区"不断形成,"网络道德"也在不断地推廓自身和形成新的形态。这些"网络道德"是具体、可普遍化、不断生成、具有客观性的道德,不是抽象、僵化、封闭、主观的道德。"互联网"的技术本性加速了不同网络共同体、网络社区之间的交流和碰撞,所有的"道德原则"都要放到"网络空间"中进行公开公正的探讨,这种讨论突破了现实世界中的时空限制,是时时在场的、直接的、面对面的,因而"节点"之间、"共同体"之间、"社区"之间不会停留于"道德相对主义"阶段,在不断的相互作用中向更"善"的方向推进。由于任一"网络节点"的信息能够快速地传遍整个网络空间,因此"节点"处的任一"道德原则"将面临整个网络空间的检验——"个体"的"道德准则"能否普遍化为整个网络空间的"道德法则",据此可以检验道德原则、道德规范和道德行为的普适性程度。

三是"网络道德"对"道德绑架"的破解。互联网作为"分布式网络"

形态,其最大的特点是所有"节点"之间互联互通。"中央控制式网络"或"集中式网络"的连接方式是每个"边缘节点"单独与"中心"或"中央"建立联结通道,并且"信息"只能从"中心"流向"边缘节点","中心"与"边缘节点"之间是互连的,但不是互通的,而"边缘节点"之间既不互连也不互通。"分离式网络"则由两个及两个以上的"中央控制式网络"连接而成,其连接的特点是各个"中央控制式网络"的"中心"之间是互联互通的,各个"中央控制式网络"的"边缘节点"之间既不互连也不互通,"中央控制式网络"内部的"边缘节点"之间也是既不互连也不互通的。

在此基础上,可以从"网络模式的内在强力程度"分析其"道德绑架程度":在"中央控制式网络"中,其"绝对中心"代表着"最高善"和"道德的最高标准",当"中心"命令"边缘节点"必须按照"最高的道德标准"行动时,就是一种强烈的"道德绑架",因为"边缘节点"无法享有与"绝对中心"一样的"信息总量"和"权力","边缘节点"从网络结构设计层面就不具有相应的能力。例如,在宗教信仰系统中,往往以最高的信仰标准或教义——宗教道德——规范普通信众,要求信众必须完全遵照执行,即使献出自己的生命、财富、自由、健康、幸福等基本权益也在所不惜,甚至有宗教管理阶层的部分成员,在其自身的信仰都不虔诚的情形下,要求普通信众必须按照最高信仰标准行动,让普通信众把世俗权益献祭给"信仰对象",其实质是宗教管理阶层攫取和占有了这部分权益。

与此不同,在"分布式网络"中,"节点"之间是平等关系,"节点"与"节点"之间互联互通,"信息"能够在"节点"之间自由、平等、公开地流通。因此,任何两个"节点"或几个"节点"都无法给出普遍有效的道德标准,毋宁说互联网语境中的道德标准处于不断"确立—否定—再确立—再否定"状态,因为互联网本身一直处于生成状态,或者说"道德标准"本身必须不断地接受"能否普遍化"的检验。正因如此,在互联网空间中,无法将某一项或某几项道德标准确立为最高的道德标准,继而要求"他人"无论在何种情况下都必须执行。在互联网的实际运用中,由于"节点"背后的硬件能力和软件能力存在着巨大的差距,再加上需要保护隐私、专利、机密等高价值信息,必须对部分"节点"进行加密处理,由此"部分节点"将占据和抓取更多的"信息资源",继而形成各种各样的"信息中心"。有的"信息中心"会将自身的道德标准上升为普遍的道德标准,要求其他"节点"也必须按照这些道德标准行动,甚至运用技术手段和经济手段广泛地调动网络资源,形成强大的舆论攻势。但是,"互联网"作为"分布式网络",其结构已经决定"信息"的自由流通是主流,因此局部"信息中心"的道德标准同样要接受整个网络空间的评判,其他的"节点"将从不同的角度考察这一"道德标准"的合理性程度和适用范围,对之进行限制和矫正。

四是"网络道德"对"道德冷漠"的破解。从互联网的分布式结构上讲,无中心、平等的节点、互联互通等特质表明,"个体"与"个体"之间的原初状态是自由、平等和相互联通的,"个体"与"个体"共处一个相互联结的网络结构中。从互联网的内容角度讲,不同形式的"信息"都被转换成"数字信息","数字信息"可以在"网络节点"之间自由流动,对"数字信息"进行处理和建构之后,生成了"数字虚拟空间","数字虚拟空间"可以不断地进行再生产,继而建构出新的虚拟空间,"个体"之间可以在虚拟空间中建立各种各样的联结,甚至部分"联结方式"并不存在于现实世界中。

在互联网语境中,"个体"是网络结构中的"节点",任何一个"节点"都不可能将自身与其他"节点"完全区隔开来,把自己彻底地隔绝孤立起来,"个体"与"个体"之间的联结通道始终是敞开的,"个体"之间可以凭借虚拟空间的"自由度"建立丰富多元的关系,所以"个体"与"个体"之间并不是完全的陌生关系,或者说永远停留在陌生状态,而是先天地具有相互联通的基底。在道德情境中,产生"道德冷漠"的根本原因是"将自己有意或无意地放在中心位置",表现出来的形态是"自我孤立",其内在本质却是"在某个系统中,万有必须以自己为绝对中心"。"道德冷漠"并不是简单的"对他人的不幸漠不关心"和"对他人的帮助毫无回应",不是单纯的"自我孤立"和"冷漠"、不与他人建立联系,而是"道德冷漠者"与他人建立联系的方式不具有内在的平等性,"道德冷漠者"自觉或不自觉地选取了"中央控制式"结构和系统,把自己置于结构和系统的"绝对中心",默认他人为自己服务是理所应当、天经地义的,自己无须对他人的服务致谢和感恩,因为自己才是整个系统的绝对核心,是整个系统中最重要的部分。所以,"道德冷漠者"的冷漠不单单是指道德情感迟钝、自我孤立、自私、以自我为中心,更是其自身"中央控制式系统"的建立所具有的"结构性的力量",能够使其将"冷漠"视为理所应当。

与此不同,在互联网系统中,接入"虚拟空间"的"个体"必然与其他"个体"、"共同体"发生联系,因为"个体"之间是平等的互联互通关系。在此基础上,"个体"必须审视自身的行为将对其他"个体"、"共同体"乃至整个"虚拟空间"造成何种影响,同时考察其他"个体"、"共同体"和整个"虚拟空间"对自己造成什么样的影响。正因"个体"之间处于互联互通、相互作用的结构中,虚拟空间的"道德互联状态"才能够矫正网络空间和现实世界中的"道德冷漠状态"。

第二节　以善为指引的网络幸福

一、"善"优先于"网络幸福"

"幸福"的含义是"好的存在状态、好好地存在着、好好地生活,达致一种繁荣状态",因此,"网络幸福"的基本内涵为"个体或共同体在网络空间中处于好的存在状态"。"幸福"概念的内在结构是"对 x 来说是好的",其主要特点为:一是在"主体方面",强调"对某个存在者自身而言",尤其重视"个人"或"个体"对幸福的认识和直接感受,或者说从"个人"到"共同体"再到"整体",特别重视各个阶段的"好",甚至是"个人"独立于"共同体"和"整体"的好,"对其自身而言是好的"是自身幸福的最重要标准,因为对共同体和整体来说是好的,对个人来说不一定是好的。二是在"状态方面",强调"处于好的状态",这种"好"是事实层面的、直接性的好,不是经过价值评判之后价值判断方面的好,因为"无价值的事物"和"价值中立"的事物也可能给"个人"带来幸福感,甚至负面价值的事物也可能给"个人"带来幸福的感受。三是在"好的程度方面","对 x 而言,只要是好的,就能产生幸福感,就是幸福的","好的程度"或"好的类型"不是首先需要考虑的,"不同的好"能够带来"不同的幸福状态",最重要的是引发了"好的状态",而不是引发了"最好的状态","幸福"更多的是对自身而言的好状态,而不是通过比较"好的程度"生成幸福感。所以,"幸福"更关注"好""好的状态",不论这种"好"的价值属性、范围和程度,只要对某个存在者来说是"好"的,就是一种"幸福"。

在网络空间中,"幸福"概念获得了新的拓展空间。在"分布式系统"中,没有"绝对中心",每个"节点"可以从自身的实际情况出发追求自身的幸福状态,而不是按照"绝对中心"的意志和安排行动,压制自己的幸福诉求。分布式结构中的"节点"之间是平等的,因此每个"节点"都具有追求自身幸福最大化的权利,至少在享有追求幸福的权利方面是平等的。通过"节点"之间的互联互通属性,"个体"可以借助其他"节点"的资源实现自身的幸福,同时向其他"节点"分享自身的幸福资源。基于数字信息的自由流动、编码重组和建构,可以生成多种多样的"虚拟空间","个体"可以凭借各种"虚拟空间"体验到多种幸福的存在状态。所以,在互联网空间里,"个体"的发展获得了更多更大的"自由度",能够全面地追求自身的幸福状态。

但是"好"不等同于"善","好的状态"不一定是"善的状态","幸福的状态"不一定是"道德的状态"。尤其是经过互联网的"放大效应","好的状态"与"善的状态"之间形成越来越明显的差异:"互联网"最大限度地释放了人类的自由天性,使得"个体"通过"网络自由"不断地释放内在的动力,不断地满足自身的需求以获得幸福感;与此同时,无限制的"网络自由"导致"个体"之间相互侵犯对方的基本权益,引发种种不道德的行为。因此,要让互联网获得积极长久的发展,就必须对"幸福的范围"或者"单纯追求幸福的行为"进行约束、规范和引导。

第一，"善"对"网络自由"的约束和引导。幸福的核心内涵是"在自由展开中形成好的存在状态"，没有自由或者没有相当程度的自由，"个体"的展开就会受到限制，很难满意自身的状态，继而不能产生幸福感。

在互联网时代之前，人类的自由主要受到生产力、权力、宗教信仰、资本等方面的影响。从生产力角度讲，生产力水平越低，则人类受物质条件的制约就越严重，而物质条件直接关乎人的基本生存状况，人类被落后的生产力牢牢地锁在物质生产方面，无法自由地展开生产活动。在权力系统中，唯有掌握了权力的人才有自由可言，尤其是在专制秩序和阶级统治秩序中，要么只有君主是自由的，要么只有统治阶级是自由的，这种自由是一个人的自由或者少数人的自由，是通过"剥削大多数人的劳动和财富，剥夺大多数人的发展空间"来实现的。宗教信仰的根本精神是"上帝面前，人人平等"，"人人都有自由意志，人人都有自由发展的权利"，但是少部分人却充当人与神之间的使者，把自己提升为神权阶级，获得了对于"神谕、启示经典、戒律"等内容的终极解释权，继而将自身塑造为"自由人"，把普通信众打压成"有罪之人"，必须向神权阶级让渡自己的权利，才能获得拯救。在现代社会中，"资本"成为左右生产力和生产资料流动的重要力量，资产阶级可以通过"资本"占有"生产力"和"生产资料"，为自身的自由生活奠定基础；反之，无产阶级既没有资本，也没有生产工具，只能通过出卖自己的劳动换取基本的生存保障，其生活的自由度被资本牢牢地锁住了。

在互联网空间中，"自由"表现为"数字信息"能够在"网络空间""节点"之间自由流动，在人类历史上，第一次真正地实现了"信息"的公开共享——虽然不是完全公开，但是对"个体"而言，"信息的总量"和"信息的质量"足以为其自由发展提供最基本的前提。由于"数字信息"能够被整个互联网空间及其全部"网络节点"所识别，因此"数字信息"呈现出来的"自由属性"在网络空间中具有了客观性和普遍性，"个体"凭借"数字信息的自由流动"获得了自由发展的基础，"个体"可以自由地选取"信息资源",实现自身的成长。对于单个"个体"而言,"信息"的自由流通具有积极的意义,但是互联网中存在着难以计数的"个体",每个"个体"都希望能够尽可能多地抓取自身发展所需的信息资源,因而无法避免因争夺信息而产生的纠纷。

在网络空间里,存在着三种主要的信息类别:一是"不能公开的信息",涉及个人信息、征信、隐私、专利、加密信息、安全信息。二是"付费信息",需要支付一定金额才能使用的软件、应用、资源、数据库。三是"免费信息",是公开共享的信息,如果用于非商业用途,需要标明信息的原创者和来源。对这些信息的规范使用,才是符合法律法规和道德规范的。因此,"信息的自由流通"并不等同于"信息的自由使用","个体"的自由发展以对信息的规范为前提。

第二,"善"对"网络平等"的约束和引导。从互联网的"分布式"结构来看,没有"绝对中心",只有相互连接的"节点","节点"与"节点"之间没有本质差异,是平等关系,由此,信息才能在"节点"之间相互流动,继而形成公开共享的网络空间。

但是从现实情况来看,虽然每个"节点"的信息处理原理是相同的,其背后的设备、技术和人才等方面却都不相同,因此,现实中的"节点"其信息处理能力各不相同,一台超级计算机的计算能力等同于上万台普通电脑计算能力的总和,而且每个"节点"的信息储存能力也是不同的,一台大型服务器可以储存成千上万台普通电脑的数据信息。所以在真实的互联网中,"节点"与"节点"之间不仅不是平等的,而且存在着巨大的差距,并且这种差距将越拉越大,"普通节点"必须以"超级节点"为信息来源、信息处理中心和信息存储中心。正因如此,"超级节点"反倒可以利用"节点之间的平等性",要求"普通节点"共享自身的信息,甚至签订霸王条款,疯狂收集和抓取数据,建立大型数据库,通过各种算法,创造出高价值信息,获取高额商业利益。在此情况下,"普通节点"既是"超级节点"原始信息的来源地,同时又是"超级节点"高价值信息的销售对象和应用对象。与此同时,如果部分"普通节点"背后拥有熟练掌握计算机技术和网络技术的人员或组织,那么"普通节点"可以通过匿名技术、加密技术等方式,利用计算机操作系统的漏洞,对其他"普通节点"甚至"超级节点"发起攻击,窃听窃取其高价值信息。因此,"网络平等"具有两面性:一方面为网络世界中的所有"节点"提供了原初的平等起点,无论"节点"的真实状态是怎样的,都不能否定每个"节点"在网络空间中拥有最根本的平等权,为每个"节点"的存在价值提供最基础的保障。另一方面,由于现实世界中的"节点"之间存在着巨大的差距和差异,分裂成"强势节点"和"弱势节点"两大类,"强势节点"以"节点之间的平等设定"为借口,单方面收集甚至窃取"弱势节点"的信息,以便从中获利。

对此,为了使"强势节点"与"弱势节点"真正地平等地共处,"强势节点"不能利用技术优势复制、窃取、破坏、删除"弱势节点"的信息,在一定条件下,"强势节点"应当帮助"弱势节点"成长起来,缩小彼此的技术差距,二者的关系才能走向实质性的平等状态。让"强势节点"与"弱势节点"处于平等地位,其目的不仅仅是为了各自的良性发展,也不仅仅是为了保护"弱势节点",而且是为了保障整个互联网空间处于"好的状态"。在此,就不能单单从"节点"的平等状态出发,而是要以"互联网的最好状态"即"善"为标准和目的,反过来规范和引导各个"节点"尤其是"强势节点"的"活动状态"。因为"互联网"中的所有"节点"能够互联互通、相互作用,互联网世界具有整体性,所以各个"节点"需要从整体的最好状态来调整自身的状态,才能走向真正的平等关系。

第三,"善"对"虚拟空间"的约束和引导。互联网的主要技术特点为:使用各种"传感元件"获取"万有"的"测量数据",然后通过"转换元件"将"测量数据"转变成"电子信号",使用计算机技术将"电子信号"转换成"二进制数字信号",至此,将"万有""数字信息化"。"数字信息"在互联网中自由流通,形成了"数字虚拟空间"。对于虚拟空间的技术本性而言,"数字信息"都是"二进制数字信号",唯一的区别就是"可被识别"抑或"不可被识别",虚拟空间对"数字信息"的传播,不是以"信息的内容"即"信息的善恶属性、好坏属性"为传输标准，而是以"信号能否被计算机识别"为传递前提，能够被识别就是"好信息"，反之则是"坏信息"。

与此不同，"数字信息"的内容却可能具有善恶属性，因为在被数字化之前，部分"万有"在现实世界中本就具有善恶属性，当其被转化为数字信号时，虽然使用了通行的二进制数字信息编码方式，但是其内容被相对完整地保存了下来，所以数字信息的形式不具有善恶性质，但是数字信息的内容却可能包含善恶属性。除了再现"现实世界"里的"善恶内容"之外，基于"节点"之间的自由联通属性，部分"强势节点"将利用技术优势，制造出功能强大的软件或者病毒，通过网络对其他节点、数据中心、服务器等进行攻击，从事各种网络违法犯罪活动，给个人、组织、企业、政府、国家等造成巨大损失，是实实在在的恶行。相比于现实世界里的信息传播情况，网络空间的开放程度高、传递迅速和影响范围广，可以在极短的时间内形成"信息风暴"，尤其是涉及网络暴力、网络诽谤、网络赌博、网络战争等方面的信息，可能造成普遍性的伤害和破坏。

因此，一方面，来自现实世界的善恶事件转换为虚拟世界的善恶信息，使虚拟空间的内容具有了善、恶、善恶中立等性质；另一方面，利用计算机技术和网络技术，在虚拟空间中作恶，经过广泛地传播，将对"个体"的行为选择、是非观念、人际关系等方面造成巨大的负面影响。在虚拟空间成为新的生产空间和生产力空间的情形下，其为人类社会的发展提供了动力支持，尤其是为人类的繁荣、好生活、幸福生活提供重要的保障。与此同时，又引发了诸多新的问题，尤其是将"虚拟空间"用于非法邪恶的社会活动中，因其具有极速而广泛的传播力，将对正常的社会生活秩序造成严重影响。对此，必须将"善"的理念置于"幸福"理念之上，用"善"约束和引导"好的生活"或"幸福的生活"。

二、"善"对"网络幸福"的积极作用

"网络幸福"以"互联网的分布式结构"和"数字信息的自由流动"为

基础,"无绝对中心"保障了"网络幸福"的多元性,"节点之间的平等地位"保障了"网络幸福"的共享特质,"互联互通"保障了"网络幸福"的分享特性,"虚拟性"保障了"网络幸福"的拓展性,"信息的无阻碍流动"保障了"网络幸福"的自由度。综合起来,"网络幸福"以"信息的自由流通"和"信息的自由使用"为理论前提,其目的是保障"个体的自由发展权利",使个体拥有丰富的"信息资源"去创造和追求"好生活"。但是,如果接入"网络空间"的每个"个体"为了自身的"好状态"和"幸福",都想占有更多的"网络资源",那么"个体"之间将为此发生激烈的竞争。在竞争中,将产生"强势节点"为了自身的幸福而夺取、窃取和破坏"弱势节点"的"信息",由此造成"弱势节点"与"强势节点"之间的分离乃至对抗,对此需要尽可能以"整体的最好状态"为评判标准,即求"善"活动,调整和纠正"弱势节点"与"强势节点"之间的求"好"活动。

第一,"善"对个人幸福的引领作用。在互联网时代,每个"个人"都拥有了接入"网络空间"的机会,比以往任何时期享有更多的"信息资源",也拥有更丰富的发展路径,为幸福生活的达成提供了更多的可能性。在人类社会的历史进程中,"个人"及其发展权利的确立经历了漫长的历史演进过程,"个人"对自身幸福的追寻也受到各种历史条件的严格限制,其进展十分缓慢:首先,在人类社会初期,只存在作为"共同体"的"群体",虽然"群体"由"群体成员"结合而成,但是"群体成员"没有形成独立的自我意识,不能将自身与"共同体"分离开来,当"群体成员"所拥有的生产工具和生产资料完全属于"共同体"时,"群体成员"无论是在物质方面还是在精神方面都完全依附于"共同体","共同体"的发展状态决定"群体成员"的发展水平。

其次,在阶级社会时期,因生产工具、生产资料、劳动产品和财富等"资源"的不平衡分布,少数不从事生产劳动的"群体"掌握了社会的大部分资源,多数直接从事生产劳动的"群体"却无法占有社会资源,前者转变成统治阶级和资产阶级,后者转变为被统治阶级和无产阶级。由于上层阶级占据了社会的大部分资源,因此上层阶级中的"个人"具有较高的独立性和自主意识,可以凭借丰富的社会资源享有高度的幸福生活;反之,因缺乏社会资源,底层阶级要么难以形成独立的"个人意识",要么形成了"个人意识"却无法调动和运用社会资源去追求幸福的生活。

再次,现代国家建立在比较发达的生产力和比较丰富的生产资料基础之上,其本质是随着生产力水平的提高,社会资源的总量得到较大提升,阶级社会中的"底层阶级"及其"个人"开始拥有较为丰富的社会资源,再加上法律对个人基本权利的保护,由此"个人"可以运用部分社会资源追求自身的幸福。

最后,到互联网时代,社会的生产力和生产资料上升到了新的高度,或者说互联网本身已经成为新的基础生产力和基础生产关系,大大地提高了社会资源的总量,提升了其丰富程度。在此前提下,至少从机会层面讲,"个人"获得了创造自身幸福的多重路径。在互联网中,"个人"获取信息的困难度远远小于前互联网时期,因为网络技术打破了信息传递的时空限制,由此"个人"可以通过互联网学习各种技能,让自己的生活变得更好。但是,正因为"个人"在互联网空间中拥有极大的自由度,可能导致"个人"轻易地突破自身与他人、共同体之间的界限:由于"个人"只关注自身的幸福诉求,而将他人、共同体仅仅当作工具,甚至会发生侵犯他人、共同体的权益的行为。为了约束"个人"的自由权利在网络空间中的无限扩张,必须确立更高的理念,这种"理念"必须以个人与他人、共同体之间的"最好状态"为内核,由于"善即是最好的好或好中之最好",因此将"善"置于"个人发展"之上,才能形成个人与他人、共同体的和谐共生局面。

第二,"善"对组织幸福的引领作用。在互联网技术的实际运用中,以"组织"(如公司、企业、研发团队、实验团队)形式出现的网络形态更为常见,是网络空间中的主要形态。因为网络世界中的"个人",大多数是信息的"接收者"和"分享者",而不是信息的"制造者"和"创建者"。"组织"才是信息处理、生产、发布、更新、储存等方面的主导力量,不断地推动"网络技术"的革新和升级。因此,运用好"组织"的力量,将有力地提升社会生活的幸福指数。"互联网组织"或"互联网化的组织"最大的特征是,可以在"数字虚拟空间"中进行生产。互联网技术无须占据实体空间或者使用极小的实体空间,就能创建出近乎无限的虚拟空间,实现新的空间生产。因此,"互联网组织"能够有力地释放网络空间的生产力,同时通过"互联网+",使现实世界里的"实体组织"超越时间和地理空间的限制,获得更加广阔的发展空间。

但是,"网络组织"包含着内在的否定性力量或负面取向:一是"技术强大的网络组织"对"技术落后的网络组织"和"实体组织"行使"技术霸权"或订立"霸王条款"——尤其是大型的基础软件开发商和基础硬件供应商,前者涉及"基础操作系统"及其安全性,后者关乎"网络设备的硬件品质"及其安全性,由于二者是网络技术最底层的设计者和研发者,因此它们可以借"系统安全"和"设备安全"的名义,让用户放开权限,收集网络用户的个人资料、隐私和核心信息,甚至全部信息。在拥有海量的用户信息之后,经过分析和解读,这些基础的软硬件公司将开发出更具针对性的产品,可以根据用户的偏好和独特需求提供精准的服务,面对这些经过精确计算后形成的"一对一服务",网络用户几乎没有抵抗力,心甘情愿地为之买单。其中,很多消费是"诱导型消费",主要目的是让消费者为自己的心理舒适度买单,而不是为产品的"实用价值"和"实际用途"买单。"人们从来不消费物的本身(使用价值)——人们总是把物(从广义的角度)用来当作能够突出自己的符号,或让自己加入自认为理想的团体,或参考一个地位更高的团体来摆脱本团体。"①

二是熟练掌握互联网技术和网络通信技术的"非法组织"在网络空间中从事各种违法犯罪活动,对网络用户的信息安全造成严重威胁和损失,伤害网络用户的基本权益——生命、健康、财富、尊严、隐私、知情

---

① 让·鲍德里亚:《消费社会》,刘成富、全志钢译,南京大学出版社 2014 年版,第 48 页。

权等。在非法的网络交易(如枪支、毒品、儿童色情、网络病毒、机密文件)中,"网络组织"采用匿名方式隐藏自己的真实身份和地理位置,使用"洋葱路由器"和层层加密的方式隐藏信息的传播路径,信息的"接收者"也是采取匿名方式,同时获得解密口令,使用"数字货币"进行结算。"网络组织"通过各种技术手段展开网络攻击,针对高价值目标——金融系统、能源系统、军事系统、武器系统、生化系统、医疗系统等,以便获取高额回报或赎金,甚至部分网络攻击的目标就是直接破坏和删除攻击对象的全部数据。

　　由此可见,"网络组织"或"网络化的组织"在运用互联网技术进行活动时,通过互联网的"放大效应",好的行为和坏的行为、合法的行为和非法的行为、道德的行为和不道德的行为都同时被网络空间广泛地扩展和传播,形成两股强大的力量。再加上"互联网组织"天然地具有跨国属性,即使具有强约束力的国家法律对之也很难以进行有效管控;并且由于各个国家对于相同的"网络行为"采取不同的判刑和量刑标准,单单运用法律手段很难约束"互联网组织"的网络行为。对此,将"互联网组织之间的和谐共处、共同繁荣"或"互联网的最好状态"作为目的和标准,即以"互联网的善性状态"为指引,才能使"网络组织"自发地约束和规范自己的行为,形成强大的自律力量。

　　第三,"善"对国家幸福的引领作用。从国家整体的发展角度看,发展互联网技术的根本原因是,网络技术已经成为社会生活的基本生产力和基础生产关系,代表着先进生产力和生产关系的发展方向,互联网及其相关技术是整个国家获得全面发展的核心动力,也是国家形成强大竞争力的基础,所以任何一个国家都必然会重视互联网技术的研发、普及和应用。凭借互联网技术,一个国家的资源能够最大限度地流动起来,为生产生活的资源配置提供基础性的保障。从硬件角度讲,网络技术、计算机技术和通信技术是创建"互联网"的基础技术,这些技术依托于高科技设备及其所具有的高性能,搭建互联网的基础设备是人类最前沿的硬件产品之一,而能够设计和制造出"网络基础设备",尤其是制造顶级芯片的光刻机和超高速通信设备,代表了人类最强的工业制造能力。所以,围绕互联网展开的设备制造能力和产业力量,是一个国家综合实力和尖端设备制造能力的集中体现,是一个国家的核心竞争力所在,是一个国家的重大关切。正因如此,虽然互联网从其数字信息本质讲没有国家属性,但是对互联网相关设备的设计和制造而言却必须以国家的利益、意志和能力为最重要的前提,没有任何妥协和退步的可能。

从软件角度看,硬件就像人的身体,软件就如同人的精神,强悍的硬件与强大的软件结合起来才能形成强劲的生产力。为此,必须不断地壮大对于软件的开发能力和运用能力,因为一方面硬件的持续升级必然会面临材料性能(如芯片制程)的上限,软件的升级空间高于硬件的升级空间;另一方面在相同的硬件条件下,可以使用各种计算机语言展开不同目的、不同层次的软件开发,通过软件自身的优化和调整,就能够实现自我升级。另外,"网络软件"与"网络硬件"的一大区别在于,前者几乎不受地理空间的限制,后者必然要占据特定的地理空间,网络软件不受国家领地的约束,能够进行跨国传播。因此,对高技术软件的专利保护或者使用限制,尤其是涉及国家核心利益的软件技术、软件开发和软件应用,必须经受严格审查,确保其不会对国家的安全和利益造成危害。

综合互联网硬件技术和软件技术的重大价值,如果一个国家掌握了这些技术,并能够广泛地使用,那么整个国家的生产力水平将得到较大提升,生产资料和生活资料变得更加丰富,民众的生活质量得到提升,幸福感也会随之增强。但是,各个国家的综合国力、科研能力和科技发展水平是不同的,尤其涉及科技的高精尖领域,只有少数发达国家才能掌握。在此情形下,如果发达国家垄断网络技术,并利用"技术代差"对发展中国家、落后国家实施技术封锁,那么发达国家就可以凭借技术优势,用极低的技术成本占领发展中国家的内部市场,快速收割发展中国家长时间积累的社会财富,然后将部分高额利润投入技术的升级和研发,继续保持对发展中国家的技术宰制,使发展中国家的生产力和综合国力始终处于低水平状态。

对此,应当从"全球发展共同体"的角度出发,让每个国家都参与到"互联网技术"的研发和共享中。因为人类比以往任何历史时期相比联系得更加紧密,人与人之间、组织与组织之间、国家与国家之间,通过经贸、文化尤其是互联网技术联结成为荣损与共的"命运共同体",每个国家都应该拥有平等的发展机会,拥有共享"美好现实"和"美好未来"的机会。因此,发达国家应当协助发展中国家提升其网络技术水平,让发展中国家获得科技进步的红利,让技术落后国家的人民拥有更多的发展机会,力求推进国家之间的"共赢局面",其实质是将"善"作为互联网技术及其发展的至高理念,引领互联网技术促成全球的"繁荣状态"和"最好状态"。虽然要协调全球伦理与具体伦理、语境伦理的不同方向是十分困难的,但在全球必须共同治理互联网的背景下,应当发展出多元化的"普遍价值",主要包含如下内容:重视信任和社会正义,消除数字鸿沟,建立知识社会,提高透明度,避免访问鸿沟,保护尊严、隐私和安全,解决责任问题。[1]

第三节　以至善为理念的德福同一路径

一、"善"优先于"自由"

"自由"是互联网空间、互联网世界的第一本质,"自由精神"是互联网的最根本精神。从互联网的基本结构看,在"分布式网络"中,整个网络由各个"节点"互联互通而成,没有"绝对中心","节点"与"节点"之间是平等关系,"节点"之间既可以直接相连通又可以通过其他任一"节点"相连通,"节点"数量可以不断增加。从互联网的内容看,互联网中

---

[1]　Rolf H. Weber, "Ethics as Pillar of Internet Governance", *Jahrbuch Für Recht Und Ethik/Annual Review of Law and Ethics*, Vol. 23, 2015.

的信息,一方面来自计算机将"万有"转换为电子信息、二进制数字信息,计算机把"数字信息"输入网络空间;另一方面是运用软件编程、特定算法创造新的数字信息,在互联网空间内部形成新的数字信息,所以"节点"处的信息、"节点"之间流动的信息和互联网空间中的信息都是"数字信息",都是相通制式的信息,因而可以进行自由地编辑和转换。综合互联网的基本结构和内容,"节点"之间具备自由连接的通道,"节点"之间的信息具有相同的制式,显示出互联网的最根本精神——"自由精神"。

在前互联网时代,人类对于自由的追寻,分为三大类型:一是通过宗教信仰追求自由。其基本特质为,神作为造物主,造出人和天地万物,但将人置于天地万物之上,人对天地万物具有占有权和支配权,在此意义上,人具有一定程度的自由。另外,神赋予人自由意志,人可以选择信仰神,也可以选择不信仰神,人可以完全自主地行动,行善抑或作恶完全由人自己决定。所以在宗教信仰尤其是一神教信仰中,人的自由意志源于神的赋予,但是人可以通过自由意志做出选择,并完全由人自己负责。二是通过"精神力"追求自由,其直接形态是运用人类思维或意识的无限拓展能力。人的身体和物质世界受到自然规律的限制,服从自然因果律和自然必然性,但是人的思维却能不断地将"外物"转化为内在的"意识对象",思维自身也能在意识内部创建"意识形象"。由此,思维能够自由地运用"意识对象"和"意识形象"进行新的意识创作,思维自身独立于自然规律、自然因果性和自然必然性,自主地开启因果链条或者自主地进行创作。因此,思维自身是自由的,同时也让进入意识空间的一切存在变得自由起来。三是通过立法维护自身的自由权益。与宗教信仰中的自由意志和精神世界中的意识自由不同,现实生活中的自由是各种真实的自由权益,例如言论自由、宗教信仰自由、免于贫困的自由、免于恐惧的自由。可以从积极和消极两个角度分析人的自由,在不伤害他人的前提下,一方面能够自由地做自己想做的事,另一方面能够不去做自己不想做的事——对这些权利,都需要通过立法程序,制定出相应的法律条款加以保障和落实。

与前互联网时代追求"自由理念"的方式不同,互联网是通过保障数字信息的无障碍流通,实现了"数字自由"。在互联网空间中,数字信息的自由传输是一种"绝对自由",因为信息不仅能够从任一"节点"传输到任意"节点",而且是能够信息完整地从"一点"传送到其他任何"一点",概言之,互联网不仅能够自由地传播数字信息,而且能够保持完整度,没有任何遗漏、没有任何增加,完全客观地传递数字信息。互联网语境中的"绝对自由"包含两大特质,一个是能够使"信息"无限制地流通,另一个是使"信息"能够完整地流通。正因如此,互联网自身具有自由属性,而且是一种"绝对自由"。分布式网络中"节点"的能力是完全相同的,或者说,"节点"之间具有原初的平等性,这是"信息"的绝对自由流通得以形成的基础。在互联网中,"信息"经过充分地自由流通之后,"信息"在各个"节点"之间将趋于平均分布,"信息的自由流通"将导向"信息的平等分布"。所以,一方面,"节点"之间的平等地位促使"信息"自由流通;另一方面,"信息"的自由流通促进"信息"平等地分布于"节点"之间。

由于"网络自由"是一种"绝对自由",因此任何进入和处于"互联网"中的"数字信息",对互联网技术自身而言,没有价值上的好坏善恶之分,只有能否被计算机程序识别之分,尤其涉及"能否被主程序和操作系统识别"或者"是有利于还是有害于主程序和操作系统"——有利于主程序和操作系统正常运行的"程序"即是"好的程序";反之,则是"坏的程序"。这里的"好坏"是指功能方面的正常与否,而不是直接对"程序的价值属性"进行善恶判定。因此,对于"网络自由"来说,"信息的可传播性"高于"信息的善恶属性"。从数字信息所包含的内容而言,一方面"网络信息"是由"万有"的数字化转换而来,如果"万有"自身具有善恶属性,那么数字化的"万有"或者以数字形态呈现的"万有"仍然包含原有的善恶信息,所以部分"数字信息"在互联网中传递之前便具有善恶属性。另一方面,"互联网空间"中的数字信息,除了来自数字化的"万有"之外,计算机能够独立于"万有"而展开编程工作,创造出全新的数字信息。有的数字信息是建设性的,能够增强互联网系统的稳定性和安全性;反之,有的数字信息是破坏性的,利用网络系统和计算机系统的漏洞展开网络攻击活动,不同于现实世界中的违法犯罪活动,网络世界中的破坏活动只需使用一小段"恶意程序",便能让成千上万台计算机、服务器和网络终端死机,进而窃取、损害甚至删除其核心数据。虽然"网络犯罪行为"不会对网络用户造成直接的实体性伤害,但是其对个人信息、隐私、机密、安全等高价值所造成的泄漏和破坏是彻底的,这些信息将在互联网空间中四处游荡,几乎无法挽回。更糟糕的是,信息被泄漏和被破坏将引发现实世界中的一系列恶劣效应,对现实生活中的个人、组织和国家造成实质性的伤害和损失。

在互联网时代,面对其"绝对自由"属性及其所形成的悖论和破坏力,单单"绝对自由"的自我约束已无法对其进行克服,因为互联网的分布式结构和数字信息的自由流动都蕴含着巨大的力量——"结构力"和"流动力",这类力量将突破一切既有的限制、设定的限制,继续追求自由流动。对此,必须在互联网的自由本质之上,确立更加具有约束力和引导力的价值理念。互联网最大的特质在于,让连入"互联网"的"万有"瞬间获得了"自由属性",而且是能够在整个网络中流通的绝对自由属性。在互联网出现之前,"自由理念"或"自由状态"是个人和社会追求的目的,是人类社会的终极理想之一,但是在互联网时代或互联网空间中,"绝对自由"或者"信息的自由流通"是整个网络系统的起点,个人、组织和国家在接入互联网的瞬间就获得了"自由",甚至是基于信息流通的"绝对自由"。所以,面对互联网空间先天的自由属性,第一任务不是继续无限制地发扬自由精神,而是推动对"绝对自由"的限制。虽然无法做到绝对地限制"自由流动",但是可以对之进行引导,使其朝向"互联网的最好状态"努力。"互联网的最好状态"是指"互联网整体以善为最高理念或者以整体的善为最高标准,约束、调整和引导互联网的自由活动,使互联网的自由状态与善性状态实现和谐共生",个人的自由活动、组织的自由活动和国家的自由活动均以共同善、和谐状态为最高前提,才能促进互联网内部和谐状态的达成。所以,面对信息能够绝对自由地流通的互联网,必须确立"善优先于自由"这一原则,"善"的理念高于"自由"理念,方能限制互联网或者利用互联网作恶的可能性和作恶的程度,同时引导互联网和互联网用户走向和谐共处。

二、"善"优先于"技术"

互联网采取"分布式结构",其初衷是为了提升信息系统的生存能力,最终目的是实现信息的自由平等流通。无论是从人类历史的角度,还是从人类思维的架构角度,"互联网"皆最大限度地推进了"自由理念"的现实化,让"自由"通过"信息的无阻碍流通"呈现出来,基于相同相通的数字制式,"自由"具有了客观性,能够被普遍地识别和执行。但是互联网自由特质的现实保障是现代科学技术的发展和应用,主要涉及计算机技术、网络技术和通信技术,三者的主要作用分别是处理信息、联结网络"节点"和传输数字信息。从互联网的理论设计角度讲,"数字信息"一瞬间就能传遍"整个网络空间","互联网"一瞬间就能实现"数字信息"的自由传播,网络中的"节点"也能一瞬间获取整个网络空间的数字信息资源。然而实际的情况却是,由于科学技术和科学材料的限制,计算机技术、网络技术和通信技术无法完全实现"互联网所设计的理想状态";更为重要的原因是,现实世界里的尖端科学技术具有强烈的国家属性,互联网技术是现代国家的核心科技,是一个国家保持先进性的重要技术力量,因此技术发达的国家为了自身的国家利益,必然要与其他国家保持"技术代差"。所以在现实世界中,技术发达的国家才能充分地享有"互联网的自由属性"和"数字信息的自由流动",或者说才能充分地调动互联网中的信息资源,将互联网所蕴含的生产力充分地释放出来,并建立起全新的高效生产关系。

从"技术自身的运行逻辑"角度来讲,互联网是通过"连接协议和联网协议"将"两台及两台以上的计算机"联结起来而形成的网络系统。因此,互联网自身的特质与其技术特性密切相关。计算机的第一项功能是将"电子信号"转换为"二进制数字信息",其过程是,运用传感器中的"敏感元件"测得"对象"的"物理数值",然后使用传感器中的"转换元件"将"对象的物理信号"转变成"电子信号",最后由计算机将"对象的电子信号"转换为"二进制数字信号"。因此,"万有"是作为"数字信号"而不是"万有本身"输入"互联网空间"中的,互联网通过编辑"数字信号"再现"万有"。在此环节,"二进制数字信号"对于互联网技术而言,只有能否识别的区分,而没有善恶好坏的区别。技术本身不会对"作为数字信号的事物"进行价值判断,事物之间的区别在于"0"和"1"的组合方式不同,计算机技术只需识别"0""1"及其组合,而不需要判别"0"和"1"的组合所包含的价值内容和善恶属性。因此,网络技术只根据自己的技术特性和技术逻辑判断"事物的好坏"。

计算机的第二项功能是通过自身的语言编辑各种程序,这些程序同样按照"二进制规则"运行,从计算机程序的本质构成而言,不同的程序仍然由"0"和"1"的不同组合而形成,因此对计算机来说,"程序是否可以识别,是否可以正常运行"是最重要的事情,而不是判断程序自身所包含的善恶内容。故而,破坏主程序和操作系统的程序即是恶意程序、电脑病毒,反之,计算机的操作系统和以操作系统为基础开发的应用程序,以及能够增补主程序和操作系统漏洞的程序,均是"正常程序"或"好的程序"。

所以互联网技术本身包含着重大的风险,或者说互联网无法避免科学技术本身所蕴藏的风险。其背后的原因在于,事实与价值、技术与价值的分离——科学是以事实的目光考察这个世界,遵循事实逻辑和技术逻辑,首先关注事物的客观状态,而不是首先进行价值判断,评断其善恶是非。因此,网络技术遵循科学的逻辑和技术的逻辑展开自身。"数字信息"之于网络传播技术和网络传播设备,同"数字信息"之于计算机一样,只是一串"电子信号"或"二进制数字信号",至于"数字信号"所包含的"内容"及其"价值属性"和"善恶属性",不是网络传播技术和网络传播设备本身首先需要考察的,只需要"电子信号"符合相同的"数字制式"就可以被传递。综上所述,"网络技术"本身只考量信息的技术本性和技术逻辑,不考察信息的价值属性和价值逻辑,由此导致"恶的信息"与"善的信息"一样,能够自由地在网络空间中传播。

从"网络技术的国家属性"角度讲,虽然网络科技自身的技术本质不具有国家属性,但是发展科技所需的社会资源、空间资源、人力、物力和财力等却是以国家及其提供的保障为前提的,否则科技就无法被研发、投产、应用和推广,无法成为国家发展的推动力。网络技术作为一种高技术,只有少数发达国家才能完全掌握,利用自身的技术优势,发达国家将通过"数字代差"限制发展中国家的科技发展,让技术贫困的国家始终处于低水平发展状态,无法实现技术上的革新和飞跃,只能成为高科技产品的消费市场。在此过程中,发达国家利用其技术优势尤其科技行业,对发展中国家的传统行业进行"降维打击",攫取巨额利润,发达国家使用这些利润升级已有技术和开发新技术,继续巩固自身的领先地位。与之相对,发展中国家由于流失了巨额利润,导致整个国家无法展开科技研发,始终处于发达国家的技术统御之下,难以获得公平发展的科技能力和机会。

根据网络技术自身的技术特质和国家之间技术水平的巨大差距,导致互联网在实际运用过程中,既无法做到真正自由平等地传播"数字信息",又无法对信息内容的善恶属性进行甄别,致使恶的信息和坏的信息一样能够在网络空间中四处传播。对此,不应把互联网空间的和谐状态或最好状态,寄希望于互联网自身的技术逻辑和国家之间的技术共享,而是应完成一次"倒置",把网络空间的"最好状态"或"善性状态"确立为最高标准,然后以此约束、规范和引导互联网空间中个人、组织和国家的具体活动。其本质是将"善"置于"技术"之上,运用"善性逻辑"约束和引导"技术逻辑",用"网络共同体的最高价值"约束"网络技术的无节制发展"。其根本原因在于,"网络技术"本身是为了追求信息的自由流动,"技术"是为"自由"服务的,因此"网络技术"终究会突破一切界限,彻底实现信息的自由流通。在此基础上,包含邪恶内容的信息也获得了自由流通的权利,同样可以在互联网空间中四处传播,通过网络空间的放大效应尤其是爆炸性的传播力,让局部的恶念恶行瞬间散布整个网络空间,造成恶劣的社会影响,甚至引发其他网络用户的效仿,极大地增加了恶念恶行的破坏程度。除此之外,在互联网中释放破坏软件、恶意插件、电脑病毒等程序窃听窃取个人、组织和国家的"私密信息",将形成强大的破坏力,造成普遍的负面影响,例如侵犯隐私、盗取专利、破坏国家安全。因此,在互联网技术一瞬间就能实现"绝对自由"的前提下,应将"善"设立为互联网技术、互联网空间和互联网用户的最高标准,使之不断修正自身的作恶倾向和恶行,不断推进互联网走向自身的最好状态。

除了"数字鸿沟"之外,互联网伦理还涉及克服知识资源的"访问鸿沟"。要加强知识的自由和公平获取,支持公开访问存储数据库,公开出版计划,包括全球可见性、可访问性、构建影响因子指标,等等。因此,避免访问鸿沟有助于克服潜在的知识鸿沟。在承认文化多样性的同时,必须支持世界所有地区、所有利益攸关方在信息伦理方面的公平参与权利,使个人、组织和国家能够应对信息社会的伦理挑战。①

三、德福同一的"至善形态"

通过"道德行动"追求"互联网的最好状态"——价值上的"好",通过"自由理念"追求"互联网的好状态"——事实上的"好",将道德行动与自由、互联网的"价值之好"与"事实之好"结合起来,形成道德与幸福同一性的"至善形态"。

"至善"是最高的善、终极的善,同时是最圆满的善,是"道德"与"幸福"的统一体。"幸福"指向"个体的好状态"或"共同体的好状态",是一种直接性的、无须经过评判的"好","对 x 来说是好的",只要"个体"或"共同体"自身来说是好的,就是一种"幸福"。与此不同,"道德"指向

---

① Rolf H. Weber, "Ethics as Pillar of Internet Governance", *Jahrbuch Für Recht Und Ethik/Annual Review of Law and Ethics*, No. 23, 2015.

"共同体的最好状态",在个体与共同体之间、共同体与共同体之间都达成"最好的状态",不仅仅是个体的"好状态"和共同体的"好状态",而且是"个体"与"共同体"形成的"整体"达到"最好的状态"。所以,"幸福"是"个体"或"共同体"自身的"好状态",而"道德"是"个体"与"共同体"结合而形成的"整体"处于"最好状态";因此,"幸福"是一种描述性的"好","道德"是价值评判意义上的"善"。在此基础上,"德福同一性"的内涵为"善、善的生活、善行与好、好的生活、乐果如何走向一致"。在价值语境中,"至善"是最高的善、最根本的善,是一切"善"的最终根据和标准,是道德和道德行为追求的最高目的。在事实语境中,由于通过道德行为、不道德行为和道德中立行为都可能带来"好的状态""幸福"和"幸福感",因此,"至善"只是"幸福生活"的一项标准,甚至在部分"个体"或"共同体"看来,"至善"因其严肃性和严格性,很难给人带来幸福的感受。在融合事实与价值的情形中,"至善"统一价值方面的"最高善"和事实方面的"好"而成为"圆善",使道德与幸福获得圆满的一致性。

在互联网语境中,道德、幸福及其同一性受到"网络结构"和"网络内容"的共同影响,因此,道德与幸福必须结合"分布式结构"和"数字信息技术"的特质探究二者的同一性。互联网采用"分布式结构"的最终目的是保障数字信息的自由流通,让互联网空间成为信息的自由流动空间,由此,互联网通过信息的自由流动实现了人类社会对于"自由理念"的追求。因此,在网络世界中追求德福同一性,需要以"信息的自由流通"和"自由精神"为基础,这是由互联网自身的理论结构决定的。在互联网或分布式网络出现之前,人类社会的核心网络模式是"中央控制式网络",这种网络存在着一个"绝对的信息中心",是信息的唯一制造者、发布者和处理者,或者说"绝对中心"拥有最强大的信息处理能力。在此系统中,必须凭借"绝对中心"的力量,才能解决各种问题,或者推进问题的解决。由此形成以"绝对中心"为保障的"德福同一模式",通过一神教中的"上帝"、形而上学中的"最高本原"、专制体系中的"最高权力"等促成德福一致的实现。

与此不同,互联网是"分布式结构",没有绝对的"信息中心","节点"之间是平等的互联互通关系,呈现的效果是信息能够在"节点"之间自由流通,由此,"德福的同一性"建立在"网络自由"之上。基于"网络自由"或"信息的自由流动",通过"节点"与"节点"之间的相互联结,"网络用户"(以个人、组织和国家为代表)在网络空间中自由地结合成各种"网络共同体"。据此,"德福同一性的网络自由形态"即是,网络用户在互联网的无中心、平等的节点、互联互通、虚拟空间等自由特质中,追求网络共同体"善性状态"(价值上的好)与"好的状态"(事实上的好)的同一。

在互联网空间中,"网络自由"是一种"绝对自由",正因其"绝对性",在其自身中就包含着异化的力量。虽然互联网没有"绝对中心",但是"数字信息"的流动需要花费时间,由此必然会形成各种局部的"信息中心"。"信息中心"一旦形成,就会生成自身的信息结构,这种结构能够将"信息"暂时固定下来,从而减缓信息的传递速度,或者将更多的"信息"纳入自己的结构中,不断扩大自身的"信息总量"。互联网中的"节点"之间原本是平等的,但是随着局部"信息中心"的生成,"节点"之间的平等性被打破,"局部信息中心"将利用数字信息的自由流动属性,继续抓取更多的信息,所以原初平等的"节点"之间经过信息的自由流通,不但没有巩固"节点"之间的平等性,反而加剧了"节点"之间的差异性。此外,从技术角度讲,每个"节点"背后的技术、设备和人才等情况是不同的,例如不同的计算机其信息处理能力和储存能力相差甚远,不同的信息传输技术其传递信息的效率相差甚多,不同的计算机人才、网络技术人才其专业水平差距十分显著。因此,现实世界中的互联网,其"网络节点"之间不是平等的,而是明显地分为"富有信息技术的节点"和"缺乏信息技术的节点",再加上"数字信息"在"互联网空间"中能够自由地流动,从而拉大了"强势节点"与"弱势节点"之间的差距,"强势节点"将"弱势节点"纳入其自身之中。所以,基于"网络自由自身的自我异化"和"网络技术对网络自由和网络平等的削弱作用",网络世界分裂为"技术富有者"和"技术贫困者"两大阵营。在此基础上,探究两大阵营各自的"德福同一性",形成了"德福同一性的异化形态"。

在互联网时代,形成了"网络用户"德福同一性的"自由形态"和"异化形态",二者分别是德福同一性的"直接形态"和"间接形态"。德福同一性的"自由形态"是基于"互联网的分布式网络结构"而形成的,在绝对自由、绝对平等、互联互通、虚拟空间等分布式网络的特征中追求德福同一。由于"数字信息"在网络中能够绝对自由地流动,因此,分布式网络的特性将自我异化,走向自己的对立面,"德福同一性的自由形态"开始向"德福同一性的异化形态"过渡。"德福同一性的异化形态"以网络技术对网络用户的宰制为标志,尤其是"网络技术富有者"运用技术对"网络技术贫困者"进行碾压,无论是"前者"还是"后者",都受到技术逻辑的控制。网络用户把德福同一的希望寄托在"网络技术"上,由此造成网络用户被技术所统治。对此,网络用户通过与互联网发生交互作用,将"道德与幸福的同一性"提升到新的高度上,超越"网络自由"和"网络技术"的双重异化。在终极性的理念中,"至善"或"圆善"是道德与幸福同一的最高理念,能够扬弃网络自由、网络技术的异化和局限,将"互联网的善"与"互联网的好"统一起来,推动"互联网整体"达致德福同一状态。在互联网空间里,"道德"是"使网络用户与共同体同时处于最好状态",以互联网整体的"最好状态"为标准,生成价值秩序,成为"道德活动"的评判根据。

"幸福"是"使自身处于好的状态之中"或"好好地存在着",这种"好"是一种直接性的"好",无须经过价值评判,只要给"主体"带来好的感受和体验,就是幸福的。"道德"是"使自身与共同体处于最好的状态"或"使整体处在善性状态",如果说"幸福"是从"个体之好"走向"共同体之好"再到"整体之好",这种"好"首先指向"主体"自身,然后向外推廓,那么"道德"是从"整体之最好(善)"到"共同体之最好(善)"再到"个体之最好(善)";"整体之最好状态"即是"整体之善性状态"或"整体之善",以此为标准,形成价值秩序,才能评判"共同体"和"个体"的道德状况。概言之,"幸福"是个体先行、感受先行和事实先行,而"道德"是整体优先、秩序优先和价值优先。"至善"是"道德与幸福的统一体"或者"道德与幸福相一致的理念",其实质是将"价值上的善"与"事实上的好"、"善的生活"与"好的生活"、"善行"与"福报"统一起来。因此,"至善"不仅仅是最高的善、最崇高的善,也不仅仅是最好的好、好中之最好,而且是最圆满、最圆融无碍的善,把"道德"与"幸福"完满地、融通无碍地统一于自身之中。在互联网语境中,道德概念和幸福概念、道德现象和幸福现象不受具体时空场景的限制,而是以"数字信息"的形式自由地存在于"互联网空间"中,道德现象和幸福现象将在"数字空间"中自由地传播,并对虚拟空间和现实世界造成影响。因此,必须从整体上对互联网空间进行引导,尤其是将"至善"确立为互联网世界的最高理念,以此来规范和调整网络用户的"道德行为"和"幸福活动",采取多元途径(如法律法规、经济、技术)推动二者走向和谐统一的圆满状态。

从个人角度讲,必须树立"现实世界里的自己与数字虚拟世界中的自己具有同一性"的观念,自己通过 IP 地址乃至采用匿名和加密的方式接入互联网,自己仍然是网络世界中具有完全统一性的"个体"。自己以虚拟主体身份进入网络空间,同样是以真实身份面对整个虚拟世界。虚拟主体不是虚假主体、虚构主体,而是数字化的主体,如果虚拟主体的行为具有客观的破坏性,那么现实世界中对应着的主体应该担负相应的责任。因此,即使现实世界中的个人进入网络空间中获得了虚拟身份,也应当将自身视为真实的个人,作为一个具有完全统一性和同一性的个人,享有权利并承担责任。

从组织角度看,尤其是商业类组织,为了获取更大的利益和更多的用户,往往与网络用户签订"霸王条款",收集用户的核心信息、隐私,跟踪其网络路径,继而形成网络用户的专项数据库,根据这些数据开发相应的应用或展开诱导性消费,致使网络用户掉入"消费主义陷阱",为消费而消费。由于网络组织具有明显的跨国属性,因此一个国家的法律法规无法对其形成真正的约束和管理,再加上可以"匿名"和"加密传输",为"网络组织"从事违法犯罪活动提供了"绝佳前提",甚至部分"网络组织"就是以"违法犯罪活动"为目的而创建的,由于互联网对数字信息的自由传播效力,导致"网络违法犯罪活动"能够产生广泛的破坏力。对此,需要网络组织严格遵守法律法规,尤其是通过技术手段促成自律,因为关于互联网的国际法律法规要么不成熟,要么没有强制力,所以网络组织在实现自身目的的过程中,自我的道德约束显得尤为重要,特别需要从"自己不作恶"和"防止他者作恶"两个方面着手。

从国家角度讲,全球性的互联网本身具有跨地域、跨国属性,数字信息能够在虚拟空间中跨国流动,从理论设计层面看,互联网没有地理属性和国家属性。但是,与互联网相关的高技术、设备制造技术、专业技术人才、研发经费等都具有十分明确的国家属性,甚至是以国家的综合实力为最根本的前提。因此,在互联网时代,对科技发达的国家来说,一方面需要保护自身的科技知识产权、专利和核心利益;另一方面由于互联网技术具有"从一个节点极速通向整个网络空间"的能力,很容易形成网络科技发达国家"赢者通吃"的局面,因此"技术强势国家"既要形成自我约束的机制,又要帮助"技术弱势国家"提升其科技水平。最终来说,"技术强势国家"应带领"技术弱势国家"共享由科技进步所带来的生产力水平和生产关系的提高,在此基础上为国家层面的"德福同一"提供最根本的生产力保障。

综上所述,互联网语境中的德福同一性,需要以至善理念为最终目的和最高标准,在个人、组织和国家等三个层面促成德福同一,其共同之处是个人、组织和国家都必须将自身视为一个真实的、具有统一性的"主体",形成严格的自我约束机制,增强自身的责任意识和担当能力,尤其要高度警醒自身行为可能在整个网络空间中产生的负面影响。在此基础上,个人、组织和国家既需要通过各自的努力,又需要相互的合作,不断推动"德福同一的至善形态"和"互联网的至善状态"变成现实。

第四节　从"德福同一性的网络至善形态"向
"万有的生态共处"过渡

在互联网时代,"道德与幸福的同一过程"分为三个方面:理论结构、技术异化、理念引导。在理论结构方面,其核心特质是"信息的自由流通",体现的精神是"自由精神",即"互联网技术"用"数字信息的无限制流通"保障"自由理念"的实现。互联网中的道德和幸福不会以某个"绝对中心"为唯一标准和唯一目的,同时二者的同一性也不会以某个"绝对中心"为唯一根据,而是强调各个"节点"之间、"节点"与"共同体"之间、"共同体"与"共同体"之间的相互作用。在此基础上,道德、幸福及其同一性以网络自由为前提,形成了"德福同一性的自由形态"。

在技术异化方面,从分布式结构的设计角度来看,数字信息能够在"节点"之间自由地流动,或者说任何一个"节点"都能访问其他"节点"和"网络空间"中的数字信息,但是现实世界里的"互联网"通过网络技术搭建而成,网络技术水平的高低直接决定"节点"的能力大小,因此各个"节点"不是平等关系,"技术强大的节点"能够从网络空间中攫取更多更优质的信息和自己创造出高质量信息,由此形成局部性的"信息中心"。局部的"信息中心"凭借自身的技术实力更容易推进自身的"德福一致",尤其是更能够实现自身的幸福。相较而言,"技术匮乏的节点"即便拥有德性,由于缺乏技术手段,也很难获取相应的幸福。所以根据"节点"实际能力的差距,道德和幸福从"以网络自由为基础"过渡到"以网络技术为前提",由此形成"德福同一性的异化形态"。

在理念引导方面,由于互联网语境中的"自由"是"数字信息无限制传播"意义上的"绝对自由",这种"绝对自由"造成的负面效应是破坏"私密信息"的非公开性,让"邪恶的信息"同样可以在网络空间中四处传播,等等;又由于互联网语境中的"平等"是"共享数字信息"层面上的"绝对平等",但是"节点"之间的技术水平相距甚大,"技术富有节点"对

"技术匮乏节点"具有统治性优势,根据互联网的"绝对平等"理念,反而会加大加剧"节点"之间的不平等性,互联网的平等理念因技术差距而发生异化,走向不平等。对此,在互联网世界中需要确立新的理念,以应对"网络自由的异化"和"网络技术的异化"。针对道德与幸福的同一性难题,"至善"是最高、最完满、最圆满、最圆融无碍的理念,是让"善"与"好"、"善的生活"与"好的生活"统一起来的终极性概念,至善理念能够矫正自由的异化、平等的异化和技术的异化,约束、规范和引导网络用户的具体行为,其最终的目的是"让整个互联网世界处于最好状态",此即是"德福同一性的至善形态"。

在互联网语境中,"道德与幸福的同一性"具有三大形态:自由形态、异化形态、至善形态。虽然三大形态的侧重点不同,尤其是"至善形态"能够对"自由形态"和"异化形态"进行矫正和引导,但是这三种形态有一个共同的前设,即以人为中心,探讨"人和人类社会"的"德福同一模式"。在互联网技术的高速发展中,从一种高技术质变为基础性的社会生产力和生产关系,从一种局部性的科技力量突变为全局性的社会发展动力,从计算机之间的互联飞升为"万有互联",基于网络技术、"互联网+"将"万有"互联互通起来,进一步的发展方向是通过"互联网+"与"人工智能"的结合,让"万有"之间形成智能的互联互通状态。正因为"万有都被连入一个统一的互联网络中",所以不能停留在只关注"人和人类社会的德福同一难题",而应该尽量从"万有"自身出发,探究"万有的德福同一模式"。虽然人类无法完全克服自身认知和能力的有限性——认识论意义上的"人类中心主义",但是可以从"人类"与"万有"共在的角度展开沉思:人类追求德福同一的限度,"万有"实现自身德福同一的权利,以及"人类与万有如何共同协作,推进整个全体世界的德福一致,推动全体世界达成最好状态"。由于"互联网世界里的德福同一性"建立在"数字信息"互联互通的基础之上,因此互联网语境中的德福同一性是以数字信息系统为前提的,互联网先将"万有"转化为"数字化的万有",然后在"数字虚拟空间"中界定道德、幸福及其同一性。但是,就存在整体或全体世界而言,除了"数字虚拟系统"或"数字生态系统"外,至少还存在"物质生态系统"和"精神生态系统"。因此,对"宇宙万有"的理解和阐释,可以从数字信息、物质结构和精神意识等角度展开,"万有"之间可以通过数字编码、微观粒子的相互作用和意识的无限把握能力取得普遍联系。由此,从更加全面的互联互通路径出发,"人的德福同一性"必然要向"万有的德福同一性"过渡,也即从"数字生态系统的至善状态"向"物质生态系统的至善状态"和"精神生态系统的至善状态"过渡,最终实现"全体世界或全体生态系统的至善状态"。

第六章
基于万有互联的道德与幸福同一

互联网将"宇宙万有"转换为"电子信息"和"数字信息",然后为"人和人类社会的德福同一"提供信息资源,因此,互联网时代德福同一性的自由形态、异化形态和至善形态这三大形态,是"数字生态系统"中的德福同一形态。这一"数字生态系统"的核心是人,其中的道德和幸福是人的道德、幸福,因此三大同一性也是以人为中心的德福一致形态,也即追求人及其所在系统的德福同一性。

对于全体生态系统或世界整体而言,"万有"不仅是"数字生态系统"中的"万有",而且是"物质生态系统"和"精神生态系统"中的"万有",要么由"微观粒子"构成,要么作为意识活动的建构对象。因此,"万有之间的联系"以数字生态系统、物质生态系统和精神生态系统之间的互联互通为根本基础,"万有之间的德福同一性"以数字生态系统、物质生态系统和精神生态系统之间的至善状态为最高目的和终极理念,最终实现"整个全体生态系统的善好合一状态"。①

---

① 本章内容参见拙著《道德与幸福同一性的精神哲学形态》,中国社会科学出版社 2022 年版。

第一节　从"人际互联"走向"万有互联"

一、万有皆朋友

从逻辑角度讲，"一"的外延既可以是最小的，又可以是最大的。当"一"无法被进一步分解或减少时（否则"一"将变成更多的"一"），即是一个事物最低限度的规定性，由此，每一事物都是一个"一"，抽象地说，"一"即是"一个"。由于每一个"一"都有属于其自身的规定性，因此一个"一"的存在既无法被替代，又无法完全保障另一个"一"的存在，它们是共存的。当所有的"一个"共存在一起时，便构成了一个无法再增加一个"一"的整体，即作为全体的"一"，因此，全体是一个整全的"一"，"一"则是无法再增加一丝一毫内容的全体。最小的"一"是每一个独立自存的事物——"一个"，最大的"一"是至大无外的"全体"。既然"全体之为全体"是无所不包的，那么所有的"一个"必然都在作为全体的"一"之中。[1]

在全体哲学看来，全体中的一切存在形态是共在和互联互通的，一切存在形态处于互动流通、相互作用的网络中。在全体层面，每一个存在形态作为完整网络的一个节点，具有其独特性，不能绝对地被替代，因此，各种存在形态之间具有平等性，一种形态并不必然比另一种形态重要。各种存在形态是不同的，但并不具有刚性的高下之分，只是其存在的具体"形态"不同，或者说，存在以不同的形态（规定性）呈现自身。[2] 正因如此，自全体角度观之，一切存在形态之间的基础关系是朋友关系，朋友关系是第一关系、首要关系。朋友关系的本质是在承认彼此独立性的基础上，发现彼此原本就存在的互联通道，进而展开平等自由的交流和联通。

---

[1]　任春强、刘秦闰：《论基于"一"的伦理认同》，《云南社会科学》2014年第3期。

[2]　见拙著《道德与幸福同一性的精神哲学形态》，中国社会科学出版社2022年版，第237页。

就人类而言,个体首先面临的是家庭关系、血缘关系、亲子关系。母亲对子女的关系,可能是最刚性、最深层的联系,受孕、养胎、分娩、哺乳、养育……在这些联结中,母亲都可能面临生死存亡,承受着巨大的肉体和精神痛苦。正因母亲的付出毫无保留,甚至是无条件的牺牲,所以在事实和道义层面,母亲对子女拥有绝对的优先地位。在母子、母女关系中,母亲的爱既是伟大的奉献,但与此同时也是伟大的束缚:当我们承认母亲是我们生命的最伟大来源时,就必须对这个来源致以最崇高的礼赞,我们必须"跪倒"在这个来源之下,概言之,母亲必须首先是母亲,子女必须首先是子女。母亲从生理根源、恩养根源和情感根源演化为一切事理之正当性的根源,自此,母亲被置于"神坛"之上,子女成为"跪拜者"——这往往是一个不自觉的过程。母亲通过爱让自己成为权力的拥有者,子女想通过距离从这种捆绑的爱中抽身出来,透透气,但事实上,子女的内心根本无法脱离母亲的爱。这一切的根源在于,母亲和子女都没有将自己看作宇宙大流、宇宙互联网络中的一个环节。我们是母子、我们是母女,但我们各自更是宇宙里的独特存在——宇宙里的一朵花,谁也无法代替谁;我们相扶相助,但无法代替彼此去过一生——一个人的人生,只能基于其独立性去展开。因此,以宇宙大流为基础,以独特性、独立性为基础,母子关系、母女关系首先是平等的朋友关系,我们理解彼此,帮助彼此,荣耀彼此,同时我们也要活出自己的人生,成为宇宙里的独特存在,乃至成为荣耀宇宙的闪光点。

既然宇宙中最刚性、最深层、最深情的母子关系、母女关系,是以朋友关系为基础的,那么其他一切关系也都应以朋友关系为基础。儒家讲,"有朋自远方来,不亦乐乎"。如果承认万事万物是生生不已、一体相连的,是"民胞物与"式的联系,"物吾与也"[1],即以朋友关系为基础,那么心中本然就是喜悦的。以喜悦之心迎接万事万物,则无论远近,俱为朋友也;朋友之间,相互映照,则己之独乐升华为朋友之间的众乐,万

---

[1] 张载:《乾称篇第十七》,《张载集》,章锡琛点校,中华书局1978年版,第62页。

有之间，共享融融之乐。道家讲，"与道为友"。能与道为友，则能与天地万有为友，能与麻雀一起飞上枝头，也能与大鹏一起遨游天际，既能有所待，又能无所待。既能顺应大道之运行，也能尊重和顺应事物的自然本性。大道和事物都是我的朋友，我以朋友之心待之。佛家讲，"无缘大慈，同体大悲"。在全体层面，一切众生皆同体，众生皆由因缘所生，因此众生之间皆有"缘"，并因有无穷无尽之"缘"，众生之间息息相关。对此，必须相互扶持，相互作用，即成为彼此的朋友，才能共渡苦海，脱离苦海。一神教信徒言，"神人同在"。神造人，绝非为了控制人，也不是为了满足自己的虚荣心，让人类崇拜自身，而是让人成为更加有爱、有力的存在者。我们与其完全匍匐在神的脚下，恐惧神的威力，不如与神为友，学习神的博爱情怀，齐心协力，共同拯救世间的苦难，消减纷争，缓解痛苦。泛神论信徒言，"举头三尺有神灵"。我们不是为了取悦神灵、鬼神去做事，也不是因为惧怕神灵、鬼神而去做事，而是根据事情本身的正当性和善性而行动。神灵、鬼神的意义在于，像一个无处不在的朋友，看着我们，与我们同行，让我们强化自身的慎独和自律能力，让自己光明磊落、意志坚定地做出善行。

所以，要在平等和互联互通的全体中，或者依据全体哲学视域，才能全面理解万事万物之间关系的本质。如果期望这个世界变得越来越好，那么做彼此的朋友是基础性的第一步。亲子之间、亲属之间、师生之间、熟人之间、陌生人之间、人与自己之间、人与道之间、人与梵之间、人与神之间、人与鬼怪之间、家国之间、人与社会之间、人与自然之间、人与宇宙之间、人与他者之间、人与他物之间……超越深爱——甚爱大费，超越恐惧——战栗屈服，以相互尊重和友爱为前提，以朋友关系为基础，我们才可能以"乐"的状态投入美好生活的建构之中。一言以蔽之，朋友就是另一个自己。

二、万有皆信息

在传统哲学看来，人与万有之间的关系，其理想状态是以朋友关系相处。因为朋友关系的前提是，两个人或者两个存在者在根本处具有平等性，或者具有相通的本质。从思维结构看来，"中央控制式"或者"集中式"结构很难形成朋友关系，因为存在"中心"与"边缘"的严格区分，"中心"代表着绝对权威、至高无上，"边缘"代表服从、卑微。在"中心"与"边缘"的关系中，"中心"占据着绝对的主导地位，颁布命令，"边缘"则执行命令。除非"中心"主动与"边缘"建立"朋友关系"，否则"边缘"就是在僭越自身的规定性——当然，这种"朋友关系"也不是真正的朋友关系，因为"中心"与"边缘"之间不具有平等的基础。追求第一本原的哲学理路即是"集中式"的，万有的诞生、持存和消散都是以第一本原为根据的，第一本原是绝对核心，具备统摄万有的能力。

与"中央控制式"结构相对的是"反中央控制式"结构，"反中央控制"模式包含两种情况：一种是没有任何中心，也没有边缘，或者说中心与边缘只是相对的位置关系，不具有实质性的差别，万有需要依靠自身与他者之间的平等关系来保持自身的存在；另一种情况是没有绝对中心，只有多个相对的中心，虽然这些中心内部也采用"中央控制式"结构，但是这些中心之间具有平等性和独立性，需要运用一组核心概念共同为万有的存在奠定基础。可以看出，对绝对中心的消解或者说消除对于绝对中心的无条件依赖，才可能开启建立朋友关系的通道。

互联网是一种分布式的网络结构，既无"绝对中心"，也无"相对中心"，各个网络节点之间是平等关系。当然，这里的"平等"更多是指技术层面的"平等"，互联网中的节点是运用相同的数字技术和信息技术创建的，拥有相同的功能。个人或组织需要通过"节点"接入互联网空间，由于节点之间的平等性，反过来推动了个人或组织尽量采取平等的态度对待其他存在者。

互联网包含四个环节：第一，使用各种感知元件测量现实世界中的具体事物，获得各个方面的物理信号，类似人类的感官能力，然后运用转换元件将物理信号转变成电子信号，这一环节主要完成原始数据的收集和信号的电子化。第二,计算机使用二进制编码方式,将电子信号转变成数字信号,从而实现信息处理方式的标准化,在此基础上,采用统一的入网协议和传输协议实现计算机之间的互联互通,随着计算机之间数字信息的自由传递,互联网才得以真正地创立起来。第三,互联网运用各种数字信息,在现实世界之外创建出新的空间——虚拟空间,随着数字信息的增多,虚拟空间将越来越多、越来越庞大。另一个与互联网高度结合的高技术是人工智能,人工智能可以类比于人的大脑功能,当前,某些领域的人工智能已经远远超越人类的智力,因为其拥有类神经网络,具备超强的学习能力。据此,互联网进化的方向极有可能是形成自主意识,超越人类的思考能力。第四,互联网经过对海量数字信息的处理,生成各类大数据,这些数据可以应用于现实世界中的各种活动,提高生产效率,提升生活质量。

概言之,在互联网中,信息经过转换、传输、处理和应用四个环节,不断优化实际生活中的行为和活动。可以看出,个人或组织通过"节点"接入互联网空间,其本质是接入了数字(电子)信息数据库,基于互联网的自由属性和平等属性,个人或组织可以在任一"节点"获得相关数据,在获取信息方面享有平等的权利。

在前互联网时代,无法实现信息方面的平等权,因为受限于信息的处理方式和传递方式,导致信息无法自由流通,形成了"信息丰富区"和"信息匮乏区"。信息的集中分布导致阶级的产生和社会阶层的分化,掌握核心信息(系统知识)的群体更容易流向社会的上层,信息匮乏的群体则极容易落入社会的底层,因为核心信息指向更先进的生产力和更前沿的思想,代表着社会的发展方向。正因核心信息如此重要,社会中的统治阶级为了巩固自身的既得利益,往往会限制先进信息的自由流通,防止普罗大众通过学习先进信息,成为掌握先进生产力的代表。所以在前互联网时期,一方面是因为信息传播技术的落后;另一方面是由于既得利益者的有意限制,使得信息尤其是先进信息、前沿信息过度集中,导致社会阶级的分化,引发了社会的种种不平等现象。

　　相比前互联网时代,互联网时代的最大特点是信息的爆炸式增长和高流通性。通过信息处理方式的数字化和信息传输的光速化,信息在互联网中实现高速流动,每个网络节点都可以接收到海量的数字信息。对于个人或组织而言,不是缺乏信息,而是信息太多,问题的重心在于:如何高效地处理浩如烟海的数字信息? 如何抓取出有价值的信息? 如果说前互联网时代面临的最大问题是信息的匮乏和信息的集中分布,那么互联网时代面临的最大难题是如何高效地抓取和处理信息。从技术设计层面讲,互联网追求信息的自由流通和平等共享,体现了作为数字信息的"万有"可以互联互通,每个"节点"可以占有相同的信息资源。从技术应用层面讲,每个"节点"处理信息的能力不同,原因在于每个人或组织处理信息的水平有高有低,尤其是拥有优秀人才、先进技术和先进设备的组织(例如大型科技公司),其对数字信息的收集、处理和应用,都是普通用户无法比拟的。因此,随着互联网信息爆炸式增长,网络"节点"之间信息的交流和平等共享不但没有形成实质性的信息共享,反而造成先进科技组织对高价值信息的集中占有和垄断。尤其是普通用户的数据(个人信息、隐私)将被大型信息公司追踪、抓取、分析和利用。由于技术方面的压倒性优势,互联网公司经过特定的算法,将比用户更加了解其自身,从而可以掌握用户的行为习惯和预判未来的行为取向,让用户不知不觉地被大数据牵着走。

　　概言之,在万有都被数字信息化——万物皆信息——的时代,人、物、事、意识对象、想象对象、幻想对象等一切存在形态都被转换成电子信息,万有被转化成"信息流",在互联网中自由流动。与此同时,由于不同主体对数字信息的分析、处理和应用水平差距太大,将导致新的信息中心出现,进而形成新型霸权。

三、万有互联

　　"天地万物一体"表达了万有之间的互联互通,"民胞物与"表明了万有之间的朋友关系。从历史角度看来,万有之间主要包含如下联结方式:

第一，从"物质"角度论证"万有互联"。在现代物理学看来，组成物质的最基础元素是"基本粒子"[①]。相互作用的基本粒子形成原子，相互作用的原子形成分子；原子与原子之间的相互结合、分子与分子之间的相互结合形成宏观物体和生命体。因此，越是朝向微观粒子层面，万有之间的相似度就越高，互相的区别就越简明，共通性就越强，相互转变的线索也就越明晰。现代物理学家提出"万有理论"（Theory of Everything，简称 ToE），尝试将引力相互作用、强相互作用、弱相互作用和电磁相互作用四种自然界最基本的相互作用统合起来，实现真正的大一统，以揭示宇宙万有的最终面貌。宇宙万有之所以呈现为如此形态、处于如此状态，其根源在于微观粒子之间的相互作用。这表明，宇宙万有在根本处是相互作用、相互联系和相互构成的，在一定的条件下可以相互转化，宏观层面的种种差别无法切断微观层面的相互联系。所以，基于微观粒子之间的相互作用，可以为"万有互联"奠定物质基础和力学基础。

第二，从"精神"角度论证"万有互联"。从基本粒子、原子层面可以证实万有具有相通的物质基础，从分子层面可以证实生命体具有相通的生理基础，继而可以证实人的精神活动具有相通的生理基础和物质基础。但是，人的精神活动、意识活动能否简单地被还原为生理现象？人类哲学思考的主流是强调精神活动的独立性和无限性。其一，人类的思维功能固然必须依附在具有生命力的机体上，然而很难解释的现象是，人与人之间的机体差异、生理差异很小，其精神差异却十分明显，甚至可以说没有任何两个人之间的思维状况（思维方式、思维内容）是完全相通相同的。因此，精神世界的独特性保证人与人之间的相互独立性。其二，人类的生理活动是有限度的，因为人的身体不能无限地变化形态，但是人的意识活动却能无限制地生发出精神世界，意识能够在精神世界中自由地翱翔。人类的精神活动是一种自主的自由活动，精

---

① 当前的"超弦理论"认为，"弦"比基本粒子更加基础。

神的本质属性是自由。思维能够进行无限制的意向活动，能够将万有（一切存在者）纳入精神世界中。其完整过程是，人类的感官接触万有，感官系统形成相应的生理信号，万有被转换成生理信号传送给大脑，大脑通过意识活动处理作为生理信号的万有——至此，万有被精神化，成为精神活动的对象、精神世界的内容。所以在精神世界中，"万有互联"必须通过人的意识活动才能达成。

第三，从"第一本原"角度论证"万有互联"。既然精神不能直接创造物质，只能创建关于物质的概念，与此同时，精神不能直接还原为物质，物质无法建构出精神的自由属性，那么从其中任何一方出发，都要面对物质与精神的分裂，难以运用统一的标准实现"万有互联"。既然物质和精神都无法单方面揭示宇宙万有的真实面貌，那么既超越物质和精神同时又能生发出物质和精神的存在形态，才有可能成为宇宙万有的第一本原。"第一本原"是一切存在者得以存在的最终根据，哲学史上曾提出"水是万有的本原""道是万有的本原""太一是万有的本原"，无论将何种形态立为"第一本原"，其要义都是"第一本原"先于物质与精神的区分，并且是物质和精神的基础。"第一本原"是万有的始基，万有源自本原，万有依靠本原的维持而存在，万有复归本原，所以万有凭借"第一本原"实现相互连通。

第四，从"至高存在者"角度论证"万有互联"。"至高存在者"可以理解为人格化的"第一本原"，是宗教信仰中全知全能全善的"神"、是造物主。神与"第一本原"的区别在于，祂能够无中生有地创造出宇宙万有，能够存在于宇宙万有之外，而"第一本原"只能生发出宇宙万有，并且与宇宙万有一体联通。在神创论看来，人和宇宙万有都是神的作品，人通过绝对地信仰神而与神建立联系，然后通过与神的联系而与万有建立联系。神的力量是万能的，祂能创造万有，也能毁灭万有，既能维持万有的存在，也能解散万有的存在，既能拯救万有，也能惩罚万有，既能创造宇宙的运行规律，又能改变宇宙的运行规律。绝对地信靠神，在信仰和启示经典的共同指引下，人才能与万有建立普遍的联系。神是宇宙万有互联互通的终极保障。

第五，从"互联网"角度论证"万有互联"。互联网语境中的"万有"不是现实世界中的"实存"，而是网络虚拟世界中的"数字信息"。信息的自由、公开和平等地流动，推动着各个"节点"之间信息的互联互通。所以，互联网语境中的"万有互联"是一切存在者作为数字信息层面上的相互连通，是数字信息的互联互通。其中的核心环节是：如何将万有准确地转化成数字信息？如何高效地处理数字信息？如何创建数字信息的高速传输通道？如何高质量地运用大数据？现代通信技术、计算机技术、储存技术尤其是移动通信技术(5G)、人工智能技术、云储存技术等前沿技术的迅猛发展和普及使用，实现了从电脑与电脑互联发展到电脑与万物互联，借助电脑的大数据应用，实现了万物之间的互联，再发展到人与电脑互联，人与万有互联，最终将实现"人—电脑—万有"之间的无障碍连通。

上述五种"万有互联"模式，各自拥有不同的优点，同时也面对着不同的局限。第一，基于"物质"的"万有互联"模式，其优点在于，"基本粒子"是"万有"得以存在的实在基础，具有可观测的客观实在性；其局限在于，"物质基础"无法直接说明精神活动的自由属性，精神世界里的内容不一定是对客观世界的反映，即使精神活动的内容不具有"实存性"(exist)，这些内容仍然具有"存在属性"(being)。第二，基于"精神"的"万有互联"模式，其优点在于，能够将"万有"精神化，然后在精神世界里自由地建立"万有"之间的连接路径；其局限在于，物质性的万有必须精神化或者说成为意识的对象之后，才能建立精神性的联结通道，其中存在的最大难题是，人的精神活动如何能够客观如实且全面地把握现实世界中的存在者？物质性的"万有互联"如何精确地、全面地转换成精神性的"万有互联"？第三，基于"第一本原"的"万有互联"模式，其优点在于，超越物质和精神的分别，给出了物质和精神的共同来源，从最根本处为"万有互联"提供终极基础；其局限在于，不同的哲学流派对"第一本原"的设定是不同的，都试图用自己体系中的"第一本原"去解释和涵摄其他体系中的"第一本原",由此形成"第一本原"之间的"战争"。第四,基于"神"的"万有互联"模式,其优点在于,作为全能的造物主,"神"必然能将万有联结起来,当然也能将万物分离开来,在此过程中,个体只需要绝对地信仰"神";其局限在于,人作为有限存在者,如何保证自身所接受到的"启示"必然来自神?如何保证自身能够准确无误地接受和理解神的意旨?第五,基于"互联网"的"万有互联"模式,其优点在于,对作为信息的万有进行标准化的数字编码处理,用最简洁的"0"和"1"组合转译存在于万有之中的信息,并在互联网络中实现了信息的互联互通;其局限在于,因传感器自身的物理极限,万有无法被完整地、精准地转换为相应的信号,万有在被数字信息化之后,并不能经过数字信息的重新结合再成为其自身。根据上述五种基本的"万有互联"模式所具有的优点和局限,可以尝试寻求能够把物质、精神、第一本原、神、互联网等统一起来的至大存在,然后再打通既有"万有互联"模式的界限,向真正的"万有互联"努力。

佛教的"因陀罗网"和高技术语境中的"因特网"开启了一种思考方向,即万有本身就是相互连通的,只是连通的紧密程度有强有弱,对此需要给出一个无所不包的"概念"来统摄一切存在者。物质有精神与之相对,精神亦有物质与之相对,第一本原有其他"第一本原"与之相对,神有其他信仰对象与之相对,互联网有非数字化世界与之相对……将所有对立统一起来,就会得到一个包含一切存在者的概念——全体,无所不包,无所不有,"至大无外,至小无内",无处不在,无时不在,无始无终,不生不灭,最多只是存在形态的不断变化。全体概念显明,万事万物的共在与互联互通,人与万事万物的共在和互联互通;我与他人他者从根本处就在一起,我们息息相关,我们彼此作用;我与他人他者已然在一起,最深的追问和难题是,我们如何好好地在一起;我们共同的责任是,努力缓解世间存在着的痛苦。

第二节　从"人的德福同一"走向"万有之间的生态共存"

一、人的德福同一性

在互联网时代,人类的道德、幸福以及对德福同一性的理解和实践都发生了深刻的变化。在人类历史上,没有哪一种技术能够像互联网技术这样,迅速地成为社会生活乃至意识世界的基础架构。"架构"意味着人类的思维和行动内生于互联网结构中,互联网思维和互联网世界已经成为人类的先天意识结构,一切的思考和活动都需要在互联网结构中预先展开。

在互联网技术出现之前,尽管也出现过革命性的技术,如第一次工业革命中的蒸汽机技术、第二次工业革命中的电力技术、第三次工业革命中的原子能技术、电子计算机技术、空间技术和生物工程技术,但这些技术都是"外在性的技术",虽然能够深刻地改变社会生活的基本面貌和人类的思维习惯,但是相较而言,不像互联网技术能够直接与人类的精神世界发生联结,甚至能够与每一个人的精神世界直接连通,成为一种"内生性的智能技术"。

互联网的智能属性将与人类的精神活动共同成长,随着人工智能的学习能力和自主能力越来越强,人类思维能力的发展水平将不断落后,可以预见的结果是,人类的精神世界只能成为互联网络人工智能的子集,人类的思维结构是互联网结构的一个片段或环节。正因如此,人工智能基于自身经验提出的道德观、幸福观和德福观,很可能与人类所认知的道德观、幸福观和德福观存在重大差异,并且各种联网的人工智能之间,也可能提出各自的道德概念、幸福概念以及德福同一方案,至于进一步的发展状况,已经远远超出了人类思考和想象范围。

（一）道德概念的历史演进

人类的道德概念经过互联网的"折射"之后,必然会发生新的变化。

人类道德的基本内涵是善,道德内化为人的善良意志、良心,外化为人的善行,道德是人类出于善心,做出善行,以善为目的,努力取得善果的整个过程。

从人类历史的发展进程来说,当人类从纯自然状态脱离出来之后,面对低下的生产力和有限的生存资源,人与人之间将面临残酷的生存竞争。为了壮大竞争力量,不同的人将结合在一起形成部落组织。当面对外部其他部落的竞争时,部落内部将形成强大的凝聚力。真正凝聚力的形成正是以部落内部的良善关系为基础的,由此,部落作为最原初的人类共同体,需要建立一套道德系统,规定部落内部的秩序和言行标准。早期人类社会对于宇宙万有缺乏系统的认知,或者说没有相应的知识储备和认知能力,部落的统治阶层往往会诉诸强大的自然对象或崇拜对象,借助其力量为部落立定各种规范,尤其是道德规范,因为道德的本质属性是为了使共同体处于良好状态。由于早期人类很难从宇宙万有那里获取有效信息,信息总量极少,信息质量极低,整个部落都处于知识匮乏状态,加之部落的统治阶层为了巩固自身的地位,必然会垄断信息的解释权和限制信息的自由流动,在此前提下,部落的普通成员几乎不可能获得认知世界的有效工具和信息储备,只能接收来自部落上层发布的规范和命令(信息),并严格遵循规范。在此阶段,由于信息的总量小、质量低、高度单一和流动性差,导致部落成员不可能形成独立的自主意识,因此,部落整体的道德规范就是部落成员的道德规范,二者是高度一致甚至是相同的。

随着认知水平的提升,人类获取了更多的有效信息,其总量更多、质量更优、复杂度更高、流动性更强,据此,原始部落开始向传统国家过渡。相较于原始的部落成员,传统国家的臣民能够获取的信息更多,更容易对自我和周围的环境展开认知,形成相对独立的知识系统和评判系统,臣民逐渐成长为具有独立自主意识的个体。对于固有的、既定的、自上而下颁布的道德原则和行为规范,臣民会根据自身的实际情况进行评判和调整。至此,在社会生活中,道德形成了两大类来源:一种是直接的道德要求,是共同体对个体的约束和规范;另一种是经过自我反思后的道德需求,是个人对道德原则的追问、寻求和认同。从国家层面讲,国民自主意识的增强、个体意识的觉醒,意味着个体对共同体的既有规范持怀疑、反思和批判态度,那种打着道德教化的名义却实行专制统治之实的道德规范是个体重点批判的对象。不过在此阶段,个体所掌握的信息量还不足以与国家及其统治阶级所掌握的信息量匹敌,个体的道德原则和行为准则仍然要服从传统国家的道德要求和法制规范。

随着现代自然科学技术的发展,信息的总量越来越大,信息的质量越来越高,信息传递的速度越来越快,信息传播的范围越来越广,普通国民开始成长为具有高度独立自主意识的个体,重新反思传统国家的建构基础,提出新的国家建构原则,推动着传统国家向现代国家过渡。与传统的自上而下的国家模式相比,现代国家的最重要特征是"尊重和通过立法保障每一个个体的权利"——国家的主人是每一位公民。现代国家得以建立的基础是公民意识的觉醒,而公民意识觉醒的前提是先进思想、高质量信息的广泛传播;信息不再只是统治阶级意志的体现,高质量的信息也不再只是少数人的专供,优质信息可以传播到任何地方。既然现代国家的创建与个体意识尤其公民意识的高度觉醒互为前提,那么在现代国家里,公民道德便不仅是个体意志的体现,而且是国家公共意志的体现。因此,现代国家的道德原则必须与其法制原则相互支持,公民的道德原则必须与国家的道德原则、伦理规范和法制原则、法治规范一致。

随着互联网科技的广泛应用,信息总量的爆炸式增长,信息传输效率的几何级提升,无论在国家层面还是个人层面,人类的道德认知、道德评判、伦理关系、道德行动都将面临全新的机遇和挑战。在整个人类史上,互联网技术是第一种以信息的公开共享为核心目的的技术工具,因为人类以往的技术无法真正地做到"去中心化",主要由于信息的处理效率和传输效率太低,信息始终高度集中;计算机技术实现了信息的高效处理,通信传输技术保障信息的高效传送通道,互联网协议保证了信息的自由流通和平等交流,所以,互联网技术实现了前所未有的信息传播和信息共享局面。与此同时,互联网技术是一种高技术,专业技术门槛高,这决定了普通用户、非专业人士不可能接触和掌握互联网系统中的核心技术。虽然互联网创建的初衷是弱化甚至消解信息的中心化分布,但是在互联网的实际应用中,特别是涉及安全、商业利益、隐私等方面的信息处理和信息储存,信息的中心化分布特点反倒会增强。由于越来越多的互联网技术具有高度的知识产权和经济价值,信息的垄断程度将越来越高。通过对海量信息进行处理,将形成高价值的大型数据库,然后再运用到生产生活中。对于个体而言,每个大型数据库就是一个巨大的信息中心,个体不但无法掌握这个信息中心,反而会被信息中心作为数据收集起来,"互联网出现之前,数据收集主要依靠调查人员。现在,大多数数据聚合技术都是自动化的"①。经过算法处理,个体成为高价值信息的组成部分,最后又将特定数据精准地运用到个体身上,获取经济利益。所以在互联网时代,技术是普遍且具有直接客观效力的手段,对互联网技术的规范使用、合法使用是第一位的,是人类的传统道德生活和网络道德生活得以展开的核心保障。

(二)幸福概念的历史演进

相比于追求道德秩序的曲折历程,人类对于幸福生活的渴求显得更加直接、直白。因为道德生活不是一种直接的"好生活",而是对种种"好生活"有所评判和取舍的"善生活"。就道德生活而言,一方面鼓励个体发动善心和做出善行,另一方面必须限制恶念和阻止恶行,因而具有强烈的严肃性。就幸福生活而言,幸福来自个体的直接感受,只要能够让个体感到舒服、感到轻松、感到"好",就会让个体感受到幸福,幸福不需要像道德那样必须具有强烈的秩序性,不需要对各种"好感"进行

---

① Shiralkar, Parth, "Cookie for Your Thoughts: An Examination of 21st-Century Design and Data Collection Practices in Light of Internet Ethics and Privacy Concerns", Creative Components, https://lib.dr.iastate.edu/creativecomponents/811/, 2022-05-01.

价值评判。若从"信息"角度分析幸福概念和道德概念,大致可以得出:与"幸福"相关的信息往往与人的身体和感官感受直接相关,偏重于对"事件"进行直接描述;与"道德"相关的信息一般与人的精神和信念系统相关,侧重于对"事件"进行价值评判。

从人类社会的历史进程来看,由于生产工具十分落后,生产力水平十分低下,对于原始人类来说,原初的生存环境是十分险恶的,"如何活下去"是原始人所面临的最大难题,因此,原始人形成的"信息"集中在"求取生存"方面,如果信息能够提升生存的概率,那么这类信息就能增加原始人的幸福感。由于生存环境太过凶险,原始人无法脱离部落长久地独自生存,所以部落成员的生存质量与部落整体的生活质量高度一致,唯有生活在安定的部落中,部落成员才能获得最大的幸福感。

随着生产工具的进步和生产力水平的提升,人类对自然和自身所在的社会组织有了更多的认知,获得了新的"信息",在实践活动中积累经验和锻炼自身能力,据此应对来自自然和社会的危险局面。在此阶段,个体的幸福感与共同体的幸福状态之间开始出现不一致的情况,因为共同体的代表是君主,君主的幸福诉求即共同体的幸福诉求,君主运用权力系统,以共同体的名义要求个体为自身的利益服务。随着信息总量的增加,个体的自我意识愈发强烈,认识到自身处于各种社会关系中,自己的幸福依托于与他人和谐共处。当君主运用强力要求个体为了所谓"共同体"的幸福而做出牺牲的时候,君主的幸福就与个体的幸福之间发生了冲突,使个体意识到在不对等的权力系统中,自身的幸福诉求肯定会被压制。所以,君主制国家、专制国家、高度集权国家往往会漠视个体的幸福权益,其君主、元首、统治阶级通过剥削底层人民的劳动果实实现自身幸福的最大化,在这类压迫与被压迫关系中,只有极少数人能过上幸福的生活。但是,基于个体意识的不断觉醒,这类不公正的现象不可能长久地持续下去,被压迫阶级为了自己的基本权益,尤其是威胁到生存权利的至暗时刻,必然奋起反抗,推倒压迫阶级。概言之,从求取生存到保障基本生活水平,是原始部落向集权国家演进的主要动力。在部落阶段,为了生存,部落成员不得不与部落共同体保持高度一致,能够维持生存就是最大的幸福;而随着人类认知水平和生产力水平的进步,个体不再将生存作为最根本的诉求,转而以占据更多的生活资料和财富为目的,在此过程中,少部分人通过强力和暴力方式攫取了社会的主要资源,掠夺弱小群体的劳动果实,由此形成"统治阶级的幸福"与"被统治阶级的幸福"之间的强烈对立。

现代国家之所以能够诞生,其中一个极为重要的动力是,每一个普通人对于幸福生活的强烈期望,希望能够与其他所有人一样平等地拥有追求幸福生活的权利。现代国家最重要的一项功能是,从制度和法制层面保障每一位国家成员的基本权益。在部落社会中,部落成员是部落共同体的工具,其价值基本上停留在工具价值水平。在阶级社会中,统治阶级通过强权系统压制被统治阶级,前者成为后者的主人,后者被迫无条件地为前者服务,被统治阶级的价值体现为奴隶价值、仆人价值,被统治阶级的幸福状态依附于统治阶级的意志。与上述两种模式不同,现代国家(至少理论上的现代国家)是建立在个体与个体之间人格平等的基础之上,每一个个体都是国家的平等成员,拥有相同的权利和义务,每一位国家成员都是国家的公民、是国家的主人,拥有追求自身幸福的权利和自由。

公民权利的保障和实现经历了漫长的历史过程,其中,对"公"的理解具有至关重要的作用。阶级社会中的"公",要么是统治阶级宣称的"天下",要么是至高无上的信仰对象,"天下"或"信仰对象"都代表着最大的普遍性,统治阶级借由普遍价值的名义,将自身对被统治阶级的剥削美化成具有正当性的活动。阶级系统中的"公"之所以容易被统治阶级私用,其根本原因在于这类"公"是外在于每个人的"公",只具有外在的普遍性,没有从人本身、人的内在本质出发,为人与人之间的平等性奠定基础。在现实世界中,每个人自身所有的自然条件和社会条件都是不同的,每个人都是独立的个体,那么在什么意义上,能够承认人与人之间具有相同的公共本质? 正是由于发现了每个人都是独一无二的存在者,每一个人都是具体的、真实的人,具有不可替代性,不能将真实的个人抽象成某某共同体的成员,用某种共同体成员的身份规定一个包含丰富面向的具体存在者,因此,将每个活生生的人当成不可替代的存在者。每个人在其自身就是独一无二的,"独一无二性"和"不可替代性"保证了每个人之间的平等地位。正是在承认人与人之间具有平等地位的基础上,才能进一步推导出人与人之间享有相同的基本权利和承担相同的基本义务。对每一个人基本权利的保障和落实是幸福生活的基础,与此同时,每个人也必须尊重他人的基本权利和权益。通过与他人的和谐共处和履行国家义务,将能提升个人和社会的幸福生活状态。

随着人类进入互联网时代,其幸福概念经过互联网络的作用,发生了全新的改变。互联网技术带来的最大变化是,信息的自由流通和信息的爆炸式增长。在原始社会和阶级社会阶段,个体之所以会服从集体的安排乃至剥削,最根本的原因在于信息的总量少和信息的传播方式单一。其信息传送结构是中央控制式的,存在着绝对的信息"中心"和信息"边缘",信息或者说高质量的信息只存在于"中心",信息只能从"中心"向"边缘"、从上级向下级流动,是单向度的信息传递模式。在这种信息结构中,个体的觉醒缺乏高质量信息的支持,无法提出更加公正的社会发展模式,只能不停地重蹈覆辙,推翻一个绝对的"信息中心",然后自己成为新的绝对的"信息中心"。现代国家得以建立的前提是,新的信息开始广泛地传播,绝对的信息中心逐步消解,个体充分认识到自身的价值,自身可以成为一个"信息中心",并通过各种方式尤其是法律途径捍卫自身的权益。但是在现代国家的发展过程中,仍然存在着较为严重的信息流通和分布问题,一方面可能是因为政策的落实方面存在各种问题,另一方面可能是因为技术或生产力的发展水平有限。

随着互联网技术的发明和应用,信息的流通和分布已经不存在技术方面的阻碍,可以瞬间传遍整个网络,给个体带来自由自在的幸福感。但是当互联网大范围应用之后,面对庞大的数字信息,普通用户将无所适从,难以对纷繁复杂的信息做出有效的拣选,从而游荡在数字信息的海洋里,逐渐失去定力,难以形成持续稳定的幸福感。与此同时,掌握先进计算机技术和互联网技术的个人或组织,能够运用软件技术高效地处理海量的数字信息,形成规模庞大的数据库,经过人工智能的计算,生成全面的个体行为数据库,精准地预判个体的感知和行为取向,迎合个体的喜好,发出精准推送,不断刺激个体获得幸福感,然后让个体为自己的幸福感买单,并且对于这种基于大数据库计算的"精准幸福感",对此个体是很难抗拒的。在互联网语境中,一方面,信息过于分散,太多的信息都能诱发个体的幸福感,导致个体的幸福感不断流变,缺乏专注性和持久性;另一方面,专业的、高质量的信息又过于集中,个体本身也沦为大型数据库的信息来源和应用对象,个体的幸福感极容易被专业性的数据库锁定和左右,成为数据库的实验对象和利用对象。

由于互联网具有跨国属性和匿名性,导致互联网空间极容易成为法外之地、无政府之地,难以完整地追踪个体或组织的违法犯罪过程。不同于现实生活中的犯罪行为,互联网犯罪往往具有"虚拟性"——犯罪主体虚拟和犯罪工具虚拟,因此很难在虚拟主体与现实主体之间建立一一对应关系,难以对虚拟主体进行实体性的追责和判罚。与此相对的做法是强制采用"网络实名制"。实名制虽然可以限制互联网用户的犯罪成本,降低犯罪率,但与此同时,用户就不可能拥有真正的隐私,因为用户的信息对于网络本身来说是透明的,通过技术手段,可以掌握用户在互联网空间里的所有信息。

互联网对信息拥有爆炸式的传播能力,善的信息、恶的信息在互联网技术层面而言,首先都只是数字信息,可以自由传播的数据,因此互联网既会传播和无限放大善的信息,同样也会传播和无限放大恶的信息。所以互联网时代的幸福既是一种自由的幸福,又是一种放纵的幸福;既是一种共享的幸福,又是一种个性化的幸福;既是一种自主的幸福,又是一种被规定的幸福。

(三)德福同一的历史进程

针对道德概念和幸福概念的历史演变过程,着重从"信息"角度解析道德和幸福在人类社会的不同历史阶段所具有的特定内涵后,笔者认为,信息的生成方式、处理效率、传播速度和运用对象,深刻地影响甚至决定了人类社会的基本发展历程,人类的道德生活和幸福生活与信息的自由度紧密相关。因此,身处信息量暴增的互联网时代,从信息的变化角度探讨道德与幸福同一的历史过程,具有十分重要的现实意义。

在原始的部落社会时期,关于生存方面的信息是最大最重要的信息。部落的道德秩序和幸福体验与生存境况高度一致。从生物进化和人类学的角度观察,人类是由群居动物演化而来,选择群居是由人类的动物基因和原始经验决定的——单个的原始人很难在自然环境中长久地生存,也无法延续后代。所以,最初的人类个体只能在原始部落中才能得以生存,并延续自己的生命。个体天然地属于部落整体,个体关于世界的信息几乎全部来自部落整体,个体既无法从意识层面也无法从实践活动层面将自身与部落整体区分开来。个体与部落整体是一体的,部落整体没有将个体视为独立的个体,个体只是部落整体的某种功能,其自身没有也没有能力形成"个体"概念。在原始社会阶段,部落整体面对的最大难题是生存危机,部落的最大功能是获取食物和分配食物。据此,生存是部落整体的最重大关切,部落整体的道德要求和幸福诉求都是围绕生存展开的,提高部落整体的生存质量既是一种道德行为,也是一种幸福活动。所以在部落阶段,能够提高部落整体的生存概率和生存质量,就是在推进部落整体的德福一致,同时也是在为部落成员的德福一致提供保障。

随着人类认知水平的提升、信息交流的增加、生产工具的进步和生产力的进步,"生存"不再是群体的第一需要。当不同的部落群体相遇时,为了部落整体的生存,部落之间必然会争夺和抢占生活物资,甚至发生你死我亡式的战斗。在此长期争斗的过程中,或者强大部落消灭了弱小部落,或者强大部落同化弱小部落,或者部落之间达成和平相处的意愿,或者有的部落迁移到其他地方。最终的结果是,实力强大的部落将建立新的秩序,使不同的部落能够在一起生活。为了生存,部落整体能够演化成稳定的共同体,而为了生活,拥有强力和掌握诸多信息的部落首领或者首领阶层将转化为统治阶级,建立以权力为中心的社会架构——集权国家。

集权国家是建立在阶级的严格划分和对立基础上的,因此统治阶级与被统治阶级对于"德福一致"难题的看法,存在着重大的冲突和对立。统治阶级尤其是君王为了论证自己政权(地位)的合理性,先将自身与终极价值或至高存在者连通起来,因为自己具有崇高的德性,因而有资格成为终极价值或至高存在者在现实世界中的代言人,是"天命所归""神之子",据此宣布,自己在现实生活中的统治地位是与自身的德性相匹配的,是"德""位"一致的表现,正因为自身的道德水准高超,才可能在现实生活中享有极大的幸福。然而,在被统治阶级看来,统治者的地位是建立在权力基础上的,是权力保障了统治阶级能够过上幸福的生活,而并非因为统治者拥有完美的德性,所以统治者的德性配不上其所享有的幸福生活。对于被统治阶级而言,很难用幸福去描述其生活状况,更多的是被压迫、被剥削和被工具化,因而是不幸福的。在高度集权的阶级社会中,无论被压迫阶级具有多高的道德品质,做出多好的道德行动,都将面临德福不一致的结局:大德小福,有德无福,甚至大德有祸。如果劳动本身就是一种重要的德性,当底层人民的劳动成果被统治阶级大量占有时,被统治阶级的道德付出与其幸福回报之间便出现严重的不匹配情况。所以,就集权国家的基本状况来说,统治阶级的德性配不上其所占有的大量幸福资源——德不配位、德不配得,而被统治阶级的幸福程度严重低于其道德付出——位不配德、得不配德,统治阶级缺德,被统治阶级缺福,道德与幸福之间的一致性程度很低。

在传统国家阶段,除了依靠权力建立国家的基本秩序外,宗教力量和法治力量也是重要的辅助手段。对于推进道德与幸福之间的同一性而言,宗教信仰模式是极为重要的途径。早在原始社会时期,人类的宗教信仰活动对于维持部落的统一和凝聚力便具有重要的作用,宗教崇拜活动是部落首领及其上层集团维持秩序所发明的工具,是为了部落整体生存得更好，只是在此阶段，"个体"没有真正的自我意识和独立意识，"个体"完全与其母体——部落整体——处于统一状态，二者的道德状态和幸福状态是高度同一的。

但是到了阶级社会，国家内部分裂成统治阶级和被统治阶级。统治阶级占用了大部分社会资源和享受了大部分社会成果，就通过各种途径，例如传统习惯、礼教、世袭、法治、宗教，证明自身的幸福生活源于自己的德性。但是对于被统治阶级而言，由于统治阶级牢牢地把控着传统习惯、礼教、世袭、法治等世俗力量和世俗权力，在这种权力高度集中的社会结构中，被统治阶级不可能通过世俗性的力量推进自己的德福一致。因为在推翻旧统治阶级的同时，造反者立即成为新的统治阶级，整个社会又分裂成新的统治阶级和新的被统治阶级，这是由集权模式的国家结构所决定的。因此，面对刚性的社会结构和强大的世俗权力，被统治阶级受限于认知水平，只能将德福同一的希望寄托给彼岸世界里的强大力量。在被统治阶级内部，固然个体与个体之间的道德水平是高低不同的，但是被统治阶级作为一个"整体"，因统治阶级的剥削和压榨，其道德行为和道德付出并没有得到公正的对待。所以，被统治阶级希望通过彼岸的力量来约束现实中的权力，期望自身的道德行动在彼岸世界能够享有相应的幸福果实。然而，通过宗教信仰的方式，追求的是在彼岸世界或来世的德福同一，而非现实的同一性，由此导致被统治阶级、被压迫者、被剥削者对现实世界里的不公正现象，采取逆来顺受的态度，认受此生此世的德福不一致。与此同时，这种对现实秩序的默认或承受态度极容易被统治阶级所利用，既能用于维持自身统治秩序的稳定性，又能为进一步的剥削创造条件。所以在高度集权的社会结构中，宗教力量也不能真正地保障被统治阶级的德福同一。

无论是在原始的部落阶段，还是在传统的集权国家阶段，其共同特点是社会整体的认知水平低、信息总量小和信息流动慢，高质量信息少且传播慢。一方面是由于生产工具落后和社会生产力水平低下，对现实世界无法形成高效的认知，形成的信息体量小；另一方面是因为上层阶级、统治阶级为了稳定自身利益,故意制造壁垒,控制高质量信息的生成和传播。对此,现代国家得以建立的前提必然包括生产力的巨大提升、高质量信息的广泛传播和个体自主意识的确立。例如,虽然分权理论很早就出现在人类设想的国家建构思想中,例如柏拉图的《理想国》、亚里士多德的《政治学》;也进行了部分的分权实践活动,如政教分离、丞相制度、三省六部制。但是现代国家的分权理论和实践却是晚近的历史事件,分权理论从洛克的《政府论》开始,完成于孟德斯鸠的“三权分立”,实践则自美国独立和法国大革命开始。从早期的分权理论到现代的分权理论,从分权理论到分权建国,展开广泛的分权实践活动,在此过程中,最重要的因素是生产力水平的提升。基于自然科学技术,发明高效率的机器,开启工业革命,广泛使用机器的力量,将普通劳动者与土地分离,改变传统的生产关系。至此,个体的自主意识开始觉醒,认识到自己的劳动成果与自身是分离的,需要通过建立新的平等关系来确保自身的权益。在现代社会,个体与他人、组织、政府和国家等之间的边界——权利关系和义务关系——必须通过法律体系来确立。在个人与国家的关系中,个人是弱势方,国家是强势方,因此对个人来说,法律需要首先确定每一个人的、不可撼动的基本权益,然后保障每个人的基本权益;对国家整体来说,法律需要界定国家尤其是政府的权力范围,形成相互制约、相互监督的机制。所以,在现代国家,推进个体或组织的德福同一性,法律规范是最基础的保障。

由于自然科学技术的飞跃式发展,科技转化成最强的生产力,社会生活的美好程度与科技的发展水平息息相关。随着互联网技术的普遍使用,人类进入了真正的全球互联互通时代。以往的全球化建立在物资和资本的全球流通之上,对于个体而言,如果不是直接身处全球性的产业链之中,则难以切身地感受到全世界的连通。与此不同,互联网让个体能够时时刻刻地身处于全球化中,直观地感受信息的自由流通,至少在网络空间中,个体可以超越国界成为一种“世界公民”(Citizen of the World 或 Global Citizen)。

　　自人类步入现代社会以来,个体的独立意识越来越强烈,人类终极的价值、理念和信仰对象不再具有天然的合理性,都必须经过个体的感受和反思,然而反思之后,个体与个体之间却很难重新对终极性的概念形成共识;与此同时,在现实生活中,个体需要不断地加入各种共同体,成为其成员,为此,个体必须不断地切换自己的成员身份,在此过程中个体对共同体的认同度会逐渐降低,个体将自己分裂在不同的共同体中。由于个体自身的同一性处于不断的重建状态,个体在其自身不是一个稳定的统一体,因此个人对于道德和幸福的感知变得越来越个性化,越来越多元,越来越碎片化。总是游走于各种具体的道德片段和幸福片段,对于整体性的道德状态和幸福状态缺乏把握能力。互联网技术加剧了个体自身的不确定性和自我同一性:由于个体可以通过匿名方式随机性地接入互联网,个体的身份是随机性的"节点","随机性"意味着"不确定性","节点"的随机性表明个体可以使用任何一种身份登入互联网。在互联网中,个体转换成随机性的匿名节点,像一个"隐形人"在互联网中任意穿梭,甚至连"隐形人"都不是,而是一串无法追踪的"加密信息"。由此,现实生活中的个体拥有了自由变化的身份。接入互联网的个体可以隐藏自己的身份,在网络世界中自由穿行,既可能在任一网络空间中寻求幸福感,也可能传播负面价值和邪恶信息;既可能通过网络向道德楷模学习,又可能是冷漠的道德旁观者、违法犯罪分子。与此相对的举措是,个体必须采取实名制登陆网络空间,使网络身份与实体身份完全一致,在此情形中,个体便无真正的隐私可言,处于赤裸状态,个体在网络空间原本可以享有的自由活动,由于惧怕互联网巨大的传播效力,反倒转变为不自由的活动。

　　在互联网时代,匿名的个体并不是以"个体"的身份进入网络空间,而是以个体的"精神片段"或"感受片段"接入网络世界,"精神片段"和"感受片段"将在虚拟空间中寻求相应的"满足"。同时由于互联网具有从一个"节点"迅速传播所有"节点"的能力,能够产生超强的放大效应和扩散效应,因此每个"节点"的道德行为和幸福活动都可能引发成千上万的道德行为和幸福活动,一个小小的道德行为可能引发巨大的回报,一个轻微的不道德行为可能引起超级强烈的批判。所以在互联网语境中,道德与幸福之间的同一性往往不是精确的一一对应关系,而是存在着诸多变量,德福之间的同一过程变得异常复杂和极度不稳定。

随着科技的进一步发展和应用,人类将面临越来越多的新局面,有些是可以预知的,有些则是未知的。就互联网技术而言,目前属于人类能够把控的阶段,是人类在使用互联网为社会的生产生活服务,人是网络技术的"把控者"和"使用者"。同时,在互联网空间中,人的道德行为、幸福状况和德福同一路径属于可以预判的范围。但是随着芯片技术、人工智能、深度学习算法和新材料等方面的快速进展,可以预见的是,互联网及其相关技术将会迎来突破性的发展,在万"有"被计算机网络世界互联之后,转换为数字信息的"万有"成为互联网技术的"内在事物"。在此基础上,经过不断地学习——深度学习、时时学习和快速学习,互联网用几天时间就可以将人类上万年的"历史资料"和"经验"全部消化吸收,然后进入未知领域,进行自我学习,再基于云计算和大型数据库,互联网很可能进化出比人类意识系统更高级的独立意识系统。至此,连接"万有"的互联网开始宰制"万有",转变成"万有"乃至人的"把控者"和"使用者"。在此情形下,人类的道德概念、幸福概念以及德福同一方案都将彻底地被重构,因为重构的主导力量是具有高级自我意识能力的互联网,而不是人类自身。高度智能的互联网如何界定道德概念和幸福概念?是优先推进人类的道德生活和幸福生活?还是优先考虑其自身的良性发展?等等,这些难题已经远远地超越了人类的全部认知范围。

二、万有的"道德"与"幸福"

"人的德福同一性"是"以人及其所在共同体为主体或中心"的德福同一模式,探究其道德生活与幸福生活之间内在的一致性联系。从生物进化的角度来说,将人的道德和幸福作为首要的关切,恰恰是因为面对凶险且强大的自然环境,人类必须群居在一起才能生存下去。但是,群居和共同生活的前提是创建生存秩序,生存秩序是道德生活和幸福生活的原初条件。

从历史和逻辑角度看,人的德福同一进程大致经历了三大阶段:一是原初阶段,个体与共同体处于高度统一状态,或者没有真正的个体,共同体既代表自身又代表个体,共同体的命运就是个体的命运。因此,共同体的道德原则和幸福状态即是个体的道德规范和追求目标。如果共同体的道德秩序造就了整体的良性生存,那么共同体的道德与幸福之间就具有一致性。二是分裂阶段,由于个体自我意识的出现和成长,个体意志逐渐从共同体的统一意志中独立出来,个体开始追求自身的幸福生活,同时对共同体的道德原则进行反思和批判,由此形成的状态是,个体的道德原则和幸福诉求与共同体的道德要求和幸福生活之间,出现不一致甚至相互对立,个体的德福同一路径与共同体的德福同一路径之间形成冲突关系。三是重建阶段,当个体将自身绝对地孤立起来,不认同共同体及其共同价值,将导致人与人之间的争斗,因为缺乏对共同价值的认同,使得人与人之间缺乏相互对话的基础。个人把自己作为孤立的个体,其本质是个人将"个人"作为绝对价值,把"个人"作为道德生活和幸福生活的基础。但是在现实世界中,根本不存在完全孤立的"个人",因为"个人"不是全能的,无法单单仅凭自身的力量就创造出自身所需的生存条件和生活条件。"个人"首先是各种物质关系和社会关系相互作用之后形成的结果,然后才能依靠自己的独立意识反作用于物质关系和社会关系。所以"个人"是各种关系中的"个人",是与他人、各种共同体先天共在的"个人",只有不断地推进"个人"与他人、共同体相互作用、和谐共处,才能重建各自的德福同一性。与此同时,人不仅与他人、社会性的共同体处于联系状态,而且与他物、大自然、精神世界等处于联系中。人的德福同一性不仅发生在人类社会生活里,而且与非社会环境之间形成紧密的相互作用。所以,人不仅要关注人类世界中的德福同一难题,而且要认知、理解和尊重宇宙万有的存在状态,关心万有的"道德"和"幸福",推进其德福一致。

（一）人与万有的关系

在全体哲学看来，"全体"包含"一切"，"一切"包含"存在"和"不存在"、"有"与"无"。其中，"有"即是存在、存在者、存在形态，"万"即是"所有"，因此，"万有"即是所有存在者、所有存在形态。人与"万有"的关系发生在"存在"与"不存在"相互作用的大背景中，继而发生在"全体"之中。从微观角度讲，"有"是任何一种极微的存在形态，是组成"个体"的微小元素、基本粒子和"弦"。从宏观层面讲，"有"是一个相对独立、具有自身同一性和统一性的个体，人与"万有"的关系是从个人与个体的关系出发的，在此基础上再探究个体的道德、幸福以及二者的同一性。综合逻辑、历史和现实发现，个人与其他个体之间存在着如下六大类联结方式：

第一，个人与人类共同体之间的联结。单纯从逻辑角度分析，似乎处于第一位的应该是个人与个人的关系。然而真实的情况是，共同体先于个体存在。如果从生物演化的角度讲，人类最近的祖先就是群居性动物，群居是生存演化的结果，因此，个人必须在群体中才能生存下来。在现实生活中，个人是在各种共同体中成长起来的。家庭是最小同时又是最根本的共同体，正因家庭共同体的存在，家庭成员之间的关系才具有最坚实的基础，家庭内部的伦常秩序才得以确立，因此，家庭是个人的道德品质和幸福感的最初来源。如果说家庭是最小的伦理共同体，那么国家就是最大的法律共同体。在现实世界中，个体生活的方方面面都与国家形成强力联系，尤其是通过立法和法制途径，保障个体的基本权益，同时也规定个体的义务，在此基础上，个体受历史、文化、传统、理念、人群等方面的影响形成高度的认同感，国家与个体之间形成强烈的精神联结，国家是个体精神世界中极为重要的价值对象。在家庭与国家之间，存在着各种共同体，个体的生存境遇和生活状态与这些共同体直接相关，例如政府、企业、组织，关系个体的衣食住行、生老病死、就业、医疗、教育、福利等等，个体的道德行为和幸福生活与这些共同体的规范和专业性紧密相关。在互联网时代，个体通过接入网络空间,与各种虚拟的共同体建立联结,这些共同体是社区化的共同体,是以专业知识、利益、兴趣、爱好、审美等为基础创建的,由于这些共同体一般不具有强约束力,参与者可以相对自由地表达自己,或者真实地表达自己,反倒让参与者产生了更深的精神认同感。同时,个体的表达也可能在网络世界中得到广泛的认同,据此,个体在虚拟共同体中也能获得幸福感和成就感。

第二,个人与个人之间的联结。由于个人始终与其生存环境和生活场景保持着联系,因此完全孤立的个人是不存在的,"不同他人发生关系的个人不是一个现实的人"①。"人是人的镜子,每个人都从他人身上看到自己,也从自己身上看到他人。在主体间这种相互观照中,既确定了对于自身而言的自我的存在,同时也确认了他人的自我的存在"②,个人与个人之间的联系必然带着自身已有的生存经验、生活阅历和价值系统。母子(子女)关系是人与人之间关系的起点和原点,个体生命起源于母亲的孕育,诞生自婴儿与母亲之间的肉身分离,成长于母亲的哺育和抚养,因此母子关系不是通过外在力量建构的,而是在身体、情感、意识等方面都具有先天性的"刚性联结"。所以,与其说建立母子关系,不如说认识和理解母子关系,让个人在与母亲的一体性中独立出来,成为具有自主意识和意志的个体,继而与他人建立多元化的联结。父子(子女)关系的侧重点是父亲对子女的抚养,从父亲的角度讲,他对子女拥有强烈的一体意识,认为子女是自己生命的延续,但从子女的角度讲,父亲更像是一个高大的权威或者关怀者,所以在父子关系中,父亲一方更偏重一体感,子女一方更偏向敬重感。基于血缘亲情,在家庭和家族中,个人与长辈、平辈、晚辈之间存在着天然的伦理联结,对应着不同的伦理德性,长辈对晚辈的慈爱和抚育,晚辈对长辈的敬重和孝敬,平辈之间的相互关爱。

---

① 黑格尔:《法哲学原理》,范扬、张企泰译,商务印书馆1961年版,第347页。
② 郭湛:《主体性哲学——人的存在及其意义》,云南人民出版社2002年版,第240页。

　　子女因不断成长,开始从家庭中独立出来,与陌生人建立各种关系。师生之间、同学之间、朋友之间、同事之间,等等,可以建立积极正向的联系,这依赖于双方的共同努力,彼此尊重,相互理解。"'自我'是在与'他人'的相互关系中凸现出来的,这个词的核心意义是其主体间性,即与他人的社会关联。唯有在这种关联中,单独的人才能成为与众不同的个体而存在。离开了社会群体,所谓自我和主体都无从谈起。"①与此同时,个人也可能与他人形成消极负向的联系,尤其是在违法犯罪、破坏伦常、败坏社会风气等行为中,个人要么成为施害者,要么成为受害者,这类负面消极的联系不可能长时间存在于社会生活中,因为负面的联系必然阻碍、伤害个体身体和心灵的健康,扰乱和破坏正常的生活秩序。

　　而在人类对宇宙开始进行广泛探索的今天,还可能会面临一种全新的关系:个人与外星智慧生命之间的联系。如果外星智慧生命比人类先进,或者落后,或者相当,那么人类应该分别如何与之相处? 外星智慧生命尤其是高级的外星智慧生命对人类拥有基本的善意吗? 同样,人类能够善待比自己低级的外星智慧生命吗? 人类惧怕外星智慧生命的科技水平突飞猛进地发展吗? 等等。我们很难预判:人类社会既有的关系模式,在星际交往中,具有多大的合理性和实效性。

　　第三,个人与至高存在者的联结。人类尤其是个人因自身的有限性,无法一瞬间对宇宙人生达到完全清楚明白的认知,而是始终处于认识的途中。个人所拥有的能力无法对万事万物进行控制,无法完满地解决现实世界中存在的难题,个体之所思无法直接转变为个体之所能,想象的能力无法完全变成现实的力量。个人因认知的有限性和能力的有限性,导致其对善的认知和践行存在缺陷,不能彻底地认识善,也无法完满地践行善。面对自身的有限性、缺陷和不圆满,个人寄希望通过

---

① 尤尔根·哈贝马斯、米夏埃尔·哈勒:《作为未来的过去——与著名哲学家哈贝马斯对话》,章国锋译,浙江人民出版社 2001 年版,第 200—201 页。

全知全能全善的存在者给予宇宙人生终极性的保障，神是万有的创造者、保障者和审判者，此即是宗教信仰模式下的"神—人"关系。在此情况下，个人通过对神的绝对信仰，无条件地遵循神的启示经典和诫命，跟随先知的引导，让自身在认知、能力和行善等方面不断提升，最终经过神的审判，升入天堂。与之相反，不信仰神、不遵从神的启示、不遵守神的诫命、亵渎神、崇拜偶像、犯罪作恶，将在神的末日审判中，堕入地狱。所以，在个人与神的关系中，对每个信仰者来说，绝对地信靠神和按照神的诫命行善是最重要的事情，由此，个人才能真正地认知宇宙万有，获得真正的力量，得到最终的拯救。

第四，个人与最高本原的联结。个人与神的联结是个人与普遍存在者的联结，这个普遍的存在者是个人和宇宙万有的造物主。与此同时，如果不从造物主的角度思考普遍存在者，那么从最高本原的角度理解普遍存在者，是另一条具有终极意义的路径。个人与最高本原或第一本原建立关系的关键在于，个人必须认知"最高本原"创生宇宙万有的整个历程，揭示"最高本原"生生不已的属性和规律。虽然"最高本原"在不同的哲学思考和文化传统中具有不同的表达，但是其创生宇宙万有的过程具有相似性。大致的过程为，从"最高本原"生发出宇宙万有的基本构成元素，然后通过基本元素之间的相互作用，按照一定的方式组合或结合，形成最初的存在者——混沌，混沌演化出宇宙天地，宇宙天地演化出人和万有，万有继续演化出新的存在者和新的存在形态。因此，个人可以根据人类在"最高本原"生发和演化中的位置，对宇宙万有形成整体性的认识，进而顺应"最高本原"和万有的流变过程，更好地与天地万物共处。

第五，个人与万有的联结。无论是"神—人"关系还是"形上本原—人"关系，"至高存在者"和"最高本原"都是最普遍的存在者，人与万有之间的本质性关系必须通过普遍者才能形成。在"神—人"关系中，"人与万有的关系"必须以"神与人的关系"和"神与万有的关系"为前提；在"形上本原—人"关系中，"人与万有的关系"必须以"形上本原与人的关系"和"形上本原与万有的关系"为基础。然而,每个人对普遍者的认同和思考路径并不是相同的,尤其是不同的一神教信仰体系之间,存在着根本性的不一致,继而在现实世界中引发强烈的冲突。为了阐释"个人与万有之间的联结",还存在着一种彻底的路径:个人和万有处于直接的相互联结状态,个人与万有之间无须普遍者的中介作用就能相互连接。这种思考进路强调人与"万有"的共存共在,即人与"万有"之间不存在本质的区别,人的生老病死与万有的"成住坏灭",只是说明了存在者的存在形态在发生变化,不存在绝对的"生",也不存在绝对的"灭",个人"诞生"之前不是虚无,个人"死亡"之后也不是空无。在一定的条件下,个人可以转化为"万有","万有"也可以转化成个人,准确地说,个人与万有之间不能进行直接的相互转化,而是组成"个人"的因素与组成"万有"的因素之间具有相同性质,继而在新的条件下可以结合成新的形态。所以,"个人"和"万有"不是被"神"创造出来的,也不是被"本原"生发出来的,而是各种物质、能量、因缘条件等方面结合而成的,"个人"与"万有"之间的联系不是建构出来的,而是二者原本就处在联结之中,"个人"和"万有"都要遵循相应的规律,才能保持自身的良好存在形态。

第六,个人与数字化存在的联结。个人与共同体、他人、神、最高本原、万有之间的联结,都是高技术时代之前的联结方式,其共同特点是,基于个人的身体和意识所展开的物质联结和精神联结。随着现代科技的广泛应用,计算机技术将对事物的物理信号和电子信号转换成数字信号,把"万有"数字信息化;数字传输技术能够实现对数字信号的精准传输和高速传播;互联网技术能够建立其自由联通的信息传送通道。由此,实现了数字信息的自由传播,万事万物经过数字化处理,成为网络空间中的自由存在。个人通过网络"节点"接入互联网,在虚拟空间中与数字化的"万有"互动交流,"不再局限于物理上、地理上所属的狭隘地域性、民族性的背景和资源之中,而可能从整个人类、整个世界中汲取自我发展的养料,……从而使每一个个体成为包容整个人类、整个世界在内的'小宇宙',并获得世界历史的规定性"①。

但是,作为数字化信息或数据的"万有",失去了现实世界中的约束和限制。现实中善的"事物"与不善的"事物"在技术层面没有区别,都是二进制数字信号,由此导致不善的"事物"也能在互联网空间中无限制地传播。另一种风险在于人工智能与互联网的结合,由于人工智能超强的学习能力,很可能形成高度的自主意识,当人工智能的智力水平远远超过人类的智力水平时,人工智能很可能将人类视为低级动物,为了其自身的利益,甚至可以运用互联网的力量攻击人类,"我们越来越多的人生体验通过电脑屏幕上闪烁摇曳、虚无缥缈的符号完成,最大的危险就是我们即将丧失我们的人性,丧失人之所以区别于机器的本质属性"②。所以在互联网时代,个体如何与"智能化的数字存在者"建立良性关系,决定权可能不在人类这一方,而是在人工智能一方。

(二)"万有"的"德性"和"幸福"

当我们探讨"道德"概念、"德性"概念和"幸福"概念的时候,是以人、人类为中心展开论述的。人的道德、德性关乎"人的善念善行",人的幸福关乎"人的良好生活"。道德行为和幸福生活发生的基本领域是人类社会,以人类的福祉为核心关切。从认识论角度讲,人类对"万有"的观察、认知、感受,无法脱离人自身的主体特性和科学工具的限制,这既是人类认识"万有"的有效途径,同时又是人类自身的限度或有限性,人类永远只能从自身出发理解"万有",因此无法克服认识论意义上的"人类中心主义"。然而,如果将基于人的认知有限性形成的"人类中心主义",转变成价值论意义上的"人类中心主义",尤其是"强人类中心主义"——以人类为绝对价值中心,那么"万有"很可能成为人类的征服对象和利用对象,成为人类实现自身利益的牺牲品。从价值角度把人类置于绝对中心位置,包含两层意义:在人类与"万有"的关系中,无条件

---

① 马忠莲:《网络的哲学解读》,宁夏人民出版社 2009 年版,第 205 页。
② 尼古拉斯·卡尔:《浅薄——互联网如何毒化了我们的大脑》,刘纯毅译,中信出版社 2010 年版,第 226 页。

地以人类的关切和利益为最高标准；正因为人类拥有超然的价值地位，人类的责任也是最重大的，具有维持"万有"正常状态的职责。于是，在"向万有索取权利"与"为万有承担责任"之间存在着巨大的裂缝。

所以，"人类中心主义"的一端是基于人类的有限性，因为人类无法超越自身的各种限度，因而人类只能把自身视为"限度的中心"，人类必须经过审慎的考量，综合评估各种因素和各方利益，然后展开实际活动，虽然这种路径仍然以人类为中心，但是人类在其实际活动中是自制的、克制的；"人类中心主义"的另一端是强调人类自身无限的认知能力，强调人自身的力量和人使用工具的力量，将人类已有的认知和知识客观化为强力，通过无限的认知能力和客观化的强力来确立人类对于"万有"的宰制地位。

从宇宙生成的角度讲，现存宇宙由"奇点"爆炸而来，首先产生"弦"或"基本粒子"，"基本粒子"相互作用并结合形成"亚原子粒子"（质子、电子和中子）——"原子"，或化学"元素"——"分子"，分子是物质中能够独立存在的、相对稳定的并保持其物理化学特性的最小单元，"原子"与"原子"之间和"分子"与"分子"之间相互作用，并结合形成各种各样的"物体"——生物和非生物。因此，"基本粒子"之间的相互作用和结合是"万有"得以形成的基础。从宏观层面讲，人类通过自己的感官系统只能直接观测到一个个"物体"，研究"物体"的性质、功能等等属性，评测其性能、功能的运行等等。广义的"德性"是指一个存在者所具有的性能（潜能）以及功能的正常运行（现实），将内具的性能转化为外在的现实作用，就此而言，每一个"物体"的"德性"，即是"物体"自身所具有的属性及其功能能够正常地运行。广义的"幸福"是指一个存在者处于"好的状态"（well-being），"好好地存在着"（well being），能够将自身的性能良好地发挥出来，从"潜能"转化到"现实"的过程是通畅的，保障转化过程的条件是充足的、良好的和理想的，对一个"物体"而言，亦是如此。从微观层面讲，"物体"的最基本构成元素是"基本粒子"，"基本粒子"通过相互作用和按照一定的结构形成亚原子粒子、原子和分子，最后形成宏观世界里的单个"物体",所以"微观粒子"是宏观"物体"的构成元素和存在基础,"物体"的性能来自"微观粒子"之间按照特定结构的相互作用和相互结合。正因如此,可以说"基本粒子"的"德性"在其自身之中,"亚原子粒子"的"德性"在于"基本粒子"之间的相互作用及其所形成的结构之中。进一步而言,"物体"的"德性"在于原子、分子之间的相互作用及其所形成的结构之中。相应地,"基本粒子"的"幸福"在于能够使其所构成的"亚原子粒子"具有良好的性能,原子、分子的"幸福"在于能够使其所构成的"物体"具有良好的性能。

"微观粒子"构成两类"物体"或存在者:一类是非生物存在,另一类是生物。生物与"非生物存在"之间的本质性区别为"是否具有生命",而生命是由核酸和蛋白质等物质组成的分子系统,它具有不断繁殖后代以及对外界产生反应的能力,是生物体所表现的自身繁殖、生长发育、新陈代谢、遗传变异以及对刺激产生反应等的复合现象。"非生物存在"主要是通过物质和能量的交换改变自身的结构和状态,生物除了能够进行物质和能量的交换外,还包含繁殖、生长、发育、新陈代谢、遗传、应激反应等活动,是各种生命活动的"复合统一体"。与此同时,生物与非生物环境之间相互作用,时刻进行着物质交换和能量交换。

进一步而言,除去生物内部微观的生理活动外,生物之间面临着生存竞争与共生。所有的生物为了保存和延续自身,都将争夺资源,其本质是占有更多的物质和能量,一方面是争夺"食物",形成食物链,另一方面是争夺"生存环境",形成种群。但是争夺的结果不是某一种生物或某一个生物占据整个生存环境,彻底消灭其他生物,而是每种生物都会不停地进化,提高自身的生存竞争力,努力适应环境的变化。因为一个物种完全消灭了其他物种,便断绝了自身的食物来源,失去了"能量库",最终也将面临灭亡。在生存竞争中,虽然很多生物灭绝了、被淘汰了,但是剩下的生物和新的生物将在一段时期内达成新的平衡,形成相对稳定的物质能量交换系统。所以,在生物系统内部,生物的"德性"利于整个生态系统的稳定,利于物质与能量的平稳流通,生物的"幸福"是在整个生态系统中保存自身，进化自身，获得更好的生存状态。

在物质交换和能量交换之外，还可以想象一类超物质、超能量的存在——神和鬼。对于"神"的理解，大致区分为"一神论"（Monotheism）、"多神论"（polytheism）和"泛神论"（Pantheism）。"一神论"强调神的独一性，神是唯一的、至高无上的、全知全能全善的、赏善罚恶的。与"一神论"相对，"多神论"指向众神系统或谱系——万神殿，每位神祇各自拥有独特的神性和神力，各司其职，主管世间的各种事务：生死、赏罚、战争、和平、智慧、丰收、财富等等。"泛神论"是将神与宇宙万有融为一体，神就在宇宙万有之中而成为其本质和规律，或者说宇宙万有就是神的直接化身，因此神是无处不在、无时不在的，祂是物质和能量的来源。这三种对"神"的思考路径，虽然侧重点不同，但是都倾向于从积极方面阐释神的神性和力量，有助于从正向角度引导大众对神产生崇拜之情，遵守神的启示和诫命，做出符合神之意志的善行。

与此不同，对"鬼"的理解更多是从负向角度进行阐释的。"鬼"是一种离人类很近的超自然力量，一般是由在现实世界中遭受严重迫害的人或生灵死后转化而来，往往带着强烈的怨念，这种含冤的"鬼"要通过向施害者报仇的方式才能平息自己的怨念，然后开启下一段转世之路。当然，也存在着向行善者报恩的鬼。因此，"鬼"作为一种最切近人的超自然存在，其实际的作用类似于社会心理意义上的赏罚功能或公正诉求，是人内心监督意志的外在投射和外化形态。"鬼"的存在时时提醒着每一个人：虽然作恶可能逃过人眼、法律的制裁和道德的谴责，但是绝不可能逃过受害者鬼魂的强烈复仇行动。所以，"神"往往是正向的引导力量，"鬼"往往是负向的惩罚力量，两者的结合更益于形成良好的社会风气。

由此可以看出："神"的"道德"就是神自身，神在其自身就是道德的，神是道德的来源；"神"的"幸福"是神的信仰者实现了神的意志和遵循了神的命令，让宗教理想转变成现实。"鬼"的"道德"是指公正地使用自身的力量，报恩尤其是报仇必须一一对应，不能伤及无辜；"鬼"的

"幸福"是用自身的力量实现了报恩或报仇。

上述语境中的"存在者"或者"万有",都是前互联网时代的"事物"和"思考对象",其共同特点是,"万有"是通过人类自身内在的信息处理方式被把握的。在计算机技术发明之前,人类对信息的所有处理方式都是以人类的感官系统、认知系统和知识系统为基础的,人类直接把自身当作处理信息的工具。但是受限于人体尤其是大脑的限度和知识的匮乏,人类无法快速地收集信息、处理信息、解读信息和传播信息,无法对信息进行标准化处理,尤其是由于不同地区的人类采取不同的信息处理方法,导致信息之间无法直接通约,形成了多重信息壁垒,降低了人类把握"万有"的效率。

计算机技术完成了信息处理方式的革命性改变,把"物理信号"转换成"电子信号",再把"电子信号"转换成"数字信号",用最简单的"0"和"1"编码关于"万有"的信号,保证信息的标准化和准确性;将关于"万有"的所有信号全部转换成"0"和"1"的组合,转换成同质性的数字信号(数据),因为其同质性,所以可以自由地进行编码。在计算机技术和通信技术的基础上,已经转化为"电子数据"(数字信息)的"万有",可以自由地传播,快速地传输。由于关于现实世界的所有"物理信号"——无论善恶、好坏还是中性——都被转换成同质性的"数字信号",所以从信号的数字本质而言,所有数字信号之间没有本质区别,因而关于善恶好坏的信息与中性的信息一样都能够在网络世界中自由传递,增大增强了善恶好坏信息的影响力。信息的数字处理技术转换了信息本身的善恶属性,将"善恶"转变为没有本质区别的"数字",然而这些数字信息通过互联网四处传播,通过图像、声音、文字等方式在网络终端上的显示内容却还原了信息的善恶性质,并通过网络的增大效应使善与恶同时得到了扩大。在此过程中,从大众的猎奇心理角度来说,负面消息的传播效力更强,继而对现实世界里的社会风气形成不良影响。所以,从技术层面讲,互联网的"道德"或"德性"是实现信息的自由传播和平等共享,互联网的"幸福"是通过网络世界的优化作用使现实生活变得更加美好;从价值层面讲,互联网的"道德"是在网络空间中弘扬现实世界中的"善"和抵制实际生活里的"恶",互联网的"幸福"是在虚拟空间中呈现和制造良好的信息内容。

三、万有之间的"生态共在"

探讨"德福一致"难题,默认是指人的"德福同一"问题。其基本语境为以人为中心,界定人的道德概念和幸福概念,通过各种人为的途径推进人的德福同一性。然而,从全体哲学或世界整体看来,人与万有(其他存在者、万事万物)是共在的,二者处于相互联系的"网络世界"中,人是这个"网络世界"的重要"节点",但并不是"绝对中心"。因此,人的"道德"和"幸福"不直接是万有的"道德"和"幸福",甚至可能出现相互冲突、相互对立的情况。进一步而言,万有之间的"道德"和"幸福"也是各不相同的。对此,"万有"的"德福同一性"既要协调与人之"德福同一性"的关系,又要处理与其他"万有"之间的"德福同一性"。最终说来,由于人的有限性和限度,人类只能基于自身的认知水平和实际能力,推进人与万有和谐共处,推动"人的德福同一"与"万有的德福同一"在整个"生态系统"中达致和谐状态,使人和"万有"都能获得相对美好的存在状态。[1]

(一)物质生态系统

"人的作用"与万有之间的"德福同一"问题。无论如何人无法完全脱离自身的认知系统和认知工具的限制,去认识"万有"的客观状态,认识"万有"的道德、幸福和德福同一状况,因此从"人"出发,而不是从"以人为中心"出发,方能够不断接近"万有"的真实状态。在现实世界中,与人最相似、最切近的存在者是各种"动物"。动物包含很多门类,但是为了抓住其基本共性,这里主要探讨人类对动物整体的认知和评判。

动物尤其是人类身边的动物,或者作为生产工具,或者作为食物来

---

[1]　参见拙著《道德与幸福同一性的精神哲学形态》,中国社会科学出版社 2022 年版。

源，或者作为宠物，由于人类与之发生了紧密的联系，因此人类对待动物的态度、方式和目的显得尤为重要。基于人类自身的生物属性和生理现象，如果将动物设想为具有独立意识能力的类人"主体"，那么动物就像人类一样拥有感受能力和认知能力——与人的水平相比差距很大，能够感受到疼痛和痛苦，能够认识到自身的生命价值。据此，人类对待身边的动物，可以类比于人与人之间的相处方式，或者说是全面弱化版的"人际关系"。既然同为独立的生命体，那么"不故意杀害生命"即最底线的原则。"不故意杀害生命"原则并不是指"人类为了基本的生存也不能杀生"，而是出于生活的必需才不得已杀生，即不是为了满足自己强烈的、不断增长的、过度的欲望；同时，杀害动物的方法和过程应尽可能地人道和富有同情心，坚决反对虐杀、残杀，反对用娱乐、冷漠、凶残的方式对待动物的疼痛和死亡过程，要给予那些为了人类的生存而失去生命的动物最起码的尊重、敬重和感恩。尽可能建立科学仁道的肉食供应链，在动物的受孕、生产、喂养、治病、运输和屠宰等环节，尽最大努力减小动物的痛苦，使其身体和心理都处于良性状态。尤其是屠宰环节，面对动物生命的终结，人类应该尽可能采用科学的屠宰方式——二氧化碳或电击，最大程度地减少动物的恐惧、缩短死亡的时间、减轻死亡的疼痛感，尽量降低杀生的残酷性。

　　随着生物科学技术的发展，甚至产生了一种更加人道的肉食生产方法：只需要从动物身上提取一小点干细胞（非胚胎细胞），然后将细胞放到装有营养液的培养皿里，利用细胞自身的增殖分裂能力，生长出肉类。由于这类肉的获取不需要杀死活体动物，不需要以动物的死亡为前提，因而是一种文明的、人道的肉类。虽然这类肉将面临干细胞来源问题的争议，尤其存在非法使用人类干细胞或其他禁食动物干细胞的隐患，但是从技术的人道本性角度讲，具有非常积极的意义。当然，在人类社会的历史进程中，已有部分宗教禁止杀生，拥有严格的素食规定，对动物饱含深切的宗教关怀。近代以来，出于对动物的同情心，又兴起了热烈的素食主义运动，极端的做法是不使用任何含有动物制品的东西,认为来自植物的营养元素足够保障人体的正常需要。

概言之,动物的"德性"在于其自身的功能良好,当人类与动物发生联系时,动物的"德性"转化成增进人类的良好生活;动物的"幸福"在于与其自身所处的环境"共在共生",当人类与动物发生关联时,动物的"幸福"很大程度上取决于人类的对待方式;动物的"德性"和"福祉"与人类的行为息息相关,动物的"德福一致"与人类的人道行为密切相关。

如果把动物作为一个整体,那么与动物关系最为密切的生命形态是植物。在生命的进化过程中,植物对于自然环境的塑造,尤其是为动物的出现提供了重要的物质基础和能量基础。在生态系统中,植物能够将自然环境中的无机物合成转化成有机物,为动物提供有机元素,一般通过食物链实现有机物的消化、吸收、转变和转移。在食物链中,作为最初的生产者,植物不断地将光能和物质转化为化学能或生物能,动物通过食用植物获得自身所需的物质和能量;与此同时,动物的机体和排泄物经过分解后,能够被植物吸收利用,动物可以将植物的种子带到其他地域,植物依靠动物的迁徙获得了新的生存环境和繁殖空间。植物是整个生态系统的"发动机",能够转变能量的存在形态,其最大的贡献是将"光能"和物质转化成动物可以吸收的"生物能"。由于动物不能直接把光能转化为自身所需的"生物能",食草动物必须食用植物才能存活,把植物储存的物质和能量转化为自身的物质和能量,继而食肉动物食用食草动物,也是把食草动物储存的物质和能量转化为自身的物质和能量。正是由于物质和能量的转化、储存、转移、再转化、再储存、再转移,使得生态系统得以正常运行,形成动态的平衡,为植物和动物的进化和多样化发展提供了最基础的保障。概言之,植物的"德性"在于吸收物质和能量,然后对物质和能量进行转化,为动物提供物质和能量来源;植物的"幸福"是实现与周围的环境和动物"互利共生",当植物与动物发生关联时,植物的"幸福"是通过动物的迁徙实现自身的异地繁殖。所以,植物的"德福一致"在于,与周围的环境、动物的活动和人类的活动达致一种相对稳定的平衡状态。

生物界除了宏观世界里的动物和植物外,还存在着分布更加广泛、种类更加繁多的微生物。这里以结构最简单的病毒为例,探究病毒与细胞之间的竞争和进化历程。生命体的进化方向,一种是走向至简,用最简单的结构和系统维持最基本的生命形态,以简驭繁,以病毒为代表;另一种是走向复杂,用越来越复杂的结构和系统维持高阶的生命形态,用精巧复杂保障生命的高质量运行,以人体细胞为代表。但是,病毒并不是一个独立的生命形态,它必须将自身植入细胞,并完全依赖细胞的能量和代谢系统才能存活下去,由此,在病毒的侵入与细胞的自我保护(免疫系统)之间,爆发了一场已经持续了 40 亿年的攻防大战。在这场旷日持久的战斗中,病毒不断升级自身之"矛"——进攻武器,而细胞不断升级自身之"盾"——防御体系。病毒的"矛"越来越锋利,逼迫细胞不断提升自己的安全防卫系统,可以说,病毒是细胞的一类"逆增上缘":若没有病毒不断升级的进攻,细胞多半会丧失灵敏与警觉,失去忧患意识,沉湎于自身阵营的固若金汤之中,自我满足、自我麻痹,失去进化的动力。在此意义上我们可以说,病毒是反向推动细胞进化乃至生物进化的最重要力量之一。因为病毒与细胞都想活下去,为了生存,它们都必须不断提升自己的"生存技能"。经过 40 亿年的艰辛进化,细胞终于造就出自己的最高杰作——人,这是由 40 至 60 万亿个高阶细胞形成的高智能生命体。与此同时,40 亿年过去了,细胞的敌人——病毒,仍然时时刻刻准备侵入人体细胞,侵吞人的内在宇宙。面对"毒魔",人类的细胞相互协作,建立起严密的防御体系,严阵以待。对此,病毒必须突破多重严酷的阻拦,才可能侵入细胞核。在最危机的时刻,人体细胞甚至不惜以自我牺牲的方式,阻止病毒扩张。所以强健身体、增强免疫系统是抗击病毒的最基础条件。由此可见,微生物与人类细胞在微观世界里相互搏杀、相互竞争、相互提升,很难从宏观层面分析微生物的"德福同一性"。

动物、植物和微生物等生命群体与"非生命环境"之间相互作用、相互交换物质和能量,继而形成具有动态平衡性的生态系统。从个体内部的微观世界到宏观的地球,再到太阳系,直至目前的宇宙整体,都是基于物质和能量的相互流通、相互交流而形成的"生态系统"。宇宙大爆炸的瞬间产生了"空间"和最基本的物质——"弦"或"基本粒子","空间"是弯曲的、多维的、超高维的,"基本粒子"的分布不是均匀的;在"空间"的作用下,"基本粒子"之间相互作用和结合,相互作用产生"力",相互结合形成质子、电子和中子等亚原子粒子,并产生能量;"亚原子粒子"相互作用和结合形成"原子",同样也会产生能量;从原子阶段开始,逐渐形成微观的物体和生命体,物体和生命体都是物质和能量的统一体;微观的物体和生命体为宏观的物体和生命体提供物质和能量;随着宏观物体的运动和生命体的进化,物质和能量将在更加广泛的范围内流动,最后形成宏大复杂的物质和能量的交换体系、互联互通体系——"生态系统"。

虽然整个世界里的"实存"千形万状、千变万化、千姿万态,但是其最实在的基础是物质和能量的交换和转换,"实存"因处理物质和能量的方式不同而呈现为不同的"存在形态"。在"基本粒子"和"能量场"层面,一切实存都是同质的或相同的,没有本质区别,只是因为"空间"的大小、维度等不同,导致"基本粒子"之间作用力不同,基本粒子之间形成了不同的连接结构,呈现出不同的形态。所以在"物质生态系统"中,要使"生态系统"维持相对稳定的平衡状态,就必须观测和调控整个系统的物质能量分布,保证每一种"实存"都得到适量的物质和能量,在"生态系统"中与其他实存"和谐共存"。

(二)精神生态系统

如果承认现存宇宙是由"奇点"爆炸而来,那么宇宙所有的物质、能量和信息在爆炸的瞬间就已经决定,更准确的说法是,物质的总量、能量的总量和信息的总量在宇宙的开端处就已经确定。从宇宙演化史而言,精神活动是宇宙发展到一定阶段的产物,必须以一定的物质和能量为基础,尤其是对于生命体而言,其精神能力必须以生理器官及其活动为物质和能量前提,否则一旦没有物质能量的持续供应,器官就会自我消耗,直至衰竭而亡,死亡的器官会被分解为相对无序的"分子"和"原子",原先的神经联结通道被切断,无法继续展开精神活动。

从精神活动需要生理基础和消耗物质能量的角度看来,其并不是一种能够完全脱离物质基础的孤立意识活动,除非纯粹意识本身能够自己给自己提供能量,但是根据质能方程($E=mc^2$),能量与物质具有确定的当量关系,纯粹意识本身消耗的能量对应着相应重量的物质,因此精神活动无法完全离开物质,也无法不消耗物质。进一步而言,精神活动的内容与其物质能量基础之间的关系是怎样的? 在人类无法观测"基本粒子"的时候,倾向于认为精神活动的内容可以脱离其物质基础,或者说意识的自我建构能力能够超越物质条件的限制,从而认为精神活动的内容具有独立自由的生成空间,不能简单地还原为生理活动和物质运动。但是随着科学仪器能够观测到"微观粒子"之间的相互作用,从微观层面讲,人类的思维器官恰恰是在调动数万亿计的"微观粒子"来建构自己的思维对象,换言之,精神活动的对象是用"微观粒子"搭建出来的,就像计算机所显示的"内容"是用"数字信号"编辑出来的一样。

从宏观层面讲,"精神"存在三类形态:个体精神、绝对精神和神圣精神。"个体精神"以具有思维能力的主体为存在前提,个体能够运用自己的意识建构思维空间,在空间中自由地展开创造性活动,尤其是现实世界中无法直接呈现的事物、概念和理念。与此同时,个体希望通过意志的作用将意识的"对象"实现出来,形成客观的效力。但是,由于个体自身的有限性,个体精神对宇宙万有的认知和改造始终处于未完成状态,个体精神无法消除主观因素和主观干扰,从而纯粹客观地、准确地认知宇宙万有。加之当观测其"微观粒子"状态时,观测工具本身会对粒子的原初状态形成影响,所以个体精神对世界的认知永远只能介于"全知"与"无知"之间,个体对世界的探索永远处于迫近状态。

"绝对精神"侧重于从世界本原的角度阐释宇宙万有的生成过程,即将绝对精神本身作为万事万物的最终根据,绝对精神是最高的、最普遍的、无处不在的,绝对精神既是本体又是主体,既是存在又是思维,既是存有又是活动。绝对精神生发出精神和物质:一方面,绝对精神将自身限定为个体精神,通过个体精神的成长,不断地展开自身,不断地精神化万有,最后回到绝对精神自身。另一方面,物质必须经过精神的作用,才能获得自身的规定性,否则物质只能处于潜藏状态,最终说来,绝对精神是物质的本原。绝对精神既包含形式又包含内容,或者说绝对精神作为最普遍的本质或内容,在不同阶段、不同环境中呈现为具体的形态。

"神圣精神"特指神的精神或者作为精神本身的神。在信仰体系中,神是宇宙万有的创造者,祂能够从绝对的空无中创造出一切万有——"无"中生"有",无论是个体精神还是遍布整个宇宙的物质和能量。祂创造人的肉身,同时向肉身吐气——精神,使肉身获得灵魂,让人成为拥有独立精神能力的存在者,成为万物之灵。即使"宇宙大爆炸"理论对当前宇宙的解释具有很大的合理性,宗教信仰者仍旧可以追问:"奇点之前是什么""奇点从何而来""奇点如何可能包含整个宇宙的能量"等等。在宗教系统中,神无所不知、无所不能、全知全能、知即是能、一知便能,因而祂能彻底解决这类终极性的难题。所以,"神圣精神"就是绝对的创造力本身,是个体精神、最初物质和最初能量的唯一来源。

虽然"微观层面"和"宏观层面"对"精神"的阐释路径不同,在"宏观层面"内部对"精神"的理解也不相同,但是从人类思想的全面性角度来说,让不同侧面的"精神"或者"精神"的不同侧面结合成一个互动的"生态系统",而不是相互区隔、对立和对抗,是更加富有生命力和解释力的方案。"微观"角度与"宏观"角度的结合点在于"精神自身的自由度"。从微观层面讲,"精神"被还原成"微观粒子"的运动,精神活动是"微观粒子"之间物质和能量的相互交换作用,精神活动的内容是"微观粒子"根据物质和能量的变化而形成的不同"粒子组合"——"粒子图景"。但是,精神活动指向万亿计的"微观粒子"按照远超万亿计的联结路径发生相互作用,这对于人类来说,已经是一个逼近无限的活动量,几乎代表所有的可能性和最大的自由度。"宏观层面"的"精神"其本质属性亦是指向"自由"。对个体而言,很难突破自己身体的限制,或者说生理性、物质性具有强约束力,因而显得不自由;与此相对,个体的精神却能不断超越既有的意识界限,不断拓展新的意识空间,并在空间中自由地建构自己的"意识对象",赋予其运行规律。"绝对精神"必定是绝对自由的,绝对自由意味着绝对精神具有完全的独立性,能够完全自主开启自身化为万有的整个历程。精神在绝对自由的状态下,才包含所有的可能性,同时也才能实现完全的自我规定,在规定中即在自由中,在自由中即在规定中。"神圣精神"更是基于"全知全能"掌握了绝对自由,既能从"无"创造出"有",也能将"有"完全摧毁,既能创造人和世界,也能毁灭人和世界,既将自由意志赋予个人,又强调只有在绝对的信仰中才是真正自由的,甚至神的无限自由能力根本不是人类所能够推知和想象的。

(三)数字生态系统

计算机技术、通信技术和互联网技术的出现,将信息的制造、传播和重构推进到了一个全新的时代。从微观层面讲,"信息"本身也是由"微观粒子"之间相互作用而形成的,需要一定的物质基础和能量基础,信息也需要介质的传导功能和消耗能量以推动自身运动,即使信息在"真空"中传递,也需要物质和能量,因为"真空"不是一无所有的"空无",不是纯粹空的空,而是接近排除所有物质或物质极其稀薄的"空间",正因如此,信息在真空中——真空不空——的传播速度是最快的,接近光速。在互联网系统中,计算机负责制造数字信号,通讯卫星、基站和光纤等负责传递数字信号,其基础是光子、电子等"微观粒子"相互作用产生的各种效应,因此,数字信息也是以一定的物质和能量为存在前提的,或者说数字信息是物质和能量的微观表现形态。在此基础上,计算机技术、通信技术和互联网技术通过对数字信息的处理和应用,让物质和能量获得了新的呈现形态,并形成互联互通的网络世界。

从宏观层面讲,人类社会的发展历史与人类生产信息和使用信息的效率息息相关,因为生产信息对应着生产资料,使用信息的效率对应着生产力水平,生产资料的丰富程度和生产力效率的高低决定社会生活的基本水平。一般说来,信息系统的形成主要包含如下四个环节:感知阶段,获取最初始的信号;处理阶段,将感知信号转化为有规律的符号系统;传播阶段,运用媒介传递符号系统;接收阶段,将符号系统还原为初始信号,或者翻译为自身所在系统可以解读的内容。与传统的信息系统相比,在感知阶段,互联网使用大量高精度高灵敏度的传感器,从尽可能多的方面或角度测量"事物",形成丰富的"信息元素",而传统的方式以人的感官感受能力和感受内容为主,十分笼统和模糊,无法超越感官自身的生理限制。在处理阶段,互联网使用计算机的二进制数字技术,用数字编码技术保持信息结构的稳定和简洁,而传统的信息处理方式受到感官系统、认知习惯、文化形态等方面的制约,导致各个地域的人群形成不同的信息处理模式,生成了不同的信息内容。在传播阶段,互联网中的信息传播媒介是光子,用卫星和光纤传送数字化的光信号,用已知最快的方式传播信息,而传统的信息传播方式无法主动运用光子对信号进行超远距离传输,因此只能通过身体、感官、姿态、声音等方式进行面对面的信息交流,或者运用结绳、器物、绘画、图形、文字、符号等方式进行长距离的信息传递,总体而言,这些信息传输方式的传播效率都不高。在接收阶段,由于互联网里的信息从输入、处理、输出、传播直到接收,均是采用相同的数字化信息模式,因此只要在接收处使用数字终端或相同工作原理的计算机,就能获得与信息输入阶段完全相同的电子信号,而传统的信息接收方式需要信息之间的"互译"才能进行相互解读,与此同时,相互翻译无法做到精确的一一对应。所以,互联网开启了人类信息交流的全新方式,使人类真正地进入"信息化时代"。

在网络空间中,由于所有的信息都是数字化的信号、数据,因此从技术层面讲,无法将现实生活中的善恶好坏等信息区分开来,善的信息是一段数字编码,邪恶的信息也是一段数字编码,唯一的区分是数字的组合方式不同。好的信息和坏的信息作为数字信号,都可以在互联网世界中自由地传播。对人类的现实生活而言,恶劣、负面的行为将受到各种现实力量尤其是法律的制约乃至惩罚。但是在互联网世界中,信息的发布主体(信息节点)不一定是恶行的制造者,与此同时,信息的传播通道近乎无限,如果采用匿名方式、反追踪技术和"洋葱路由",就极难追寻到信息的发送者和接收者。尤其是违法犯罪分子利用高超的网络技术作恶时,证据的收集将变得十分困难,再加上各国互联网法律的制定严重滞后和国际互联网法律的缺失,互联网的监管力量疲于应付各种新型犯罪模式,如何对跨国性的互联网犯罪行为进行追责? 如何引渡犯罪分子? 这些都是十分棘手的难题。与此相对的情况是,运用强大的技术追踪实名制用户的所有信息,侵犯用户的隐私,并对这些信息进行大数据分析,获取政治、经济、知识等方面的利益,使用户成为待宰的羔羊。① 正因如此,创建良好的数字生态系统和互联网生态,是一项重要而艰巨的任务,需要每一个个体、每个组织、每个国家和每个行业的共同努力,尤其要提前预警和预判新技术(如人工智能、基因编辑)可能带来的重大风险。

(四) 全体生态系统

在前互联网时代,人自身的进化和人类社会的发展只能围绕物质生态系统和精神生态系统展开。物质、能量和精神三者之间的交互作用,生成了各种各样的"信息",由此,物质生态系统和精神生态系统转化成"信息交互系统"。但是,这类信息交互方式要么严格受制于物质能量的转换规律,因而具有较大程度的客观性和确定性;要么产生自精神活动的自由性,因而具有极大程度的主观性和任意性,由此导致前互联网时代的信息系统难以建立和提升主观与客观、自由与必然之间的

---

① Evgeny Morozov, *The Net Delusion: The Dark Side of Internet Freedom*, Santa Monica: Rand Corporation, 2012.

关联度。随着科学理论、高技术的迅猛发展,通过全新的数字技术,客观的信息和主观的信息都被转换为相同制式的数字信息,保障了主观信息与客观信息之间的无障碍交流和结合,由此形成全新的信息交流系统——数字网络生态系统或互联网生态系统。在互联网时代,数字化和数字生态系统的爆炸式发展,使人类社会拥有了全新的空间和全新的生产方式,与此同时,互联网生态系统反作用于物质生态系统和精神生态系统,使其获得新的理解和形成新的生产力。所以,在互联网时代,物质、能量、精神和数字技术之间进行着高度的结合和融合,使物质生态系统、精神生态系统和数字生态系统都获得了全新的互动交流和提升转换,从数字信息角度获得了新的统一性。

然而,数字生态系统只是人类认知物质、能量和精神的一种方式而已,是通过高技术将万物数字化而形成的片面知识,并不具有完全的真理性。虽然在数字虚拟空间或互联网空间中,被数字化的物质能量、精神思维可以具有极大程度的自由性,但是当其反作用于物质生态系统和精神生态系统时,依然受到后者内在特质的限制。因此数字生态系统并不能彻底地融合物质生态系统和精神生态系统,三者之间仍然存在着本质性的区别。物质、能量、精神和数字只是人类认知全体(宇宙、整个世界)的部分概念和部分方式而已,并不能彻底地认知全体本身,是属人视域中的"全体"。物质生态系统、精神生态系统和数字生态系统只是全体及其生态系统的局部领域。人类的认知必须无止境地推廓,因为全体及其系统是无所不包的、无法穷尽的。

据此,对于"互联网"的思考,将推进到新的层面。从总体上讲,古典哲学侧重于从精神角度建立"互联网系统";进入科学时代,现代哲学倾向于从物质角度建立"互联网系统";进入高技术时代,当代哲学倾向于从数字信息角度建立"互联网系统"。人类社会一直在追求"互联万物""互联万有",继而实现"万物互联""万有互联",力图让万事万物共在于一个生态互联网中,因为从根本处讲,并不存在于一个完全孤立的事物或系统,万事万物以及诸种系统之间都是相互作用的。既然物质、能量、精神、数字信息只是全体的一部分，物质生态系统、精神生态系统和数字生态系统是全体生态系统的一部分，因此最普遍最终极的互联网就是全体层面的互联生态系统。只有揭示了全体本身是一个内部事物互联互通的系统，才能为物质生态系统、精神生态系统和数字生态系统奠定最为坚实的存在基础。在全体生态系统中，事物之间的联系是通过各种相互作用实现的，既有聚合的作用，也有分解的作用，事物之间既相互成就支持又相互竞争反对，由是形成动态变化的互联网络，人和万事万物都必须在此网络上界定自身的身份认同和活动范围。① 从最彻底的意义上讲，没有全体系统和事物之间的作用，个人就不会出现，且无法持续存在下去；与此相对，每个人的任何作用（视、听、言、动、意识等）都将影响全体系统和其他事物，或大或小，因此，每个人必须谨言慎行，多多生发积极性力量，争取给全体系统和其他事物带去好的作用和影响。

概言之，互联网的终极本性为：至大无外，至小无内，无所不包，自由融通，一切源于全体，又复归于全体。由此，道德与幸福同一性的网络哲学本质问题为：道德与幸福如何于全体生态系统中达致合一状态？对此问题的回答是：必须依凭全体层面的互联网络、生态系统，才能最大限度地促成德福同一，让人安身立命，迈向永恒！

---

① 有有作用，无有作用，非有非无有作用，非非有非非无有作用；空有作用，非空非有有作用，非非空非非有有作用；存在有作用，不存在有作用，非存在有作用；实在有作用，虚无有作用，虚空有作用，深渊有作用；现实有作用，梦境有作用，幻想有作用，臆想有作用；理性有作用，情感有作用，疯狂有作用；实物有作用，印象有作用，概念有作用，意念有作用，无想无念有作用。……一言以蔽之，全体流变，作用永恒。在全体中，说有的同时，就默认了无的存在，有无相对而立。有无相对而立的前提是，有无处于同一个系统中，超出这个系统之外的形态是非有非无；进一步而言，非有非无的对立面是非（非有）非（非无），而超出此系统的形态，即超出有、无、非有、非无、非有非无、非（非有）、非（非无）、非（非有）非（非无），是非（非有）（非非有）非（非无）（非非无）；以此类推，无有穷尽。全体即作用的含义为：本体（存在）即作用，作用即本体；非存在亦有作用，反言之，因作用的存在而印证非存在的存在。

参考文献

一、古籍

《佛教十三经·维摩诘经》，赖永海、高永旺译注，中华书局 2010 年版。

高明：《帛书老子校注》，中华书局 1996 年版。

顾炎武：《顾炎武全集》，严文儒、戴扬本校点，上海古籍出版社 2011 年版。

郭庆藩：《庄子集释》，王孝鱼点校，中华书局 1961 年版。

《华严经》，实叉难陀译，林世田等点校，宗教文化出版社 2001 年版。

李道平：《周易集解纂疏》，潘雨廷点校，中华书局 1994 年版。

《文子校释》，李定生、徐慧君校释，上海古籍出版社 2004 年版。

宣化法师：《地藏菩萨本愿经浅释》，宗教文化出版社 2007 年版。

张载：《张载集》，章锡琛点校，中华书局 1978 年版。

朱熹：《四书章句集注》，中华书局 1983 年版。

二、中文著作

常晋芳：《网络哲学引论——网络时代人类存在方式的变革》，广东人民出版社 2005 年版。

邓世昆主编：《计算机网络》，北京理工大学出版社 2018 年版。

樊浩：《伦理道德的精神哲学形态》，中国社会科学出版社 2017 年版。

方立天：《中国佛教哲学要义》，中国人民大学出版社 2003 年版。

佛光星云：《佛陀真言·星云大师谈当代问题》，上海辞书出版社 2008 年版。

高小强：《天道与人道——以儒家为衡准的康德道德哲学研究》，华夏出版社 2013 年版。

高泽涵、惠钢行等主编：《"互联网＋"基础与应用》，西安电子科技大学出版社2018年版。

龚道运：《道德形上学与人文精神》，上海人民出版社2009年版。

郭良：《网络创世纪——从阿帕网到互联网》，中国人民大学出版社1998年版。

郭湛：《主体性哲学——人的存在及其意义》，云南人民出版社2002年版。

江畅：《幸福之路：伦理学启示录》，湖北人民出版社1999年版。

江畅：《德性论》，人民出版社2011年版。

李伦：《国家治理与网络伦理》，湖南大学出版社2018年版。

刘道超：《中国善恶报应习俗》，陕西人民出版社2004年版。

马忠莲：《网络的哲学解读》，宁夏人民出版社2009年版。

牟宗三：《牟宗三先生全集》，联经出版事业公司2003年版。

任春强：《道德与幸福同一性的精神哲学形态》，中国社会科学出版社2022年版。

释太虚：《太虚大师全书》，宗教文化出版社2004年版。

宋元林等：《网络文化与人的发展》，人民出版社2009年版。

孙英：《幸福论》，人民出版社2004年版。

汪丁丁：《自由人的自由联合》，鹭江出版社2000年版。

王利华：《中国家庭史（第1卷）：先秦至南北朝时期》，广东人民出版社2007年版。

王月清：《中国佛教伦理研究》，南京大学出版社1999年版。

吴信如编著：《大圆满精萃》，中国藏学出版社2005年版。

张俊：《德福配享与信仰》，商务印书馆2015年版。

赵汀阳：《论可能生活：一种关于幸福和公正的理论》，中国人民大学出版社2004年版。

钟克钊、季风文等：《彼岸观此岸》，四川人民出版社1999年版。

三、中译著作

阿德里安·麦肯齐：《无线：网络文化中激进的经验主义》，张帆译，上海译文出版社2018年版。

阿尔·戈尔：《濒临失衡的地球：生态与人类精神》，陈嘉映等译，中央编译出版社 1997 年版。

埃瑟·戴森：《2.0 版：数字化时代的生活设计》，胡泳、范海燕译，海南出版社
1998 年版。

安德鲁·芬伯格：《技术批判理论》，韩连庆、曹观法译，北京大学出版社 2005
年版。

安德鲁·基恩：《网民的狂欢：关于互联网弊端的反思》，丁德良译，南海出版
公司 2010 年版。

保罗·海尔、戴维·克劳利编：《传播的历史：技术、文化和社会》，董璐、何道
宽等译，北京大学出版社 2011 年版。

鲍吾刚：《中国人的幸福观》，严蓓雯、韩雪临、吴德祖译，江苏人民出版社 2009
年版。

彼得·沃森：《20 世纪思想史：从弗洛伊德到互联网》，张凤、杨阳译，译林出版
社 2019 年版。

查德威克：《互联网政治学：国家、公民与新传播技术》，任孟山译，华夏出版社
2010 年版。

查特菲尔德：《你不可不知的 50 个互联网知识》，程玺译，人民邮电出版社
2013 年版。

大卫·克拉克：《互联网的设计和演化》，朱利译，机械工业出版社 2020 年版。

丹·希勒：《数字资本主义》，杨立平译，江西人民出版社 2001 年版。

丹尼斯·麦奎尔：《麦奎尔大众传播理论》，崔保国、李琨译，清华大学出版社
2010 年版。

蒂姆·伯纳斯-李、马克·菲谢蒂：《编织万维网：万维网之父谈万维网的原初
设计与最终命运》，张宇洪、萧风译，上海译文出版社 1999 年版。

方东美：《中国哲学之精神及其发展》，匡钊译，中州古籍出版社 2009 年版。

黑格尔：《法哲学原理》，范扬、张企泰译，商务印书馆 1961 年版。

黑格尔：《哲学科学全书纲要》，薛华译，上海人民出版社 2002 年版。

亨利·勒菲弗：《空间与政治》，李春译，上海人民出版社 2008 年版。

杰伦·拉尼尔：《你不是个玩意儿：这些被互联网奴役的人们》，葛仲君译，中
信出版社 2011 年版。

杰米·巴特利特：《暗网》，刘丹丹译，北京时代华文书局 2018 年版。

杰瑞·卡普兰:《人人都应该知道的人工智能》,汪婕舒译,浙江人民出版社2018年版。

卡洛琳·麦茜特:《自然之死——妇女、生态和科学革命》,吴国盛等译,吉林人民出版社1999年版。

凯茨、莱斯:《互联网使用的社会影响》,郝芳、刘长江译,傅小兰、严正审校,商务印书馆2007年版。

凯利·克拉克主编:《幸福的奥秘:在比较和练习中指向上帝的至善》,郑志勇译,世界知识出版社2010年版。

克劳斯·施瓦布:《第四次工业革命——转型的力量》,李菁译,中信出版社2016年版。

李·雷尼、巴里·威尔曼:《超越孤独:移动互联时代的生存之道》,杨伯溆、高崇等译,中国传媒大学出版社2015年版。

理查德·斯皮内洛:《铁笼,还是乌托邦——网络空间的道德与法律》,李伦等译,北京大学出版社2007年版。

马里旦:《人和国家》,沈宗灵译,中国法制出版社2011年版。

迈克尔·海姆:《从界面到网络空间:虚拟实在的形而上学》,金吾伦、刘钢译,上海科技教育出版社2000年版。

迈克尔·奎因:《互联网伦理:信息时代的道德重构》,王益民译,电子工业出版社2016年版。

麦马翁:《幸福的历史》,施忠连、徐志跃译,上海三联书店2011年版。

曼纽尔·卡斯特:《网络星河——对互联网、商业和社会的反思》,郑波、武炜译,社会科学文献出版社2007年版。

尼尔·波兹曼:《娱乐至死》,章艳译,广西师范大学出版社2004年版。

尼古拉·尼葛洛庞蒂:《数字化生存》,胡泳、范海燕译,海南出版社1996年版。

尼古拉斯·怀特:《幸福简史》,杨百朋、郭之恩译,杨百揆校,中央编译出版社2011年版。

尼古拉斯·卡尔:《浅薄——互联网如何毒化了我们的大脑》,刘纯毅译,中信出版社2010年版。

乔伊森:《网络行为心理学:虚拟世界与真实生活》,任衍具、魏玲译,商务印书馆 2010 年版。

让·鲍德里亚:《消费社会》,刘成富、全志钢译,南京大学出版社 2014 年版。

史怀泽著,贝尔编:《敬畏生命》,陈泽环译,上海社会科学院出版社 1996 年版。

泰勒·本-沙哈尔:《幸福的方法》,汪冰、刘骏杰译,当代中国出版社 2007 年版。

托马斯·弗里德曼:《世界是平的》,何帆、肖莹莹等译,湖南科学技术出版社 2008 年版。

瓦格纳·奥:《第二人生:来自网络新世界的笔记》,李东贤、李子南译,清华大学出版社 2009 年版。

丸山敏雄:《实验伦理学大系》,丘成等译,社会科学文献出版社 1991 年版。

维克托·迈尔-舍恩伯格、肯尼思·库克耶:《大数据时代——生活、工作与思维的大变革》,盛杨燕、周涛译,浙江人民出版社 2013 年版。

维特根斯坦:《哲学研究》,李步楼译,陈维杭校,商务印书馆 1996 年版。

西斯·哈姆林克:《赛博空间伦理学》,李世新译,殷登祥校,首都师范大学出版社 2010 年版。

尤尔根·哈贝马斯、米夏埃尔·哈勒:《作为未来的过去——与著名哲学家和贝马斯对话》,章国锋译,浙江人民出版社 2001 年版。

尤瓦尔·赫拉利:《未来简史:从智人到智神》,林俊宏译,中信出版集体股份有限公司 2017 年版。

约翰·布罗克曼编:《人类思维如何与互联网共同进化》,付晓光译,浙江人民出版社 2017 年版。

郑永年:《技术赋权:中国的互联网、国家与社会》,邱道隆译,东方出版社 2014 年版。

四、中文论文

（一）期刊论文

曹东勃、王佳瑞:《互联网技术革命的经济哲学反思》,《上海财经大学学报(哲学社会科学版)》2018 年第 4 期。

陈立胜:《宋明理学如何谈论"因果报应"》,《中国文化》2020 年第 1 期。

陈志良:《虚拟:人类中介系统的革命》,《中国人民大学学报》2000 年第 4 期。

程秀波:《道德与幸福》,《中州学刊》1992 年第 1 期。

戴兆国:《道德悖论视阈中的德福悖论》,《道德与文明》2008 年第 6 期。

樊浩:《伦理,如何"与'我们'同在"?》,《天津社会科学》2013 年第 5 期。

樊浩:《当今中国伦理道德发展的精神哲学规律》,《中国社会科学》2015 年第 12 期。

顾智明:《道德是使人获得幸福的源泉》,《南京政治学院学报》1996 年第 2 期。

侯才:《有关"异化"概念的几点辨析》,《哲学研究》2001 年第 10 期。

黄明理:《论道德与个人幸福的内在统一性》,《南京政治学院学报》2003 年第 6 期。

蒋孝明:《微信文化的哲学透视》,《理论导刊》2017 年第 7 期。

蓝法典:《论"德福一致"的内在危险与实践指向——对牟宗三相关阐释的反思与辨析》,《人文杂志》2021 年第 4 期。

李建华:《道德幸福　何种幸福》,《天津社会科学》2021 年第 2 期。

刘秦闻、任春强:《德孝文化在互联网时代的范导作用》,《学海》2018 年第 4 期。

任春强、刘秦闻:《论基于"一"的伦理认同》,《云南社会科学》2014 年第 3 期。

任春强:《互联网时代的伦理悖论及其化解之道》,《东南大学学报(哲学社会科学版)》2016 年第 5 期。

田海平:《如何看待道德与幸福的一致性》,《道德与文明》2014 年第 3 期。

王崄:《幸福与德性:启蒙传统的现代价值意涵》,《哲学研究》2014 年第 2 期。

肖平:《道德是幸福的文化元素》,《道德与文明》2012 年第 2 期。

谢玉进:《理解网络:基于对人网互动层次性的认识》,《电子科技大学学报(社会科学版)》2015 年第 3 期。

张雷:《道德中间状态对德福关系的证伪》,《江西社会科学》2010 年第 9 期。

张廷国、但昭明:《在事实与价值之间——论怀特海的形而上学与道家天道观》,《湖北大学学报(哲学社会科学版)》2008 年第 4 期。

周志锋:《字典、词典应补收"袘"字》,《现代语文(语言研究版)》2009 年第 12 期。

(二)论文集

赵东明:《重重无尽与一即一切:古老佛经与现代天文学宇宙观的浪漫相

遇——长阿含〈起世经〉与〈华严经〉宇宙结构观的科学想象图景》,载《普陀学刊》2014 年第 1 辑,上海古籍出版社 2014 年版。

（三）学位论文

高恒天:《道德与人的幸福》,复旦大学博士学位论文,2003 年。

李毓贤(Kewalee Petcharatip):《中泰佛教慈善思想比较研究》,南京大学博士学位论文,2014 年。

龙爱仁(Aaron Kalman):《〈希伯来圣经〉与〈太平经〉的思想比较》,浙江大学博士学位论文,2014 年。

任春强:《道德与幸福同一性的精神哲学形态》,东南大学博士学位论文,2016 年。

五、中译论文

安乐哲:《古典儒家与道家修身之共同基础》,刘燕、陈霞译,《中国文化研究》2006 年第 3 期。

H. 波塞:《技术及其社会责任问题》,邓安庆译,《世界哲学》2003 年第 6 期。

瓦·塔塔尔克威茨:《道德与幸福关系理论的历史考察》,漆玲译,《道德与文明》1991 年第 3 期。

六、外文著作

Akrivou, Kleio, and Alejo José Sison, eds., *The Challenges of Capitalism for Virtue Ethics and The Common Good: Interdisciplinary Perspectives*, Cheltenham: Edward Elgar Publishing, 2016.

Annas, Julia, *The Morality of Happiness*, New York: Oxford University Press, 1993.

Bishop, Michael A., *The Good Life: Unifying The Philosophy and Psychology of Well-being*, New York: Oxford University Press, 2015.

Graham, Gordon, *The Internet: A Philosophical Inquiry*, London: Routledge, 1999.

Höffe, Otfried, ed. *Immanuel Kant: Metaphysische Anfangsgründe der Tugendlehre.* Vol. 58, Berlin: Walter de Gruyter GmbH & Co KG, 2019.

Malhotra, Rajiv, *Indras Net*, New York: Harper Collins Publishers, 2014.

Morozov, Evgeny, *The Net Delusion: The Dark Side of Internet Freedom*,

Santa Monica: Rand Corporation, 2012.

Schummer, Joachim, ed., *Glück und Ethik*, Würzburg: Königshausen & Neumann Verlag, 1998.

Seligman, Martin, *Authentic Happiness: Using The New Positive Psychology to Realize Your Potential for Lasting Fulfillment*, New York: Simon & Schuster, 2002.

Smuts, Jan, *Holism and Evolution*, New York: The Macmillan Company, 1926.

Tobia, Kevin, ed., *Experimental Philosophy of Identity and The Self*, London: Bloomsbury Publishing, 2022.

Van Dijk, Jan, *The Digital Divide*, Cambridge: Polity Press, 2020.

Vermesan, Ovidiu, and Joël Bacquet, eds., *Internet of Things—The Call of the Edge: Everything Intelligent Everywhere*, Gistrup: CRC Press, 2022.

七、外文论文

(一) 期刊论文

Aggarwal, Nikita, "Introduction to the Special Issue on Intercultural Digital Ethics", *Philosophy & Technology*, Vol. 33, No. 4, 2020.

Baran, Paul, "On Distributed Communications Networks", *The IEEE Transactions of the Professional Technical Group on Communications Systems*, Vol. 12, No. 1, 1964.

Bloomfield, Paul, "Morality Is Necessary for Happiness", *Philosophical Studies*, Vol. 174, No. 10, 2017.

Chaudhary, Vinod, "Internet Freedom: Perspectives, Challenges and Threats in Present Scenario", *International Journal of Law, Human Rights and Constitutional Studies*, Vol. 1, No. 1&2, 2019.

Drew, David A., et al., "Rapid Implementation of Mobile Technology for Real-time Epidemiology of COVID-19", *Science*, Vol. 368, No. 6497, 2020.

Fritts, Megan, "Well-Being and Moral Constraints: A Modified Subjectivist Account", *Philosophia*, Vol. 50, No. 4, 2022.

Goldsmith, Jack, "The Failure of Internet Freedom", *Knight First Amend-*

ment Institute, No. 13, 2018.

Greenwald, Glenn, "XKeyscore: NSA Tool Collects 'Nearly Everything A User Does on The Internet'", *The Guardian*, Vol. 31, 2013.

Hinman, Lawrence M., "Esse Est Indicato in Google: Ethical and Political Issues in Search Engines", *International Review of Information Ethics*, Vol. 3, 2005.

Kamasa, Julian, "Internet Freedom in Retreat", *CSS Analyses in Security Policy*, Vol. 273, 2020.

Kinast, Jan, Andreas Tünnermann, and Andreas Undisz, "Dimensional Stability of Mirror Substrates Made of Silicon Particle Reinforced Aluminum", *Materials*, Vol. 15, No. 9, 2022.

Miller, Jon, "Public Understanding of Science and Technology in The Internet Era", *Public Understanding of Science*, Vol. 31, No. 3, 2022.

Murukannaiah, Pradeep K., and Munindar P. Singh, "From Machine Ethics to Internet Ethics: Broadening The Horizon", *IEEE Internet Computing*, Vol. 24, No. 3, 2020.

Ohm, Paul, "Broken Promises of Privacy: Responding to The Surprising Failure of Anonymization", *UCLA Law Review*, Vol. 57, 2009.

Porter, Michael E., "Strategy and The Internet", *Harvard Business Review*, Vol. 79, No. 3, 2001.

Ray, Partha Pratim, and Karolj Skala, "Internet of Things Aware Secure Dew Computing Architecture for Distributed Hotspot Network: A Conceptual Study", *Applied Sciences*, Vol. 12, No. 18, 2022.

Reed, Michael G., Paul F. Syverson, and David M. Goldschlag, "Anonymous Connections and Onion Routing", *IEEE Journal on Selected areas in Communications*, Vol. 16, No. 4, 1998.

Ropolyi, László, "Proposal for A Philosophy of The Internet", *Журнал Белорусского государственного университета*, Философия, Психология, No. 3, 2021.

Van Dijk, Jan, "Digital Divide Research, Achievements and Shortcomings",

Poetics, Vol. 34, No. 4-5, 2006.

Weber, Rolf H., "Ethics as Pillar of Internet Governance", *Jahrbuch Für Recht Und Ethik/Annual Review of Law and Ethics*, Vol. 23, 2015.

（三）学位论文

Contavalli, Alonso, *An Overarching Defense of Kant's Idea of The Highest Good*, Ph. D. dissertation, Loyola University Chicago, 2010.

Vitrano, Christine, *The Structure of Happiness*, Ph. D. dissertation, City University of New York, 2006.

（二）会议论文

Aycock, John, Elizabeth Buchanan, Scott Dexter, and David Dittrich, "Human Subjects, Agents, or Bots: Current Issues in Ethics and Computer Security Research", International Conference on Financial Cryptography and Data Security, Springer, Berlin, Heidelberg, 2011.

Salman, Ola, et al., "An Architecture for The Internet of Things with Decentralized Data and Centralized Control", 2015 IEEE/ACS 12th International Conference of Computer Systems and Applications, 2015.

Syverson, Paul F., David M. Goldschlag, and Michael G. Reed, "Anonymous Connections and Onion Routing", 1997 IEEE Symposium on Security and Privacy (Cat. No. 97CB36097), 1997.

Vissicchio, Stefano, et al, "Central Control over Distributed Routing", Proceedings of the 2015 ACM Conference on Special Interest Group on Data Communication, 2015.

八、报纸

郑永年:《互联网时代的人类异化》,《联合早报》2018 年 2 月 13 日。

九、网络文献

Berners-Lee, Tim, "The Original HTTP as Defined in 1991", W3C. org, Archived from the original on 5 June 1997, https://www. cnblogs. com/lsllll44/p/15610112. html, 2020-09-01.

Britannica, The Editors of Encyclopaedia, "Mirror", Encyclopedia Britannica, 11 Mar. 2019, https://www. britannica. com/technology/mirror-optics, 2021-

07-09.

Internet Growth Statistics, "Today's Road to e-Commerce and Global Trade Internet Technology Reports", https://www. internetworldstats. com/emarketing. htm, 2022-01-01.

Kemp, Simon, "Digital 2020: 3. 8 Billion People Use Social Media", 30 January 2020, https://wearesocial. com/blog/2020/01/digital-2020-3-8-billion-people-use-social-media, 2021-01-10.

Ramsetty, Anita, Adams, Cristin, "Impact of The Digital Divide in The Age of COVID-19", *Journal of the American Medical Informatics Association*, Vol. 27, No. 7, July 2020, Pages 1147-1148, https://doi. org/10. 1093/jamia/ocaa078, 2022-03-01.

Shiralkar, Parth, "Cookie for Your Thoughts: An Examination of 21st-Century Design and Data Collection Practices in Light of Internet Ethics and Privacy Concerns", Creative Components, https://lib. dr. iastate. edu/creativecomponents/811/, 2022-05-01.

The Internet Society, "Internet Society (ISOC) All About The Internet: History of the Internet", ISOC, Archived from the original on 27 November 2011, https://www. internetsociety. org/about-internet-society/, 2021-08-01.

后　记

　　笔者的整个学术研究架构包含"全体哲学""美好生活"和"德福观"三大版块。首先,对全体和全体哲学的系统性、体系化沉思,是其他一切思考和诠释的最终基础,属于第一哲学范畴;其次,对美好生活的深度体验和追求,其终极愿望是将审美与道德和幸福统一起来,实现既善又好且美的人生和生活;最后,对德福观的提炼和建构,其根本目的是为了推进道德与幸福之间的同一性,在世界观、人生观和价值观的基础上追求德福同一的至善状态。具体到对"德福观"或"德福同一性"的研究,又分为逻辑、历史、现实和未来四大进路。其一,从逻辑角度讲,主要研究"道德与幸福同一性的精神哲学形态",包括经验形态、超验形态、先验形态。其二,从历史角度讲,主要研究"道德与幸福同一性的历史哲学形态",包括道德论形态、幸福论形态、中介论形态和因果律形态。其三,从现实角度讲,主要研究"道德与幸福同一性的网络哲学形态",包括自由形态、异化形态、至善形态。其四,从未来角度讲,主要研究"道德与幸福同一性的高技术哲学形态",包括实在形态、虚拟形态、智能形态。综合四大维度十三个方面,形成针对"德福一致"难题的系统化研究理路。

　　2006年,笔者开始对"道德与幸福之间的关系"展开自觉的学术研究;2010年至2012年,明确将"道德与幸福的同一性形态研究"作为自己博士学位论文的选题,规划从逻辑、历史和现实三大方面展开深入的研究;2012年至2016年,着手撰写博士学位论文《道德与幸福同一性的精神哲学形态》,从逻辑角度完成对"德福一致"难题的研究;2016年到2020年,撰写书稿《道德与幸福同一性的网络哲学形态》,从现实角度完成对"德福一致"难题的研究;2020年至今,撰写书稿《道德与幸福同一性的历史哲学形态》,从历史角度对"德福一致"难题展开研究。三部作品的完成,既是对"道德与幸福同一性"难题的系统性研究,又为下一阶段的研究提供了学术准备。笔者进一步的学术研究规划是,从对道德行动、幸福生活、德福难题的研究,推进到对德福观、美好生活、科技哲学、全体哲学等方面的研究。尤其是对"全体哲学"(The Philosophy of Whole)的研究,将成为笔者所有学术研究的理论前提,"全体"是笔者创建自己学术体系的第一哲学概念。

2022年9月,拙著《道德与幸福同一性的精神哲学形态》由中国社会科学出版社正式出版,在学界获得热烈回应和高度评价。部分评论如下:该著作"从道德与幸福的概念本性出发,全面系统地分析和建构德福之间的同一性";该著作"力图从精神哲学或全体哲学的视域出发,在宏观层面,对道德与幸福之间的逻辑关系和内在结构展开新的建构和论证,尝试从经验维度、超验维度和先验维度构建德福同一性的精神哲学形态";"该著作是学术界首部从精神哲学角度对德福同一性进行全新架构和阐释的学术专著";"结语中德福同一性之'精神哲学形态'第七个根本要义的'洞见',……那种形而上学的透穿,能穿透宇宙人生,能穿透形上形下,穿透种种障蔽/障壁!期盼能够完成系列的'德福同一性'研究,终成自己的体系"。……感谢诸多师友的雅正、鼓舞和认可!感谢诸多亲朋的关心、爱护和帮助!

此次出版的《道德与幸福同一性的网络哲学形态》,主要是从现实角度对"德福难题"展开学理研究。在对"德福同一性"的研究中,笔者之所以从"精神哲学"视域推进"网络哲学"视域,源于三个根本性的原因。

第一,"网络哲学"的架构比"精神哲学"的架构更加全面。"精神哲学"的架构本质上是层级性的,从经验、超验和先验三个维度展开研究。经验维度位于有限的经验世界之中,超验维度位于无限世界之中,先验维度位于有限世界与无限世界之间。因此,从普遍性角度讲,先验维度和超验维度高于经验维度,形成一种层级结构。相对而言,"网络哲学"的架构本质上是互联互通的网络系统,不存在经验世界、超验世界和先验世界之分,或者说经验世界、超验世界和先验世界只是同一个世界的不同显现形态。因此,对于整个互联互通的网络系统来说,不存在高低层级之分,只存在不同的"节点"或"聚焦点"。具体的问题或难题也附着在不同的"节点"或"聚焦点"上,其全面的化解之道需要尽可能运用整个网络系统的资源。

第二,"网络时代"的来临和确立。从理论架构层面讲,"互联网"或"因特网"是网络哲学的一种具体形态。古代的"万物一体""天人合一""神创世""因陀罗网"等思想都在采用网络结构理解和领会世界,即便具体的结构模式和形态并不相同。在当代,以高技术为基础,这种万有互联互通的架构以"互联网"的形式实现,"互联网"从技术层面对万事万物进行数字转化,继而推进万事万物之间的相通和交流。据此,需要在现实世界与网络虚拟世界交互作用的情境中,重新理解和领会万事万物。

第三,网络化引发新的哲学革命。人类早期的哲学认知、感受和领会,均是基于人与天地万物未分、相互连通的状态,或者说主体(如人)与一切存在是一体的,个体没有从全体中独立出来。随着生产力和认知水平的提升,人类开始从自身出发认识和改造世界,个体逐渐拥有个性化的感受和认知,继而成为主体,个人成为网络结构的绝对中心。在高技术时代,互联网成为社会生活的基础架构,人类尤其个人是网络结构上的"节点",因而无法成为网络世界的中心。因此,新的哲学革命在于,个体必然要全面地融入网络化的全体之中,个体在互联互通的全体中成为其自身,全体成为更加融通无碍的全体。

当今时代,网络化、信息化、数字化、智能化、高技术化等已经成为现实生活的本质,尤其当互联网成为社会生产生活的主导力量之时,将使整个世界的信息化、数字化和智能化达到难以掌控的高度。前互联网时代的一切存在——理论抑或实践,在经过互联网的折射之后,都将发生全新的变化。在自然世界中,事物之间主要通过物质能量的交换实现相互连通,一个人的持续存在及其道德行为和幸福生活都必须以物质能量的流动为基础。在网络世界里,万事万物包括人都被数字化、信息化,成为一种可以自由传播的信息,经过编辑的信息又可以反作用于现实世界。由于互联网的架构本身是技术性的,只会从技术角度判断信息是否有效,而不会直接评判信息的价值属性和善恶性质,导致违背道德的现象、恶行、违法行为等在网络空间中自由传播。对此,需要在网络世界与现实世界的交互作用中,不断界定道德和幸福的内涵,充分运用网络空间和社会生活里的各种资源,推进道德与幸福之间的真实同一性。

进一步说来,网络世界和现实世界都是全体世界的显现形态,全体世界包含着一切存在者及其相互之间的联系,全体世界才是最全面最基础的网络世界,对全体世界及其互联互通属性的研究才能生成真正的网络哲学。网络哲学不是一种主客二分的哲学,而是强调主客之间的普遍性联系,万事万物之间存在着无穷无尽的联系,事物之间是互为条件的哲学。在网络哲学看来,没有绝对的中心,只有具体的"节点","节点"可以成为临时的"焦点",但不能作为永恒的中心。所以,究竟而言,网络哲学即全体哲学,全体哲学即网络哲学。

截至目前,"道德与幸福同一性"研究已经成为笔者独特而鲜明的学术研究标识,在学术界具有明显的辨识度和认同度。尤其是笔者分别从逻辑、历史和现实三大维度出发,力图对"德福同一性"展开系统全面深入的学术研究,试图推进对这一终极难题的学术理解、阐释和解答,具有显著的学理意义和理论价值,并对人的精神生活、现实实践具有积极的启发作用。

特别感激授业恩师樊浩先生应邀为愚弟子之拙著作序! 自 2010

年正式拜入师门，十三年来，从学问到生活，从学业到工作，从理智到情感，老师对学生的关切之心，从不曾离缺！像是在精心培育幼苗，使其根系发达、筋骨强劲，期待其成长为繁茂之大树。本书序言长达近两万字，从中深切地感受到老师的高尚人格、学术理想、学术志求、学术韧性、学术创新性、学术关怀、学术教诲、学术指引，用老师的话来说就是"伦理地思考和行动"，所以，在老师那里，"学术"二字几乎与"伦理"同义。在我的理解中，老师所说的"伦理"是一种大伦理，是一种上升到"文明形态"高度的顶层架构，或者说伦理本应该是不同文明最原初的核心。人类文明、世界历史乃至未来的前景充斥着冲突、挑战、危机，不是因为我们太伦理了，而是因为我们没有将伦理放到与其他社会因素同在的价值生态系统之中，造成伦理的缺席或式微，换言之，我们太不伦理了，太过"个体化"了，不能"同呼吸共命运"，没有共在感。对此，老师学术研究的最根本诉求就是唤醒人类的"伦理觉悟"，这甚至是老师独上高楼的呐喊。老师也曾表达过自己在学术道路上的孤独感，在我看来，要完全理解一颗高尚心灵的志求，可能需要历史的沉淀，"给岁月以文明，而不是给文明以岁月"。

十分感谢江苏省社会科学院推荐出版本书！十分感谢商务印书馆对本书的学术认同！十分感谢师友亲朋一直以来的关心爱护鼓励支持！

大成之德该全体，万理同归一贯中。

任春强

2023 年 9 月 1 日记于修远图书馆